职业教育技能型人才培养“十二五”规划教材
国家级中等职业教育改革发展示范校建设项目成果
国家示范性中等职业学校电子技术应用重点专业建设教材

电子专业数学

主　编　吴忠民　石　婧
　　　　李剑华　潘　红
副主编　王　涛　王秋菊　刘　娜
　　　　张　倩　钟邦海　陈章龙
主　审　张万春　陈　果

西南交通大学出版社
·成　都·

内容简介

本教材是成都市技师学院国家中等职业示范性院校建设项目重点专业——“电子技术应用”专业的系列教材之一．作为电子专业的基础性学科，主要内容包括集合、初等函数、算法初步、统计初步、三角函数、概率、平面向量、逻辑初步、导数初步、统计案例、复数、推理与证明、框图、图论和树等．

图书在版编目（CIP）数据

电子专业数学 / 吴忠民等主编．—成都：西南交通大学出版社，2014.5

职业教育技能型人才培养“十二五”规划教材

ISBN 978-7-5643-3029-3

Ⅰ．①电… Ⅱ．①吴… Ⅲ．①数学－中等专业学校－教材 Ⅳ．①01

中国版本图书馆 CIP 数据核字（2014）第 082806 号

职业教育技能型人才培养“十二五”规划教材

电子专业数学

主编 吴忠民 石 婧
李剑华 潘 红

责任编辑	张宝华
封面设计	原谋书装
出版发行	西南交通大学出版社 （四川省成都市金牛区交大路 146 号）
发行部电话	028-87600564 028-87600533
邮政编码	610031
网址	http: //press.swjtu.edu.cn
印刷	成都蓉军广告有限责任公司
成品尺寸	185 mm × 260 mm
印张	13.75
字数	340 千字
版次	2014 年 5 月第 1 版
印次	2014 年 5 月第 1 次
书号	ISBN 978-7-5643-3029-3
定价	28.00 元

职业教育技能型人才培养“十二五”规划教材
编审委员会名单

序

为贯彻落实《国家中长期教育改革和发展规划纲要（2010—2020 年）》关于加强职业教育基础能力建设的要求，根据《教育部、人力资源社会保障部、财政部关于实施国家中等职业教育改革发展示范学校建设计划的意见》（教职成〔2010〕9 号）和《国家中等职业教育改革发展示范学校建设计划项目管理暂行办法》（教职成〔2011〕7 号）的精神，结合中等职业学校电子技术应用专业实际，将电子技术应用专业建设成国家中等职业学校示范性重点专业，成都市技师学院电子信息工程系按照一体化课程试点的指导思想编写了本套教材.

国家示范性中等职业学校电子技术应用重点支持专业建设教材，是在“以市场为导向、以技能为核心、以就业为生命”的办学理念的指导下，为深化办学模式、培养模式、教学模式和评价模式改革，推进校企合作、工学结合、顶岗实习，提高教学教研质量，创新教育内容，深化教学内容改革，适应区域经济发展、产业调整升级、企业岗位用人和技术进步的需求而开发的. 本套教材将为电子行业高素质技能型人才培养提供有力的支撑.

本套教材体系是成都市技师学院汇聚我国西南地区行业（企业）专家、课程开发专家及全国职业教育、技工教育培训的高端资源，历时两年，坚持理论与实践相结合、国内经验与国外借鉴相结合的原则，组织开发而形成的一体化课程体系成果，这也是推进校企合作、工学结合技能型人才培养模式迈向更深层次的重要标志.

本套教材体系的创新性，一方面在于坚持以职业活动为导向，以国家职业标准和岗位需求为依据，将电子企业实际岗位的典型工作任务作为教学内容，运用工作过程系统化进行教学，实现电子技术应用高素质技能型人才的培养；另一方面，在于打破了原文化基础课、专业基础课、专业课的旧课程体系，构建了以职业能力为核心，以职业活动为导向，以提高从业人员方法能力、社会能力及核心技能为目标的新课程体系.

借此机会，向所有参与教材编审的专家和老师表示衷心的感谢！

2014 年 1 月

前　言

为贯彻落实《国务院关于大力发展职业教育的决定》、“教育部关于印发《中等职业教育改革创新行动计划（2010—2012 年）》的通知”精神，本书由成都市技师学院基础教学与成人教育中心组织编写，内容涵盖了中职电子技术应用所要求的数学知识，以使学生为后续专业课的学习打好基础.

一、编写原则

1. 本书贯彻“轻理论，重应用”的原则. “轻理论”是对概念、原理达到基本了解的要求，不求论证；“重应用”则强调学生能用所学的数学知识和方法求解相关专业的一些问题.

2. 注重数学自身的系统性与逻辑性，同时兼顾学生基本数学思维方法的培养，提高其综合素质.

3. 注重与实际应用联系较多的基础知识、基本方法和基本技能的训练，但不追求过分复杂的计算和变换.

二、编写特色

根据数学课在中等职业技术学校教学体系中的地位，客观分析了学生未来就业发展的要求，着重培养学生以下方面的能力：（1）用数学思维分析解决实际问题的能力；（2）把实际问题转化为数学模型的能力；（3）用数学知识解决所学专业的、问题的能力. 为了体现上述教学思想，在编写中注意了以下几个方面：

1. 本书采用实例引题，让学生带着问题，通过自主学习、典例剖析、知能迁移、活页作业等环节进行有目的的学习.

2. 遵从中等职业技术学校学生的认知规律，以学生“乐学、能学”为目标，在结构安排和表达上，强调由浅入深，循序渐进.

3. 强调以学生为主体的教学理念，注重教学的互动性，以启发和引导学生自主学习为主，激发他们的学习热情.

本书由成都市技师学院吴忠民、石婧、李剑华、潘红老师任主编；由王涛、王秋菊、刘娜、张倩、钟邦海、陈章龙老师任副主编；由张万春、陈果主审.

本书在编写过程中得到了成都市技师学院电子信息工程系徐国强、杨青和郭建富同志的大力帮助，在此编写组全体成员向他们表示衷心感谢！

由于编者水平有限，经验不足，本书难免存在疏漏和谬误之处，敬请读者斧正.

编　者

2013 年 11 月

目　录

第 1 章　集　合

知识链接

【知识链接】**在电子技术应用中，我们时时都会遇到用数学知识来计算的问题.** 例如：

电子行业是一个十分广泛的行业，包含的内容相当复杂，现在就让我们简单地认识一下产品的多样性吧！如：

| 汽车继电器 | 信号继电器 | 开关二极管 | 普通二极管 | 带阻三极管 | 磁敏三极管 | 中高频放大三极管 | 低噪声放大三极管 | 双向触发二极管 | 快恢复二极管 | 磁保持继电器 | 极化继电器 | 高反压三极管 | 达林顿三极管 | 固态继电器 | 中间继电器 | 稳压二极管 | 肖特基二极管 | 延时继电器 | 其他继电器 | 光敏三极管 | 微波三极管 | 步进继电器 | 大功率继电器 | 变容二极管| 检波二极管 | 光敏晶体管 | 低频放大三极管 | 温度继电器 | 真空继电器 | 电磁类继电器 | 干簧式继电器 | 磁敏二极管 | 整流二极管 | 发光二极管 | 激光二极管 | 湿簧式继电器 | 热继电器 | 时间继电器 | 混合电子继电器 | 光电二极管 | 阻尼二极管

这么多的元件放在一起，我们看得头都大了，那么能不能按某种要求把这些元件分类放呢？这就用到数学的集合知识了. 下面请跟我们一起来学习吧.

1.1　集合的概念

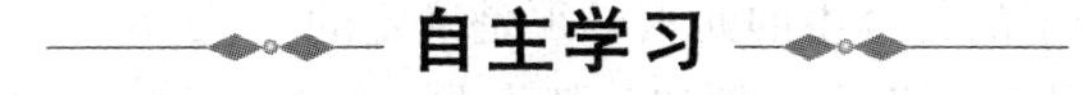

自主学习

基础自测

1. 写出所有小于 5 的正整数.

   答案：1, 2, 3, 4.

2. 写出大于 1 小于等于 5 的所有数.

   答案：$1<x\leqslant 5$.

3. 在数轴上画出 $0<x\leqslant 2$ 和 $1<x\leqslant 3$ 的所有数.

答案：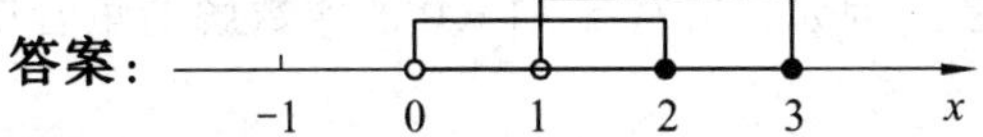

新知学习

***创设情景　兴趣导入**

问题

某商店进了一批货，包括面包、饼干、汉堡、彩笔、水笔、橡皮、果冻、薯片、裁纸刀、尺子，如何才能将这些商品放在指定的篮筐里？

解决

显然，面包、饼干、汉堡、果冻、薯片放在食品篮筐，彩笔、水笔、橡皮、裁纸刀、尺子放在文具篮筐.

归纳

面包、饼干、汉堡、果冻、薯片组成了食品集合，彩笔、水笔、橡皮、裁纸刀、尺子组成了文具集合，其中面包、饼干、汉堡、果冻、薯片、彩笔、水笔、橡皮、裁纸刀、尺子就是其对应集合的元素.

***动脑思考　探索新知**

概念

由某些确定的对象组成的整体叫做**集合，**简称**集**. 组成集合的对象叫做这个集合的**元素**.

如大于 2 且小于 5 的自然数集合是由哪些元素组成的？

表示

一般采用大写英文字母 $A,B,C,\cdots$ 表示集合，小写英文字母 $a,b,c,\cdots$ 表示集合的元素.

拓展

集合中的元素具有下列特点：

1. 互异性：一个给定的集合中的元素是互不相同的.
2. 无序性：一个给定的集合中的元素排列无顺序.
3. 确定性：一个给定的集合中的元素必须是确定的.

不能确定的对象不能组成集合. 例如，某班跑得快的同学，就不能组成集合.

数集

所有自然数组成的集合叫做**自然数集，**记作 $\mathbf{N}$.

所有正整数组成的集合叫做**正整数集**，记作 $\mathbf{N}^*$ 或 $\mathbf{Z}^+$.

所有整数组成的集合叫做**整数集**，记作 $\mathbf{Z}$.

所有有理数组成的集合叫做**有理数集**，记作 $\mathbf{Q}$.

所有实数组成的集合叫做**实数集**，记作 $\mathbf{R}$.

不含任何元素的集合叫做**空集**，记作 $\varnothing$. 例如，方程 $x^2+1=0$ 的实数解的集合中不含有任何元素，这个解集就是空集.

关系

元素 a 是集合 A 的元素，记作 $a\in A$，读作"a 属于 A"；a 不是集合 A 的元素，记作 $a\notin A$，读作"a 不属于 A".

集合中的对象（元素）必须是确定的. 对其中的任何一个对象，或者属于这个集合，或者不属于这个集合，二者必居其一.

***创设情景　兴趣导入**

问题

不大于 5 的自然数所组成的集合有哪些元素？小于 5 的实数所组成的集合有哪些元素？

解决

不大于 5 的自然数所组成的集合中只有 0, 1, 2, 3, 4, 5 这六个元素，这些元素是可以一一列举的.而小于 5 的实数有无穷多个，并且无法一一列举，但元素的特征是明显的：① 集合的元素都是实数；② 集合的元素都小于 5.

归纳

当集合中元素可以一一列举时，可以用列举的方法表示集合；当集合中元素无法一一列举但元素特征明显时，可以分析集合元素所具有的特征性质，通过对元素特征性质的描述来表示集合.

***动脑思考　探索新知**

集合的表示方法有两种：

1. 列举法. 把集合的元素一一列举出来，写在花括号内，元素之间用逗号隔开. 如不大于 5 的自然数所组成的集合可以表示为 $\{0, 1, 2, 3, 4, 5\}$.

当集合为无限集或元素很多的有限集时，在不发生误解的情况下可以采用省略的写法. 例如，小于 100 的自然数集可以表示为 $\{0, 1, 2, 3, \cdots, 99\}$，正偶数集可以表示为 $\{2, 4, 6, \cdots\}$.

2. 描述法. 在花括号内画一条竖线，竖线的左侧写出集合的代表元素，竖线的右侧写出元素所具有的特征性质. 如小于 5 的实数所组成的集合可表示为 $\{x \mid x<5, x\in \mathbf{R}\}$.

如果从上下文能明显地看出集合的元素为实数，可以将 $x\in \mathbf{R}$ 省略不写. 如不等式 $3x-6>0$ 的解集可以表示为 $\{x \mid x>2\}$.

为了简便起见，有些集合在使用描述法表示时，可以省略竖线及其左边的代表元素，直接用中文来表示集合的特征性质. 例如，所有正奇数组成的集合可以表示为{正奇数}.

典例剖析

例 1　下列对象能否组成集合：

（1）所有小于 10 的自然数；　　（2）某班个子高的同学；

（3）方程 $x^2-1=0$ 的所有解；　　（4）不等式 $x-2>0$ 的所有解.

解　（1）由于小于 10 的自然数包括 0, 1, 2, 3, 4, 5, 6, 7, 8, 9 十个数，它们是确定的对象，所以可以组成集合.

（2）由于个子高没有具体的标准，对象是不确定的，因此不能组成集合.

（3）方程 $x^2-1=0$ 的解是−1 和 1，它们是确定的对象，所以可以组成集合.

（4）解不等式 $x-2>0$，得 $x>2$，它们是确定的对象，所以可以组成集合.

例 2 用列举法表示下列集合：

（1）由大于 -4 且小于12的所有偶数组成的集合；

（2）方程 $x^2-5x-6=0$ 的解集.

分析 这两个集合都是有限集.（1）题的元素可以直接列举出来；（2）题的元素需要解方程 $x^2-5x-6=0$ 才能得到.

解 （1）集合表示为 $\{-2,0,2,4,6,8,10\}$；

（2）解方程 $x^2-5x-6=0$ 得 $x_1=-1$，$x_2=6$．故方程的解集为 $\{-1,6\}$.

例 3 用描述法表示下列各集合：

（1）不等式 $2x+1\leqslant 0$ 的解集； （2）所有奇数组成的集合；

（3）由第一象限所有的点组成的集合.

分析 用描述法表示集合的关键是找出元素的特征性质.（1）题解不等式就可以得到不等式解集元素的特征性质；（2）题奇数的特征性质是"元素都能写成 $2k+1(k\in \mathbf{Z})$ 的形式"；（3）题元素的特征性质是"为第一象限的点"，即横坐标与纵坐标都为正数.

解 （1）解不等式 $2x+1\leqslant 0$ 得 $x\leqslant -\frac{1}{2}$，所以解集为 $\left\{x \middle| x\leqslant -\frac{1}{2}\right\}$；

（2）奇数集合 $\{x\mid x=2k+1,k\in \mathbf{Z}\}$；

（3）第一象限所有的点组成的集合为 $\{(x, y)|x>0, y>0\}$.

知能迁移

例 4 用适当的方法表示下列集合：

（1）方程 $x+5=0$ 的解集； （2）不等式 $3x-7>5$ 的解集；

（3）大于 3 且小于 11 的偶数组成的集合；（4）不大于 5 的所有实数组成的集合.

解 （1）$\{-5\}$；（2）$\{x|x>4\}$； （3）$\{4, 6, 8, 10\}$； （4）$\{x|x\leqslant 5\}$.

***理论升华 整体建构**

本次课重点学习了集合的表示法：列举法、描述法，用列举法表示集合，元素清晰明了；用描述法表示集合，元素特征性质直观明确. 因此表示集合时，要针对实际情况，选用合适的方法. 例如，不等式（组）的解集，一般采用描述法来表示；方程（组）的解集，一般采用列举法来表示.

活页作业

***运用知识 强化练习**

练习 1.1.1

1. 用符号"$\in$"或"$\notin$"填空：

（1）-3______$\mathbf{N}$，0.5______$\mathbf{N}$，3______$\mathbf{N}$；

（2）1.5______$\mathbf{Z}$，-5______$\mathbf{Z}$，3______$\mathbf{Z}$；

（3）-0.2______$\mathbf{Q}$，π______$\mathbf{Q}$，7.21______$\mathbf{Q}$；

（4）1.5________**R**，−1.2______**R**，π__________**R**.

2. 指出下列集合中，哪个集合是空集？

（1）方程 $x^2+1=0$ 的解集；　　　　（2）方程 $x+2=2$ 的解集.

练习 1.1.2

1. 用列举法表示下列各集合：

（1）方程 $x^2-3x-4=0$ 的解集；　　（2）方程 $4x+3=0$ 的解集；

（3）由数 1, 4, 9, 16, 25 组成的集合；（4）所有正奇数组成的集合.

2. 用描述法表示下列各集合：

（1）大于 3 的实数所组成的集合；　（2）方程 $x^2-4=0$ 的解集；

（3）大于 5 的所有偶数组成的集合；（4）不等式 $2x-5>3$ 的解集.

3. 选用适当的方法表示下列各集合：

（1）由大于 10 的所有自然数组成的集合；

（2）方程 $x^2-9=0$ 的解集；

（3）不等式 $4x+6<5$ 的解集；

（4）平面直角坐标系中第二象限所有的点组成的集合；

（5）方程 $x^2+4=3$ 的解集；

（6）不等式组 $\begin{cases}3x+3>0\\x-6>0\end{cases}$ 的解集.

1.2　集合间的基本关系

自主学习

基础自测

用适当的符号“∈”或“∉”填空：

（1）0___∅；　（2）0___**N**；　（3）$\sqrt{3}$ ___**R**；　（4）0.5___**Z**；

（5）1___{1, 2, 3}；　（6）2___$\{x|x<1\}$；　（7）2___$\{x|x=2k+1, k\in \mathbf{Z}\}$.

答案：（1）∉；（2）∈；（3）∈；（4）∉；（5）∈；（6）∉；（7）∉.

那么集合与集合之间又有什么关系呢？

新知学习

***创设情景　兴趣导入**

问题

1. 设 A 表示我班全体学生的集合，B 表示我班全体男学生的集合，那么，集合 A 与集合 B 之间存在什么关系呢？

2. 设 M = {数学、语文、英语、计算机应用基础、体育与健康、物理、化学}，N = {数学、语文、英语、计算机应用基础、体育与健康}，那么集合 M 与集合 N 之间存在什么关系呢？

3. 自然数集 **Z** 与整数集 **N** 之间存在什么关系呢？

解决

显然，问题 1 中集合 B（我班的男学生）的元素肯定是集合 A（我班的学生）的元素；问题 2 中集合 N 的元素肯定是集合 M 的元素；问题 3 中集合 **N**（自然数）的元素肯定是集合 **Z**（整数）的元素.

归纳

当集合 B 的元素肯定是集合 A 的元素时，称集合 A 包含集合 B．两个集合之间的这种关系叫做包含关系.

***动脑思考　探索新知**

概念

一般地，如果集合 B 的元素都是集合 A 的元素，则称**集合 A 包含集合** B，并把集合 B 叫做集合 A 的**子集**.

表示

将集合 A 包含集合 B 记作 $A \supseteq B$ 或 $B \subseteq A$，读作“A 包含 B”或“B 包含于 A”.

可以用图表示这两个集合之间的包含关系.

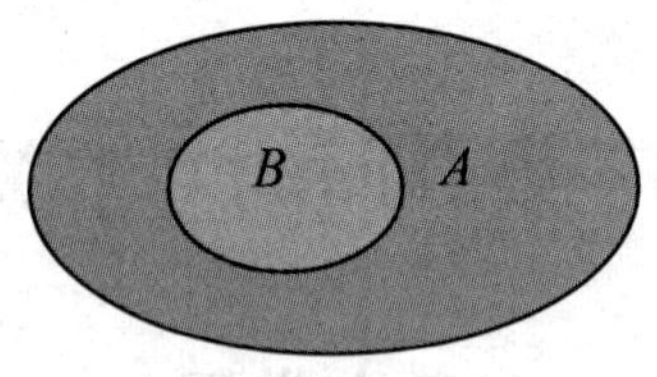

拓展

由子集的定义可知，任何一个集合 A 都是它自身的子集，即 $A \subseteq A$.

规定　空集是任何集合的子集，即 $\varnothing \subseteq A$.

***动脑思考　探索新知**

概念

如果集合 B 是集合 A 的子集，并且集合 A 中至少有一个元素不属于集合 B，则把集合 B 叫做集合 A 的**真子集**.

表示

将集合 B 是集合 A 的真子集记作 $A \supsetneqq B$（或 $B \subsetneqq A$），读作“A 真包含 B”（或“B 真包含于 A”）.

拓展

空集是任何非空集合的真子集.

对于集合 A, B, C, 如果 $A \subsetneqq B$，$B \subsetneqq C$，则 $A \subsetneqq C$.

***创设情景　兴趣导入**

问题

设集合 $A=\{x|x^2-1=0\}$，$B=\{-1,1\}$，那么这两个集合有什么关系呢？

解决

由于方程 $x^2-1=0$ 的解是 $x_1=-1$，$x_2=1$，所以说集合 A 中的元素就是 1，-1. 可以看出，集合 A 与集合 B 中的元素完全相同，即集合 A 与集合 B 相等.

归纳

集合 A 与集合 B 中的元素完全相同，只是表示方法不同，我们就说集合 A 与集合 B 相等，即 $A=B$.

***动脑思考　探索新知**

概念

一般地，如果两个集合的元素完全相同，则称这两个集合**相等**.

表示

将集合 A 与集合 B **相等**记作 $A=B$.

拓展

如果 $A\supseteq B$，同时 $B\supseteq A$，即集合 B 的元素都属于集合 A，同时集合 A 的元素都属于集合 B，也就是说集合 A 与集合 B 的元素完全相同，由集合相等的定义可知 $A=B$.

典例剖析

例 1　用符号“$\subseteq$”、“$\supseteq$”、“$\in$”或“$\notin$”填空：

（1）$\{a,b,c,d\}$ ____ $\{a,b\}$；　　（2）$\varnothing$ ____ $\{1,2,3\}$；

（3）N____**Q**；　　（4）0 ____**R**；

（5）d ___ $\{a,b,c\}$；　　（6）$\{x|3<x<5\}$ ____ $\{x|0\leqslant x<6\}$.

分析“$\subseteq$”与“$\supseteq$”是用来表示集合与集合之间关系的符号，而“$\in$”与“$\notin$”是用来表示元素与集合之间关系的符号. 首先要分清对象，然后再根据关系正确选用符号.

解　（1）集合 $\{a,b\}$ 的元素都是集合 $\{a,b,c,d\}$ 的元素，因此 $\{a,b,c,d\}\supseteq\{a,b\}$；

（2）空集是任何集合的子集，因此 $\varnothing\subseteq\{1,2,3\}$；

（3）自然数都是有理数，因此 $\mathbf{N}\subseteq\mathbf{Q}$；

（4）0是实数，因此 $0\in\mathbf{R}$；

（5）d 不是集合 $\{a,b,c\}$ 的元素，因此 $d\notin\{a,b,c\}$；

（6）集合 $\{x|3<x<5\}$ 的元素都是集合 $\{x|0\leqslant x<6\}$ 的元素，因此 $\{x|3<x<5\}\subseteq\{x|0\leqslant x<6\}$.

例 2　选用适当的符号“$\subsetneqq$”或“$\supsetneqq$”填空：

（1）$\{1,3,5\}$_____$\{1,2,3,4,5\}$；　　（2）$\{2\}$_____$\{x||x|=2\}$；

（3）$\{1\}$_____$\varnothing$.

解　（1）$\{1,3,5\}\subsetneqq\{1,2,3,4,5\}$；　　（2）$\{2\}\subsetneqq\{x||x|=2\}$；

（3）$\{1\}\supsetneqq\varnothing$.

例 3 设集合 $M=\{0,1,2\}$，试写出 M 的所有子集，并指出其中的真子集.

分析 集合 M 中有 3 个元素，可以分别列出空集、含 1 个元素的集合、含 2 个元素的集合、含 3 个元素的集合.

解 M 的所有子集为 $\varnothing,\{0\},\{1\},\{2\},\{0,1\},\{0,2\},\{1,2\}\{0,1,2\}$.

除集合 $\{0,1,2\}$ 外，所有集合都是集合 M 的真子集.

例 4 判断集合 $A=\{x\|x|=2\}$ 与集合 $B=\{x|x^2-4=0\}$ 的关系.

分析 通过研究两个集合元素之间的关系来判断这两个集合之间的关系.

解 由 $|x|=2$ 得 $x=-2$ 或 $x=2$，所以集合 A 用列举法表示为 $\{-2,2\}$；由 $x^2-4=0$ 得 $x=-2$ 或 $x=2$，所以集合 B 用列举法表示为 $\{-2,2\}$. 可以看出，这两个集合的元素完全相同，因此它们相等，即 $A=B$.

例 5 用适当的符号填空：

（1）$\{1, 3, 5\}$____$\{1, 2, 3, 4, 5, 6\}$；　　（2）$\{x\mid x^2=9\}$_____$\{3,\ -3\}$；

（3）$\{2\}$____$\{x|\ |x|=2\}$；　　（4）2____**N**；

（5）a____$\{a\}$；　　（6）$\{0\}$____$\varnothing$；

（7）$\{-1,1\}$ ____ $\{x\mid x^2+1=0\}$.

解 （1）$\{1,3,5\}\subsetneqq\{1,2,3,4,5,6\}$；

（2）$\{x|x^2=9\}=\{3,-3\}$；

（3）因为 $\{x\|x|=2\}=\{-2,2\}$，所以 $\{2\}\subsetneqq\{x\|x|=2\}$；

（4）$2\in\mathbf{N}$；

（5）$a\in\{a\}$；

（6）$\{0\}\supsetneqq\varnothing$；

（7）因为 $\{x\mid x^2+1=0\}=\varnothing$，所以 $\{-1,1\}\supsetneqq\{x\mid x^2+1=0\}$.

知能迁移

*** 理论升化　整体建构**

元素与集合关系：属于与不属于（$\in$、$\notin$）;

集合与集合关系：子集、真子集、相等（$\subseteq$、$\subsetneqq$、$=$）;

首先要分清对象，然后再根据关系正确选用符号.

活页作业

*** 运用知识　强化练习**

练习 1.2.1

用符号“$\subseteq$”、“$\supseteq$”、“$\in$”或“$\notin$”填空：

（1）$\mathbf{N}^*$________**Q**；　　（2）$\{0\}$______$\varnothing$；

（3）a ______ $\{a,b,c\}$；　　（4）$\{2,3\}$ ________ $\{2\}$；

（5）0 ______ $\varnothing$；　　（6）$\{x\mid 1<x\leqslant 2\}$ ______ $\{x\mid -1<x<4\}$.

练习 1.2.2

1. 设集合 $A=\{c,d\}$，试写出 A 的所有子集，并指出其中的真子集.

2. 设集合 $A=\{x\mid x<6\}$，集合 $B=\{x\mid x<0\}$，指出集合 A 与集合 B 之间的关系.

3. 判断集合 A 与 B 是否相等？

（1）$A=\{0\}$，$B=\varnothing$；

（2）$A=\{\cdots,-5,-3,-1,1,3,5,\cdots\}$，$B=\{x\mid x=2m+1,m\in\mathbf{Z}\}$；

（3）$A=\{x\mid x=2m-1,m\in\mathbf{Z}\}$，$B=\{x\mid x=2m+1,m\in\mathbf{Z}\}$.

4. 用适当的符号填空：

（1）-2.5 _____ $\mathbf{Z}$；　　（2）1 _____ $\{x\mid x^3=1\}$；

（3）$\{-\sqrt{2},\sqrt{2}\}$ ____ $\{x\mid x^2=2\}$；　　（4）$\{a\}$ _____ $\{a,b,c\}$；

（5）$\mathbf{Z}$ _____ $\mathbf{N}$；　　（6）$\varnothing$ ___ $\{x\mid x+4<0\}$；

（7）$\varnothing$ _____ $\mathbf{Q}$；　　（8）$\{1,3,5\}$ ____ $\{3,5\}$.

1.3-1　集合的运算

自主学习

基础自测

1. $A=\{a,b,c,d\}$，$B=\{b,d,e,f\}$，则既是集合 A 又是集合 B 的元素有哪些？

答案： b,d.

2. $A=\{$全班女生$\}$，$B=\{$全班男生$\}$，$C=\{$全班同学$\}$，这三个集合是什么关系？

答案： 集合 C 中的元素是由集合 A,B 的所有元素组成的.

新知学习

***创设情景　兴趣导入**

问题

1. 在运动会上，某班参加百米赛跑的同学有 4 名，参加跳高比赛的同学有 6 名，既参加百米赛跑又参加跳高比赛的同学有 2 名，那么这些同学之间有什么关系？

用我们学过的集合来表示：$A=\{$参加百米赛跑的同学$\}$，$B=\{$参加跳高比赛的同学$\}$，$C=\{$既参加百米赛跑又参加跳高比赛的同学$\}$，那么这三个集合之间有什么关系？

2. 某班第一学期的三好学生有李佳、王燕、张洁、王勇，第二学期的三好学生有王燕、李炎、王勇、孙颖，那么该班有哪些同学连续两个学期都是三好学生？

用我们学过的集合来表示：$A=\{$李佳、王燕、张洁、王勇$\}$，$B=\{$王燕、李炎、王勇、孙颖$\}$，$C=\{$王燕、王勇$\}$，那么这三个集合之间有什么关系？

3. 集合 $A=\{$直角三角形$\}$, $B=\{$等腰三角形$\}$, $C=\{$等腰直角三角形$\}$，那么这三个集合之间有什么关系？

解决

通过上面这三个问题的思考可以看出，集合 C 中的元素是由既属于集合 A 又属于集合 B 的所有元素构成的，也就是由集合 A,B 的相同元素所组成的，这时，将集合 C 称为集合 A 与 B 的交集.

***动脑思考 探索新知**

一般地，对于两个给定的集合 A, B，**由集合 A, B 的相同元素所组成的集合**叫做 A 与 B 的**交集**，记作 $A\cap B$,读作“A 交 B”. 即

$$A\cap B=\{x|x\in A且x\in B\}.$$

集合 A 与集合 B 的交集可用图表示：

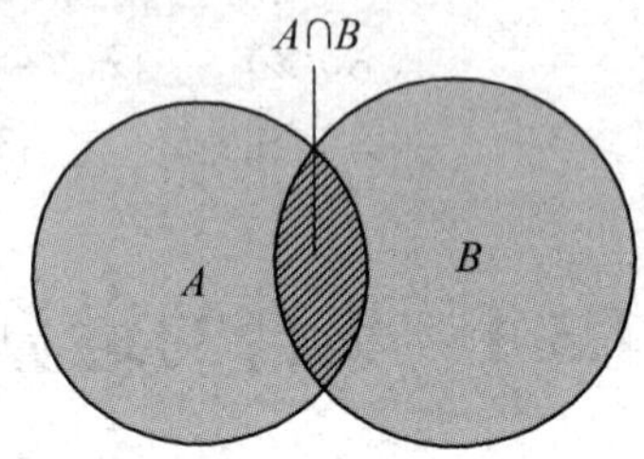

求两个集合交集的运算叫做**交运算**.

***创设情景 兴趣导入**

问题

1. 某班有团员 34 名，非团员 11 名，那么该班有多少名同学,

用我们学过的集合来表示：$A=\{$该班团员$\}$, $B=\{$该班非团员$\}$, $C=\{$该班同学$\}$. 那么这三个集合之间有什么关系？

2. 某班第一学期的三好学生有李佳、王燕、张洁、王勇，第二学期的三好学生有王燕、李炎、王勇、孙颖，那么该班第一学年的三好学生有哪些同学？

用我们学过的集合来表示：$A=\{$李佳、王燕、张洁、王勇$\}$，$B=\{$王燕、李炎、王勇、孙颖$\}$，$C=\{$李佳、王燕、张洁、王勇、李炎、孙颖$\}$. 那么这三个集合之间有什么关系？

3. 集合 $A=\{$锐角三角形$\}$，$B=\{$钝角三角形$\}$，$C=\{$斜三角形$\}$，那么这三个集合之间有什么关系？

解决

通过上面这三个问题的思考可以看出，集合 C 中的元素是由集合 A, B 的所有元素组成的，这时，将集合 C 称为集合 A 与 B 的并集.

***动脑思考 探索新知**

一般地，对于两个给定的集合 A, B，由集合 A, B 的所有元素组成的集合叫做 **A 与 B 的并集**，记作 $A\cup B$，读作“A 并 B”. 即

$$A\cup B=\{x\mid x\in A 或 x\in B\}.$$

集合 A 与集合 B 的并集可用图表示：

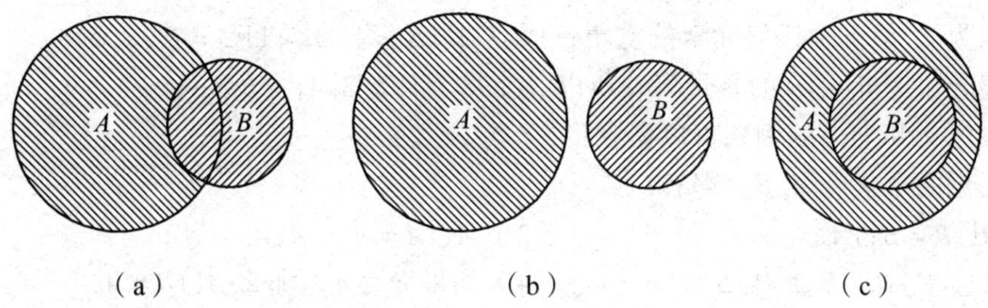

(a)　　(b)　　(c)

求两个集合并集的运算叫做**并运算**.

典例剖析

例 1　已知集合 A, B，求 $A\cap B$.

(1) $A=\{1, 2\}$，$B=\{2,3\}$；　　(2) $A=\{a, b\}$，$B=\{c,d, e, f\}$；

(3) $A=\{1, 3, 5\}$，$B=\varnothing$；　　(4) $A=\{2, 4\}$，$B=\{1, 2, 3, 4\}$.

分析　集合都是由列举法表示的，因为 $A\cap B$ 是由集合 A 和集合 B 中相同的元素组成的集合，所以可以通过列举出集合的所有相同元素得到集合的交集.

解　(1) 相同元素是 2，$A\cap B=\{1,2\}\cap\{2,3\}=\{2\}$；

(2) 没有相同元素，则 $A\cap B=\{a, b\}\cap\{c, d, e, f\}=\varnothing$；

(3) 因为 A 是含有三个元素的集合，$\varnothing$ 是不含任何元素的空集，所以它们的交集是不含任何元素的空集，即 $A\cap B=\varnothing$；

(4) 因为 A 中的每一个元素都是集合 B 中的元素，所以 $A\cap B=A$.

例 2　设 $A=\{x\mid -1<x\leqslant 2\}$，$B=\{x\mid 0<x\leqslant 3\}$，求 $A\cap B$.

分析　这两个集合都是用描述法表示的集合，并且无法列举出集合的元素. 我们知道，这两个集合都可以在数轴上表示出来，如图所示. 观察图形可以得到这两个集合的交集.

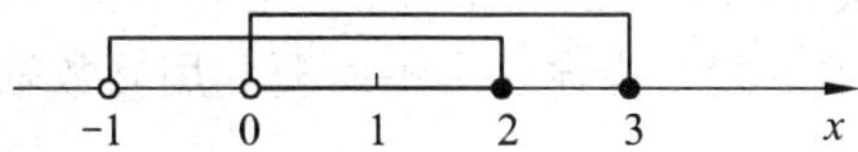

解　$A\cap B=\{x\mid -1<x\leqslant 2\}\cap\{x\mid 0<x\leqslant 3\}=\{x\mid 0<x\leqslant 2\}$.

由交集定义和上面的例题可以得到：

对于任意两个集合 A, B，都有：

(1) $A\cap B=B\cap A$；　　(2) $A\cap A=A$，$A\cap\varnothing=\varnothing$；

(3) $A\cap B\subseteq A, A\cap B\subseteq B$；　　(4) 如果 $A\subseteq B$，那么 $A\cap B=A$.

例 3　已知集合 A, B，求 $A\cup B$.

(1) $A=\{1, 2\}$，$B=\{2, 3\}$；　　(2) $A=\{a, b\}$，$B=\{c, d, e, f\}$；

(3) $A=\{1, 3, 5\}$，$B=\varnothing$；　　(4) $A=\{2, 4\}$，$B=\{1, 2, 3, 4\}$.

分析　因为 $A\cup B$ 是由集合 A 和集合 B 的所有元素组成，当集合都是用列举法表示时，通过列举这两个集合的元素可以得到并集. 注意：相同的元素只列举一次.

解　(1) $A\cup B=\{1,2\}\cup\{2,3\}=\{1,2,3\}$；

(2) $A\cup B=\{a, b\}\cup\{c, d, e, f\}=\{a, b, c, d, e, f\}$；

（3）因为 $\varnothing$ 是不含任何元素的空集，所以 $A\cup B=\{1,3,5\}\cup\varnothing=\{1,3,5\}$;

（4）集合 A 是集合 B 的真子集，所以 $A\cup B=\{1,2,3,4\}=B$.

由并集定义和上面的例题可以得到：

对于任意两个集合 A,B，都有：

（1）$A\cup B=B\cup A$；　　（2）$A\cup A=A$，$A\cup\varnothing=A$；

（3）$A\subseteq A\cup B$，$B\subseteq A\cup B$；　　（4）如果 $B\subseteq A$，那么 $A\cup B=A$.

例 4　设 $A=\{(x,y)\mid x+y=0\}$，$B=\{(x,y)\mid x-y=4\}$，求 $A\cap B$.

分析　集合 A 表示方程 $x+y=0$ 的解集，集合 B 表示方程 $x-y=4$ 的解集，所以这两个解集的交集就是二元一次方程组 $\begin{cases}x+y=0\\x-y=4\end{cases}$ 的解集.

解　解方程组 $\begin{cases}x+y=0\\x-y=4\end{cases}$ 得 $\begin{cases}x=2\\y=-2\end{cases}$. 所以 $A\cap B=\{(2,-2)\}$.

知能迁移

***理论升华　整体建构**

思考并回答下面的问题：

1. 集合的并集和交集有什么区别？（含义和符号）
2. 在进行集合的并运算和交运算时各自的特点是什么？
3. 集合用列举法和描述法表示进行运算时需要注意的问题是什么？

（1）由集合 A 和集合 B 的公共元素组成的集合叫做集合 A 与集合 B 的交集：$A\cap B=\{x|x\in A$ 且 $x\in B\}$. 由集合 A 和集合 B 的所有元素组成的集合叫做集合 A 与集合 B 的并集：$A\cup B=\{x|x\in A$ 或 $x\in B\}$.

（2）交运算是寻找两个集合都有的公共部分，并运算是将两个集合所有的元素进行合并.

（3）列举法求解时要不重不漏，描述法求解时要利用好数轴并注意端点的处理.

活页作业

***运用知识　强化练习**

练习 1.3-1.1

1. 设 $A=\{-1,0,1,2\}$，$B=\{0,2,4,6\}$，求 $A\cap B$.
2. 设 $A=\{(x,y)\mid x-2y=1\}$，$B=\{(x,y)\mid x+2y=3\}$，求 $A\cap B$.
3. 设 $A=\{x\mid -2<x\leqslant 2\}$，$B=\{x\mid 0\leqslant x\leqslant 4\}$，求 $A\cap B$.

练习 1.3-1.2

1. 设 $A=\{-1,0,1,2\}$，$B=\{0,2,4,6\}$，求 $A\cup B$.
2. 设 $A=\{x\mid -2<x\leqslant 2\}$，$B=\{x\mid 0\leqslant x\leqslant 4\}$，求 $A\cup B$.

3. 设 $A=\{2,3,5\}$, $B=\{-1,0,1,2\}$，求 $A\cap B$, $A\cup B$.

4. 设 $A=\{x\mid 0<x\leqslant 2\}$, $B=\{x\mid 1<x\leqslant 3\}$，求 $A\cap B$, $A\cup B$.

1.3–2 集合的运算

自主学习

基础自测

1. 设 $A=\{-1,0,1,2\}$, $B=\{0,2,4,6\}$，求 $A\cup B$, $A\cap B$.

答案： $A\cup B=\{-1,0,1,2,4,6\}$， $A\cap B=\{0,2\}$.

2. 设 $A=\{x\mid -2<x<2\}$, $B=\{x\mid 0<x<4\}$，求 $A\cup B$， $A\cap B$.

答案： $A\cup B=\{x\mid -2<x<4\}$， $A\cap B=\{x\mid 0<x<2\}$.

新知学习

***创设情景　兴趣导入**

问题

某学习小组学生的集合为 $U=$ {王明、曹勇、王亮、李冰、张军、赵云、冯佳、薛香芹、钱忠良、何晓慧}，其中在学校应用文写作比赛与技能大赛中获得过金奖的学生集合为 $P=$ {王明、曹勇、王亮、李冰、张军}，那么没有获得金奖的学生有哪些？

解决

没有获得金奖的学生的集合为 $Q=$ {赵云、冯佳、薛香芹、钱忠良、何晓慧}.

结论

可以看到，P, Q 都是 U 的子集，并且集合 Q 是由属于集合 U 但不属于集合 P 的元素所组成的集合.

***动脑思考　探索新知**

概念

如果一个集合含有我们所研究的各个集合的全部元素，在研究过程中，可以将这个集合叫做**全集**，一般用 U 来表示，所研究的各个集合都是这个集合的子集.

在研究数集时，常把实数集 $\mathbf{R}$ 作为全集.

如果集合 A 是全集 U 的子集，那么，由 U 中不属于 A 的所有元素组成的集合叫做 A 在全集 U 中的**补集**.

表示

集合 A 在全集 U 中的**补集**记作 $\complement_U A$，读作“A 在 U 中的补集”. 即

$$\complement_U A=\{x\mid x\in U \text{ 且 } x\notin A\}.$$

如果从上下文看全集 U 是明确的，特别是当全集 U 为实数集 $\mathbf{R}$ 时，可以省略补集符号中的 U，将 $\complement_U A$ 简记为 $\complement A$，读作“A 的补集”.

集合 A 在全集 U 中的补集可以用图表示：

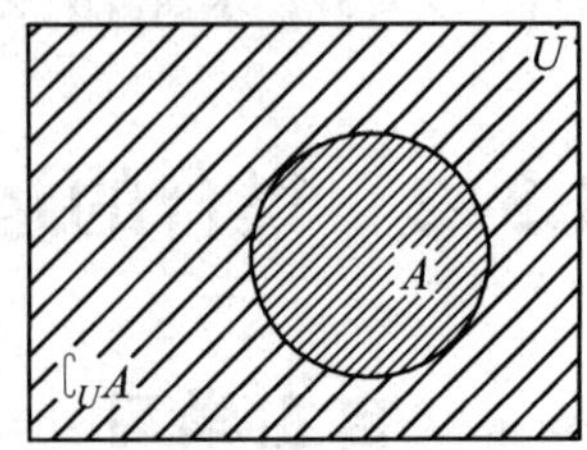

求集合 A 在全集 U 中的补集的运算叫做**补运算**.

典例剖析

例 1　设 $U=\{0,1,2,3,4,5,6,7,8,9\}$，$A=\{1,3,4,5\}$，$B=\{3,5,7,8\}$，求 $\complement_U A$ 及 $\complement_U B$.

分析　集合 A 的补集是由属于全集 U 而且不属于集合 A 的元素组成的集合.

解　$\complement_U A=\{0,2,6,7,8,9\}$；$\complement_U B=\{0,1,2,4,6,9\}$.

例 2　设 $U=\mathbf{R}$，$A=\{x\mid -1<x\leqslant 2\}$，求 $\complement A$.

分析　作出集合 A 在数轴上的表示，观察图形可以得到 $\complement A$.

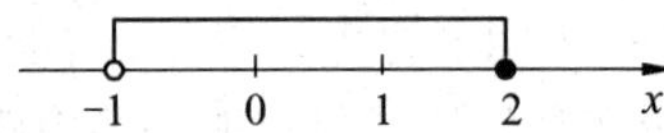

解　$\complement A=\{x\mid x\leqslant -1 \text{或} x>2\}$.

说明

通过观察图形求补集时，要特别注意端点的取舍．本题中，因为端点−1 不属于集合 A，所以−1 属于其补集 $\complement A$；因为端点 2 属于集合 A，所以 2 不属于其补集 $\complement A$.

由补集定义和上面的例题可以得到：

对于非空集合 A：

$A\cap(\complement_U A)=\varnothing$，$A\cup(\complement_U A)=U$，$\complement_U U=\varnothing$，$\complement_U \varnothing=U$，$\complement_U(\complement_U A)=A$.

知能迁移

***理论升华　整体建构**

思考并回答下面的问题：

1.（1）什么是集合交运算？如何用符号表示？如何用图形表示？

（2）什么是集合并运算？如何用符号表示？如何用图形表示？

（3）什么是集合补运算？如何用符号表示？如何用图形表示？

2. 在进行集合的交、并、补运算时各自的特点是什么？

3. 集合用列举法和描述法表示进行运算时需要注意的问题是什么？

活页作业

***运用知识　强化练习**

练习 1.3–2

1. 设 $U=\{1,2,3,4,5,6,7,8\}$， $A=\{2,4,6\}$， $B=\{3,4,5\}$，求 $A\cup B$， $A\cap B$， $\complement_U A$, $\complement_U B$, $(\complement_U A)\cap(\complement_U B)$， $(\complement_U A)\cup(\complement_U B)$.

2. 设 $U=\{\alpha\,|\,0^\circ<\alpha<180^\circ\}$， $A=\{\alpha\,|\,0^\circ<\alpha<90^\circ\}$， $B=\{\alpha\,|\,90^\circ<\alpha<180^\circ\}$，求 $\complement_U A$， $\complement_U B$, $(\complement_U A)\cap(\complement_U B)$, $(\complement_U A)\cup(\complement_U B)$.

知识链接

【知识链接】**通过这次学习，我们一起来解决开头出现的问题.**

电子行业是一个十分广泛的行业，包含的内容相当复杂，现在就让我们简单地认识一下产品的多样性吧！例如：

| 汽车继电器 | 信号继电器 | 开关二极管 | 普通二极管 | 带阻三极管 | 磁敏三极管 | 中高频放大三极管 | 低噪声放大三极管 | 双向触发二极管 | 快恢复二极管 | 磁保持继电器 | 极化继电器 | 高反压三极管 | 达林顿三极管 | 固态继电器 | 中间继电器 | 稳压二极管 | 肖特基二极管 | 延时继电器 | 其他继电器 | 光敏三极管 | 微波三极管 | 步进继电器 | 大功率继电器 | 变容二极管 | 低频放大三极管 | 温度继电器 | 真空继电器 | 电磁类继电器 | 干簧式继电器 | 磁敏二极管 | 整流二极管 | 发光二极管 | 激光二极管 | 湿簧式继电器 | 热继电器 | 时间继电器 | 混合电子继电器 | 光电二极管 | 阻尼二极管

我们分析后发现，以上元件有一个共同特点，即××继电器，××二极管和××三极管……于是我们利用数学中的集合知识……（把含继电器的物件组成一个继电器集合，把含二极管的物件组成一个二极管集合，再把含三极管的物件组成一个三极管集合.）

（1）继电器

| 汽车继电器 | 信号继电器 | 固态继电器 | 中间继电器 | 电磁类继电器 | 干簧式继电器 | 湿簧式继电器 | 热继电器 | 步进继电器 | 大功率继电器 | 磁保持继电器 | 极化继电器 | 温度继电器 | 真空继电器 | 时间继电器 | 混合电子继电器 | 延时继电器 | 其他继电器

（2）二极管

| 开关二极管| 普通二极管| 稳压二极管| 肖特基二极管| 双向触发二极管 | 快恢复二极管| 光电二极管| 阻尼二极管| 磁敏二极管 | 整流二极管| 发光二极管| 激光二极管| 变容二极管| 检波二极管| 其他二极管

（3）三极管

| 带阻三极管 | 磁敏三极管| 中高频放大三极管 | 低噪声放大三极管| 光敏三极管| 微波三极管| 高反压三极管 | 达林顿三极管

第 2 章　函　数

知识链接

【知识链接】**在电子技术应用中，我们时时都会遇到需用数学知识来计算的问题.** 例如：一扩音机的输入功率 P_i 为 0.112×10^{-5} W，输出功率 P_o 为 15.1 W，放大器的功率增益为 $A_p=10\times\lg\dfrac{P_o}{P_i}$(dB)，问此扩音机的功率增益为多少 dB？（注：dB 表示分贝）

当我们把 P_o，P_i 的值代入等式

$$A_p=10\times\lg\frac{15.1}{0.112\times10^{-5}}\text{(dB)}$$

后会发现一个计算符号“lg”，这就是我们将要学习的函数之一“对数”．下面请跟我们一起来学习吧.

2.1–1　函数的概念

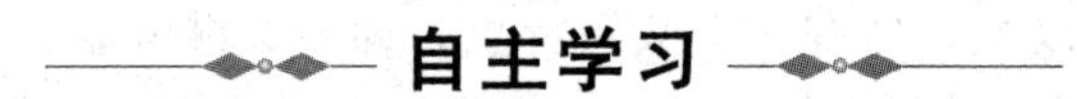

自主学习

基础自测

1. 找规律.

第一组： 1，2，3，4，5，(　)，(　)，…

2，4，6，8，10，(　)，(　)，…

第二组： 1，2，3，4，5，(　)，(　)，…

2，3，4，5，6，(　)，(　)，…

第三组： …(　)，-3，-2，-1，0，1，2，3，(　)，…

…(　)，9，4，1，0，1，4，9，(　)，…

答案： 第一组：6，7　　第二组：6，7　　第三组：-4，4

12，14　　7，8　　16，16

2. 分析每组上下两个对应数之间的关系.

新知学习

***创设情景　兴趣导入**

问题

1. 完成表格：

x	1	2	5	8	9	14
$y=5x+2$	7					

2. 已知表达式 $x^2+y=2$，当 y 取值为 -2 时，$x=$ ______.

3. 若表达式 $y=kx$（k 为常数），问 y 和 x 之间存在什么关系？

解决

1 题根据表达式，将 x 代入，可求出对应 y 的值；2 题整理表达式为 $y=-x^2+2$，将值代入，可求出 x，其值有两个；3 题中 x 和 y 之间就是 k 倍关系.

归纳

对于每一个确定的 x，根据它们之间的对应关系，y 都有唯一确定的值与之对应，并随 x 的变化而变化.

1 题的对应关系就是 x 的 5 倍再加 2，即 $y=5x+2$；2 题的对应关系是 $y=-x^2+2$；3 题的对应关系是 $y=kx$.

***动脑思考　探索新知**

概念

在某一变化过程中有两个变量 x 和 y，设变量 x 的取值范围为数集 D，如果对于 D 内的每一个 x 值，按照某个对应法则 f，y 都有唯一确定的值与它对应，则把 y 叫做 x 的**函数**. 记作

$$y=f(x).$$

其中，变量 x 称为**自变量**，数集 D 称为函数的**定义域**.

当 $x=x_0$ 时，函数 $y=f(x)$ 对应的值 y_0 称为函数 $y=f(x)$ 在点 x_0 处的**函数值**，记作 $y_0=f(x_0)$.

函数值的集合 $\{y|y=f(x),x\in D\}$ 称为**函数的值域**.

函数的定义域与对应法则一旦确定，函数的值域也就确定了. 因此函数的定义域与对应法则称为**函数的两个要素**.

定义域与对应法则都相同的函数视为同一个函数，而与选用的字母无关. 如函数 $y=\sqrt{x}$ 与 $s=\sqrt{t}$ 表示同一个函数.

***创设情景　兴趣导入**

问题

观察下面三个例子，并用相应的形式表示函数：

1. 某城市 2008 年 8 月 16 日至 8 月 25 日的日最高气温统计如表所示：

日　期	16	17	18	19	20	21	22	23	24	25
最高气温	29	29	28	30	25	28	29	28	29	30

由表可以清楚地看出日期 x 和最高气温 y (°C)之间的函数关系.

2. 某气象站用温度自动记录仪记录的某市 2008 年 11 月 29 日 0 时至 14 时的气温 T(°C) 随时间 t (h)变化的曲线如图所示：

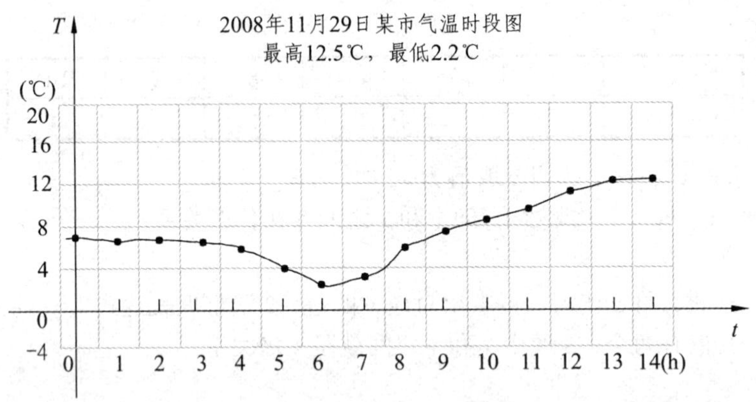

曲线形象地反映出气温 T(°C)与时间 t(h)之间的函数关系，这里函数的定义域为[0,14]. 对定义域中的任意时间 t，有唯一的气温 T 与之对应. 例如，当 $t=6$ 时，气温 $T=2.2$°C；当 $t=14$ 时，气温 $T=12.5$°C.

3. 用 S 来表示半径为 r 的圆的面积，则

$$S=\pi r^2.$$

这个公式清楚地反映了半径 r 与圆的面积 S 之间的函数关系，这里函数的定义域为 $\mathbf{R}^+$. 以任意正实数 r_0 为半径的圆的面积为 $S_0=\pi r_0^2$.

常用的函数表示方法有列表法、图像法和解析法三种.

表示

1. 列表法：就是列出表格来表示两个变量之间的函数关系.

例如，数学用表中的平方表、平方根表、三角函数表，银行里的利息表，列车时刻表等都是用列表法来表示函数关系的.

用列表法表示函数关系的优点：不需要计算就可以直接看出与自变量的值相对应的函数值.

2. 图像法：就是用函数图像表示两个变量之间的函数关系.

例如，我国人口出生率变化的曲线，工厂的生产图像，股市走向图等都是用图像法表示函数关系的.

用图像法表示函数关系的优点：能直观形象地表示出自变量的变化，以及相应的函数值变化的趋势.

3. 解析法：把两个变量之间的函数关系用一个等式表示出来，这个等式叫做函数的解析表达式，简称解析式.

例如，$s=60t^2$，$A=\pi r^2$，$S=2\pi rl$，$y=\sqrt{x-2}\ (x\geqslant 2)$ 等都是用解析式表示函数关系的.

用解析式表示函数关系的优点：一是简明、全面地概括了变量间的关系；二是可以通过解析式求出任意一个自变量的值所对应的函数值.

***创设情景　兴趣导入**

已知函数的解析式，作函数图像的方法：

问题

文具店内出售某种铅笔，每支售价 0.12 元，应付款额是购买铅笔数的函数. 当购买 6 支以内（含 6 支）铅笔时，请用三种方法表示这个函数.

分析　函数的定义域为$\{1, 2, 3, 4, 5, 6\}$，分别用三种函数表示法表示函数.

解　设 x 表示购买的铅笔数（支），y 表示应付款额（元），则函数的定义域为$\{1, 2, 3, 4, 5, 6\}$.

（1）根据题意得，函数的解析式为 $y = 0.12x$，故函数的解析法表示为

$$y = 0.12x, \quad x \in \{1, 2, 3, 4, 5, 6\}.$$

（2）依照售价，分别计算出购买 1 ~ 6 支铅笔所需的款额，列成表格，得到函数的列表法表示.

x/支	1	2	3	4	5	6
y/元	0.12	0.24	0.36	0.48	0.6	0.72

（3）以上表中的 x 值为横坐标，对应的 y 值为纵坐标，在直角坐标系中依次作出点(1, 0.12), (2, 0.24), (3, 0.36), (4, 0.48), (5, 0.6), (6, 0.72)得到函数的图像法表示.

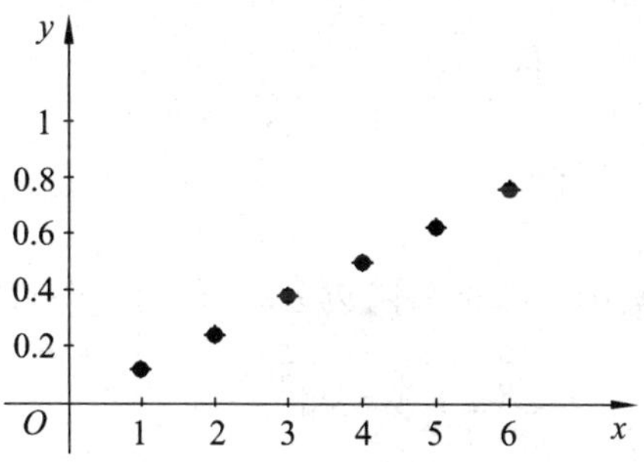

归纳

由上例的解题过程可以归纳出“已知函数的解析式，作函数图像”的具体步骤：

1. 确定函数的定义域；

2. 选取自变量 x 的若干值（一般选取某些代表性的值），计算出与它们对应的函数值 y，列出表格；

3. 以表格中 x 值为横坐标，对应的 y 值为纵坐标，在直角坐标系中描出相应的点 (x, y)；

4. 根据题意确定是否将描出的点联结成光滑曲线.

这种作函数图像的方法叫做**描点法**.

典例剖析

例 1 求下列函数的定义域：

（1）$f(x)=\dfrac{1}{x+1}$；（2）$f(x)=\sqrt{1-2x}$.

分析 如果函数的对应法则是用代数式表示的，那么函数的定义域就是使得这个代数式有意义的自变量的取值集合.

解 （1）由 $x+1\neq 0$，得 $x\neq -1$. 因此函数的定义域为 $\{x|x\neq -1\}$，用区间表示为 $(-\infty,-1)\cup(-1,+\infty)$.

（2）由 $1-2x\geqslant 0$，得 $x\leqslant\dfrac{1}{2}$. 因此函数的定义域为 $\left(-\infty,\dfrac{1}{2}\right]$.

归纳

代数式中含有分式，使得代数式有意义的条件是分母不等于零；代数式中含有二次根式，使得代数式有意义的条件是被开方式大于或等于零.

例 2 设 $f(x)=\dfrac{2x-1}{3}$，求 $f(0)$，$f(2)$，$f(-5)$，$f(b)$.

分析 本题是求自变量 $x=x_0$ 时对应的函数值，方法是将 x_0 代入函数表达式求值.

解 $f(0)=\dfrac{2\times 0-1}{3}=-\dfrac{1}{3}$；

$f(2)=\dfrac{2\times 2-1}{3}=1$；

$f(-5)=\dfrac{2\times(-5)-1}{3}=-\dfrac{11}{3}$；

$f(b)=\dfrac{2\times b-1}{3}=\dfrac{2b-1}{3}$.

例 3 指出下列各函数中，哪个与函数 $y=x$ 是同一个函数：

（1）$y=\dfrac{x^2}{x}$；（2）$y=\sqrt{x^2}$；（3）$s=t$.

解 （1）函数 $y=\dfrac{x^2}{x}$ 的定义域为 $\{x\mid x\neq 0\}$，函数 $y=x$ 的定义域为 $\mathbf{R}$，它们的定义域不同，因此不是同一个函数；

（2）函数 $y=\sqrt{x^2}=|x|=\begin{cases}x, & x\geqslant 0\\ -x, & x<0\end{cases}$，这个函数与 $y=x$ 的定义域相同，都是 $\mathbf{R}$，但是它们的对应法则不同，因此不是同一个函数；

（3）尽管表示两个函数的字母不同，但是定义域与对应法则都相同，所以它们是同一个函数.

例 4 利用“描点法”作出函数 $y=\sqrt{x}$ 的图像，并判断点(25, 5)是否为图像上的点（求对应函数值时，精确到 0.01）.

解 （1）函数的定义域为 $[0,+\infty)$.

（2）在定义域内取几个自然数，分别求出对应的函数值 y，列表如下：

x	0	1	2	3	4	5	…
y	0	1	1.41	1.73	2	2.24	…

（3）以表中的 x 值为横坐标，对应的 y 值为纵坐标，在直角坐标系中依次作出点(x, y). 由于 $f(25)=\sqrt{25}=5$，所以点(25, 5)是图像上的点.

（4）用光滑曲线联结这些点，得到函数的图像.

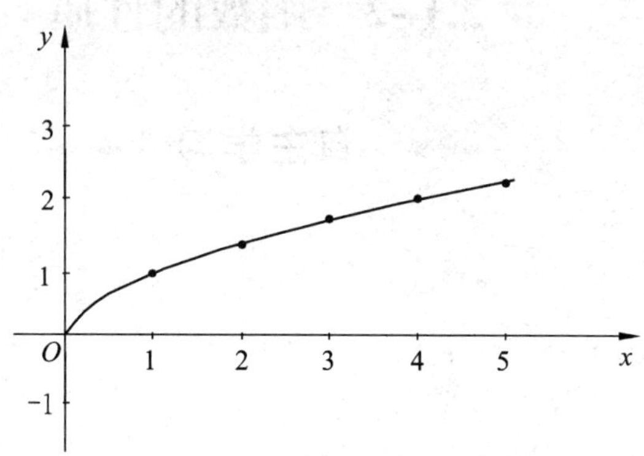

知能迁移

***理论升华　整体建构**

由例 4 的解题过程可以归纳出“已知函数的解析式，作函数图像”的具体步骤：

1. 确定函数的定义域；

2. 选取自变量 x 的若干值（一般选取某些代表性的值），计算出与它们对应的函数值 y，列出表格；

3. 以表格中 x 值为横坐标，对应的 y 值为纵坐标，在直角坐标系中描出相应的点 (x, y)；

4. 根据题意确定是否将描出的点联结成光滑的曲线.

这种作函数图像的方法叫做**描点法.**

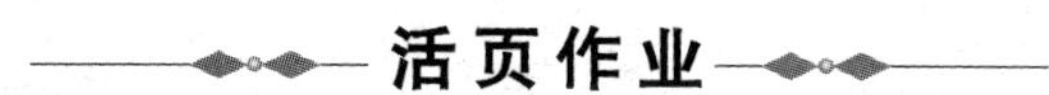

活页作业

***运用知识　强化练习**

练习 2.1-1

1. 求下列函数的定义域：

（1）$f(x)=\dfrac{2}{x+4}$；　　　　（2）$f(x)=\sqrt{x^2-6x+5}$.

2. 已知 $f(x)=3x-2$，求 $f(0)$，$f(1)$，$f(a)$.

3. 判定下列各组函数是否为同一个函数：

（1）$f(x)=x$，$f(x)=\sqrt[3]{x^3}$；　　　　（2）$f(x)=x+1$，$f(x)=\dfrac{x^2-1}{x-1}$.

4. 判定点 $M_1(1,-2)$，$M_2(-2,6)$ 是否在函数 $y=1-3x$ 的图像上.

5. 市场上土豆的价格是 3.2 元/kg，应付款额 y 是购买土豆数量 x 的函数. 请分别用解析法和图像法表示这个函数.

2.1–2　函数的性质

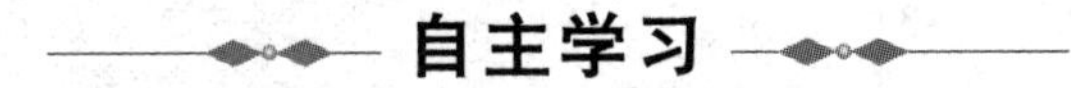

自主学习

基础自测

1. 已知 $f(x)=x^2$，求 $f(-4), f(4)$.

答案：16, 16.

2. 已知 $f(x)=x^3$，求 $f(-2), f(2)$.

答案：$-8, 8$.

3. 已知 $f(x)=x^2+6x+5$，则该函数开口______，对称轴________，顶点为_________

答案：向上，$x=-3$，$(-3,-4)$.

4. 已知 $f(x)=-x^2-4x+12$，则该函数开口______，对称轴_______，顶点为_________

答案：向下，$x=-2$，$(-2,16)$.

新知学习

***创设情景　兴趣导入**

问题

1. 观察某市 2008 年 11 月 29 日的气温时段图，此图反映了 0 时至 14 时的气温 T(°C)随时间 t(h)变化的情况.

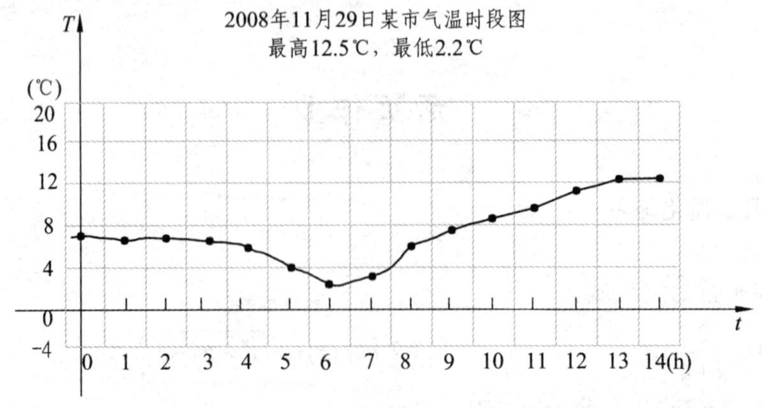

思考填空：

（1）____时，气温最低，最低气温为____°C；____时气温最高，最高气温为_____°C.

（2）随着时间的增加，在时间段 0 时到 6 时，气温不断地______；在 6 时到 14 时，气温不断地_____.

2. 下图为股市中某股票在半天内的行情，请描述此股票的涨幅情况.

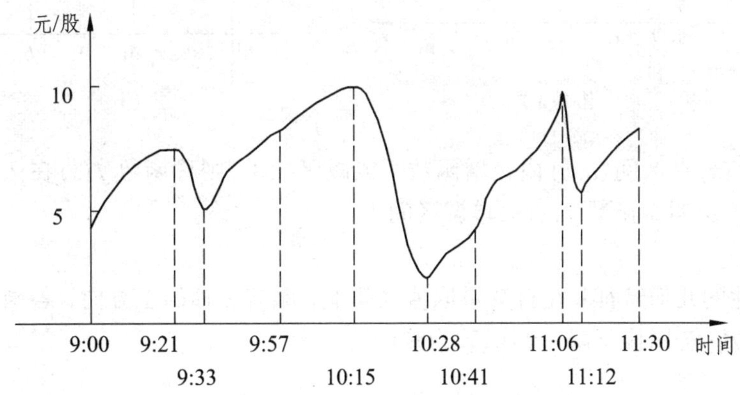

从上图可以看到，有些时候该股票的价格随着时间推移在上涨，即时间增加股票价格也增加；有时该股票的价格随着时间推移在下跌，即时间增加股票价格反而减小.

归纳

类似地，函数值随着自变量的增大而增大（或减小）的性质就是函数的单调性.

***动脑思考　探索新知**

概念

函数值随着自变量的增大而增大（或减小）的性质叫做函数的**单调性**.

类型

设函数 $y=f(x)$ 在区间 (a,b) 内有意义.

（1）如下图（a）所示，在区间 (a,b) 内，随着自变量的增加，函数值不断增大，图像呈上升趋势. 即对于任意的 $x_1,x_2\in(a,b)$，当 $x_1<x_2$ 时，都有

$$f(x_1)<f(x_2)$$

成立. 这时把函数 $f(x)$ 叫做区间 (a,b) 内的**增函数**，区间 (a,b) 叫做函数 $f(x)$ 的**增区间**.

（2）如下图（b）所示，在区间 (a,b) 内，随着自变量的增加，函数值不断减小，图像呈下降趋势. 即对于任意的 $x_1,x_2\in(a,b)$，当 $x_1<x_2$ 时，都有

$$f(x_1)>f(x_2)$$

成立. 这时函数 $f(x)$ 叫做区间 (a,b) 内的**减函数**，区间 (a,b) 叫做函数 $f(x)$ 的**减区间**.

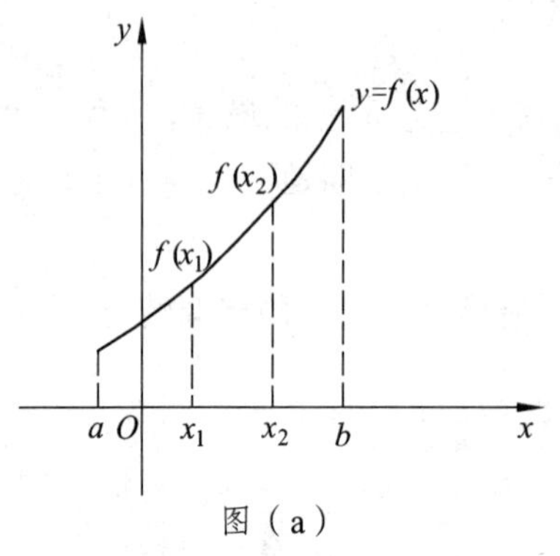

图（a）

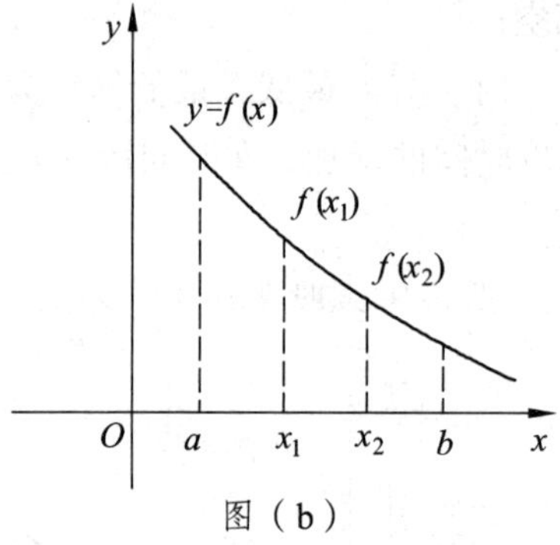

图（b）

如果函数 $f(x)$ 在区间 (a, b) 内是增函数（或减函数），则称函数 $f(x)$ 在区间 (a, b) 内具有单调性，区间 (a,b) 叫做函数 $f(x)$ 的**单调区间**.

几何特征

函数单调性的几何特征：在自变量取值区间上，顺着 x 轴的正方向，若函数的图像上升，则函数为增函数；若图像下降，则函数为减函数.

判定方法

判定函数的单调性有两种方法：借助于函数的图像或根据单调性的定义来判定.

***创设情景　兴趣导入**

问题

观察下图，求出 $[a, b]$ 内的最大值与最小值.

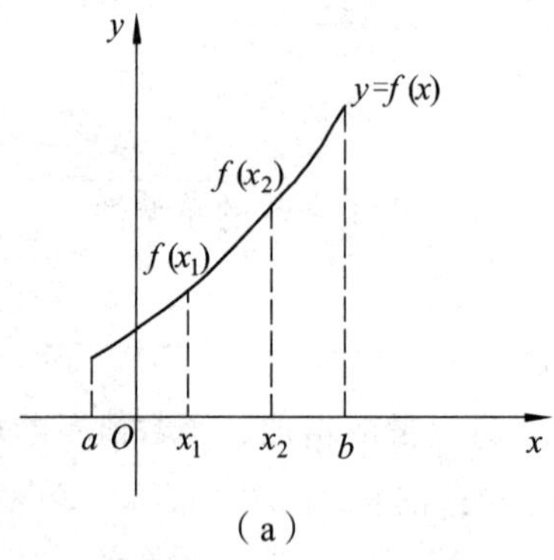

（a）

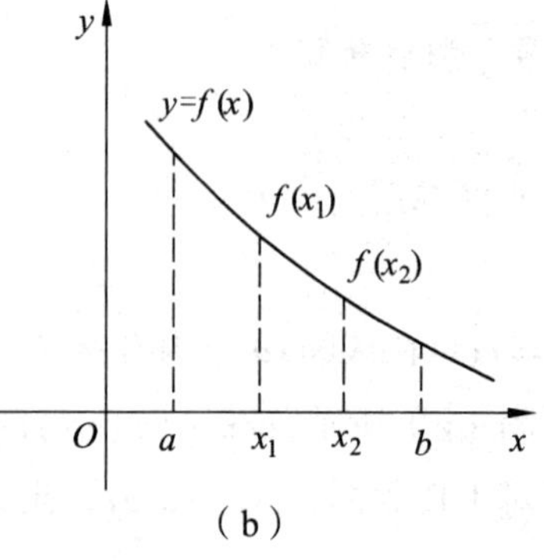

（b）

***动脑思考　探索新知**

概念

设函数 $y=f(x)$ 的定义域为 A，如果存在实数 $x_0 \in A$ 使得对于任意的 $x \in A$，都有

$$f(x) \leqslant f(x_0),$$

则称 $f(x_0)$ 是函数 $y=f(x)$ 的最大值（Maximum Value），记为 $y_{\max}=f(x_0)$.

练练：仿照最大值定义，给出最小值（Minimum Value）的定义.

如果存在实数 $x_0 \in A$ 使得对于任意的 $x \in A$，都有______________，则称______是函数 $y=f(x)$ 的最____值，记为__________.

思考

单调性与最值：

设函数 $y=f(x)$ 的定义域为 $[a,b]$，若 $y=f(x)$ 是增函数，则 $y_{\max}=$__________，$y_{\min}=$__________；若 $y=f(x)$ 是减函数，则 $y_{\max}=$________，$y_{\min}=$__________.

***创设情景　兴趣导入**

问题

平面几何中，曾经学习了关于轴对称图形和中心对称图形的知识. 如下图所示，点 $P(3,2)$ 关于 x 轴的对称点是沿着 x 轴对折得到与点 P 相重合的点 P_1，其坐标为______；点 $P(3,2)$ 关于 y 轴的对称点是沿着 y 轴对折得到与点 P 相重合的点 P_2，其坐标为_______；点 $P(3,2)$ 关于原点 O 的对称点是线段 OP 绕着原点 O 旋转 180°得到与点 P 相重合的点 P_3，其坐标为_______.

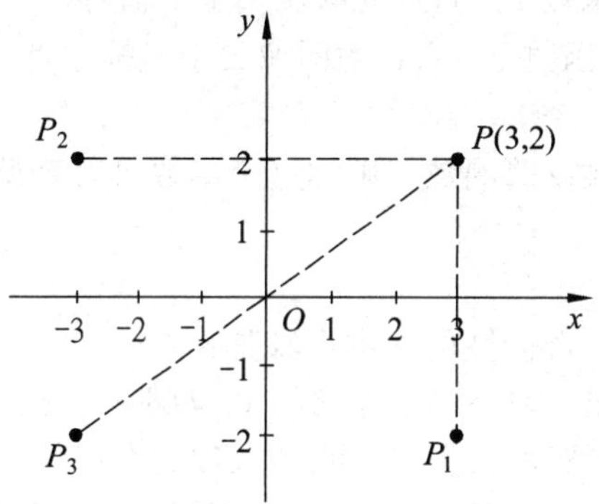

归纳

一般地，设点 $P(a,b)$ 为平面上任意一点，则

（1）点 $P(a,b)$ 关于 x 轴的对称点的坐标为 $(a,-b)$；

（2）点 $P(a,b)$ 关于 y 轴的对称点的坐标为 $(-a,b)$；

（3）点 $P(a,b)$ 关于原点 O 的对称点的坐标为 $(-a,-b)$.

***创设情景　兴趣导入**

问题

观察下列函数图像是否具有对称性，如果有，关于什么对称？

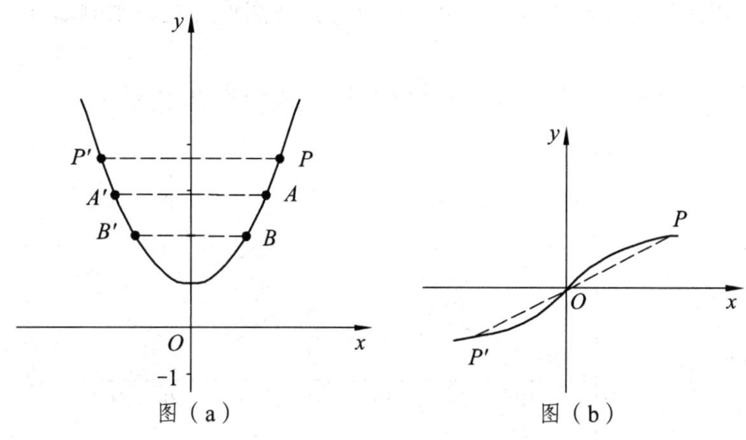

图（a）　　　　图（b）

生活中还有很多类似的对称图形（见对应课件）.

对于图（a），如果沿着 y 轴对折，对折后 y 轴两侧的图像完全重合．即函数图像上任意一点 P 关于 y 轴的对称点 P' 仍然在函数图像上，这时称函数图像**关于 y 轴对称**，y 轴称为这个函数图像的**对称轴**.

对于图（b），如果将图像沿着坐标原点旋转 $180°$，旋转前后的图像完全重合．即函数图像上任意一点 P 关于原点 O 的对称点 P' 仍然在函数的图像上，这时称函数图像**关于坐标原点对称**，原点 O 称为这个函数图像的**对称中心**.

***动脑思考　探索新知**

概念

设函数 $y=f(x)$ 的定义域为数集 D，对任意的 $x\in D$，都有 $-x\in D$（即定义域关于坐标原点对称），且

（1）$f(-x)=f(x)\Leftrightarrow$ 函数 $y=f(x)$ 的图像关于 y 轴对称，此时称函数 $y=f(x)$ 为**偶函数**；

（2）$f(-x)=-f(x)\Leftrightarrow$ 函数 $y=f(x)$ 的图像关于坐标原点对称，此时称函数 $y=f(x)$ 为**奇函数**.

如果一个函数是奇函数或偶函数，则称这个函数具有**奇偶性**．不具有奇偶性的函数叫做**非奇非偶函数**.

判断

判断一个函数是否具有奇偶性的基本步骤是：

（1）求出函数的定义域，如果对于任意的 $x\in D$ 都有 $-x\in D$（即关于坐标原点对称），则分别计算出 $f(x)$ 与 $f(-x)$，然后根据定义判断函数的奇偶性.

（2）如果存在某个 $x_0\in D$，但是 $-x_0\notin D$，则函数肯定是非奇非偶函数.

当然，对于用图像法表示的函数，可以通过对图像对称性的观察判断函数是否具有奇偶性.

典例剖析

例 1　小明从家里出发去学校取书，顺路将自行车送还王伟同学．小明骑了 30 分钟自行车后，将自行车送还到王伟家，又步行 10 分钟到学校取书，最后乘公交车 20 分钟后回到家．这段时间内，小明离开家的距离与时间的关系如下图所示，请指出这个函数的单调性.

分析　对于用图像法表示的函数，可以通过对函数图像的观察来判断函数的单调性，从而得到单调区间.

解　由图像可以看出，函数的增区间为(0, 40)，减区间为(40, 60).

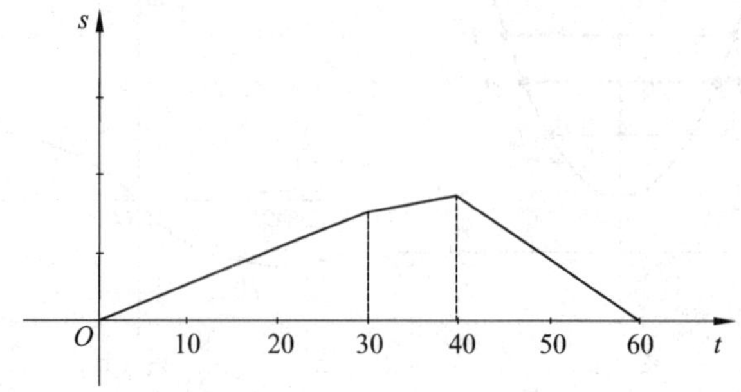

例 2 判断函数 $y=4x-2$ 的单调性.

分析 对于用解析式表示的函数，其单调性可以通过定义来判断，也可以作出函数的图像，通过观察图像来判断．无论采用哪种方法，都要首先确定函数的定义域.

x	0	1
y	-2	2

在直角坐标系中，描出点（0, −2），（1, 2），作出经过这两个点的直线．观察图像可知，函数 $y=4x-2$ 在 $(-\infty,+\infty)$ 内为增函数.

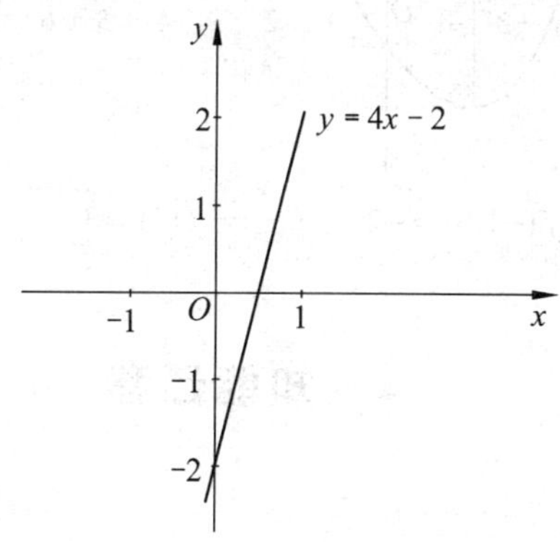

例 3 （1）已知点 $P(-2,3)$，写出点 P 关于 x 轴的对称点的坐标；

（2）已知点 $P(x,y)$，写出点 P 关于 y 轴的对称点的坐标以及关于原点 O 的对称点的坐标；

（3）设函数 $y=f(x)$，在函数图像上任取一点 $P(a,f(a))$，写出点 P 关于 y 轴的对称点的坐标，以及关于原点 O 的对称点的坐标.

分析 本题需要利用三种对称点的坐标特征来进行研究.

解 （1）点 $P(-2,3)$ 关于 x 轴的对称点的坐标为 $(-2,-3)$；

（2）点 $P(x,y)$ 关于 y 轴的对称点的坐标为 $(-x,y)$，点 $P(x,y)$ 关于原点 O 的对称点的坐标为 $(-x,-y)$；

（3）点 $P(a,f(a))$ 关于 y 轴的对称点的坐标为 $(-a,f(a))$，点 $P(a,f(a))$ 关于原点 O 的对称点的坐标为 $(-a,-f(a))$.

例 4 判断下列函数的奇偶性：

（1）$f(x)=x^3$；（2）$f(x)=2x^2+1$；

（3）$f(x)=\sqrt{x}$；（4）$f(x)=x-1$.

分析 需要依照判断函数奇偶性的基本步骤进行.

解 （1）函数 $f(x)=x^3$ 的定义域为 $(-\infty,+\infty)$，是关于原点对称的区间，且 $f(-x)=(-x)^3=-x^3=-f(x)$，所以 $f(x)=x^3$ 是奇函数.

（2）$f(x)=2x^2+1$ 的定义域为 $(-\infty,+\infty)$，是关于原点对称的区间，且 $f(-x)=2(-x)^2+1=2x^2+1=f(x)$，所以函数 $f(x)=2x^2+1$ 是偶函数.

（3）$f(x)=\sqrt{x}$ 的定义域是 $[0,+\infty)$，不是一个关于原点对称的区间，所以函数 $f(x)=\sqrt{x}$ 是非奇非偶函数；

（4）$f(x)=x-1$ 的定义域为 $(-\infty,\ +\infty)$，是关于原点对称的区间，且 $f(-x)=(-x)-1=-x-1$．由于 $f(-x)\neq -f(x)$，并且 $f(-x)\neq f(x)$，所以函数 $f(x)=x-1$ 是非奇非偶函数．

例 5 下图为函数 $y=f(x)$，$x\in[-4,7]$ 的图像，指出它的最大值、最小值．

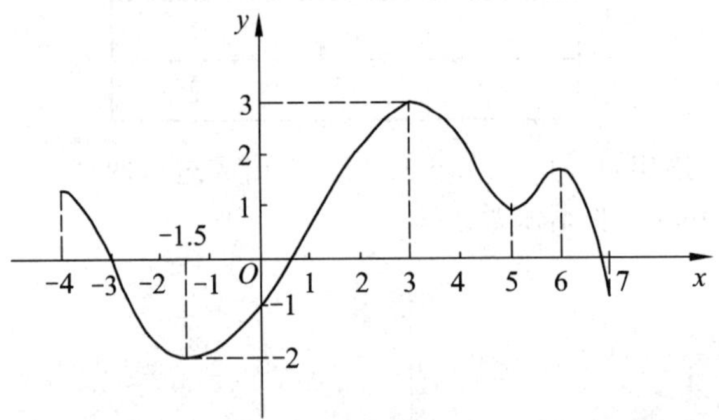

解 由图像可知：$y_{\min}=f(-1.5)=-2$，$y_{\max}=f(3)=3$．

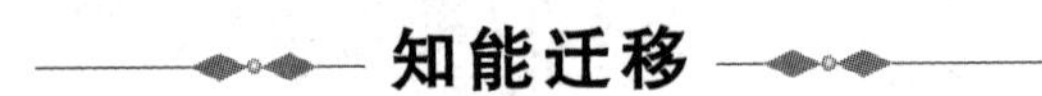

知能迁移

***理论升华　整体建构**

由一次函数 $y=kx+b\,(k\neq 0)$ 的图像可知：

（1）当 $k>0$ 时，图像从左至右上升，函数是单调递增函数；

（2）当 $k<0$ 时，图像从左至右下降，函数是单调递减函数．

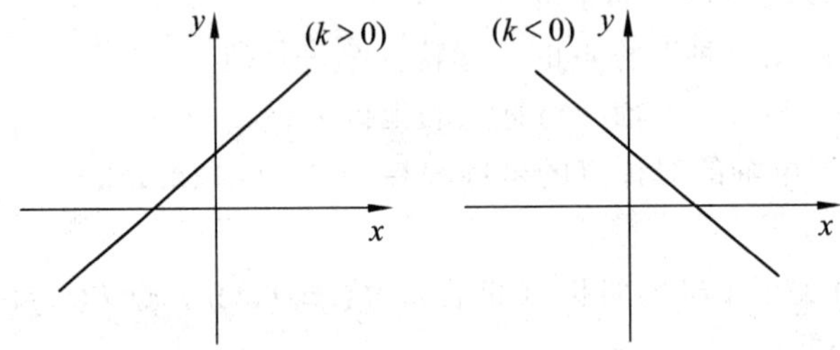

由反比例函数 $y=\dfrac{k}{x}$ 的图像可知：

（1）当 $k>0$ 时，y 值随 x 值的增大而减小，函数是单调递减函数；

（2）当 $k<0$ 时，y 值随 x 值的增大而增大，函数是单调递增函数．

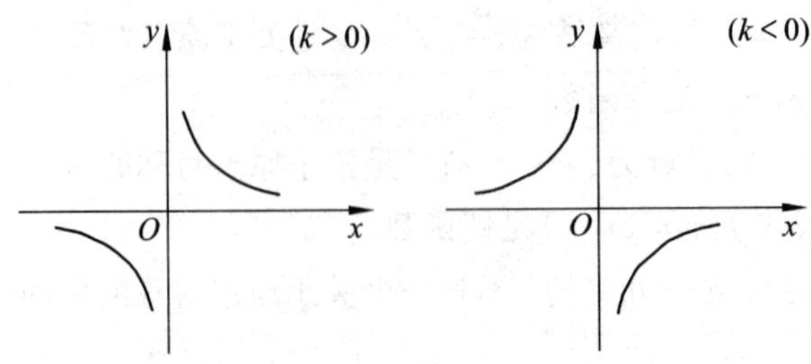

由二次函数 $y=ax^2+bx+c\ (a\neq 0)$ 的图像可知：

（1）对称轴：$x=\dfrac{x_1+x_2}{2}=-\dfrac{b}{2a}$，顶点坐标：$\left(-\dfrac{b}{2a},\dfrac{4ac-b^2}{4a}\right)$.

（2）$a>0$，开口向上，对称轴的左边为减函数，对称轴的右边为增函数；$y_{\min}=\dfrac{4ac-b^2}{4a}$.

（3）$a<0$，开口向下，对称轴的左边为增函数，对称轴的右边为减函数；$y_{\max}=\dfrac{4ac-b^2}{4a}$.

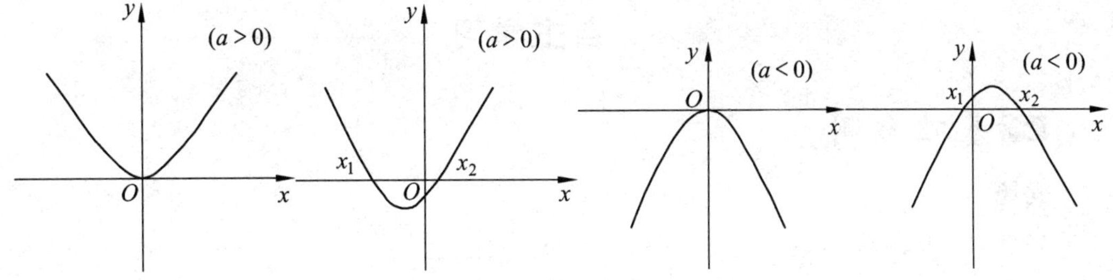

活页作业

***运用知识　强化练习**

教材练习 2.1-2

1. 函数图像如下图所示.

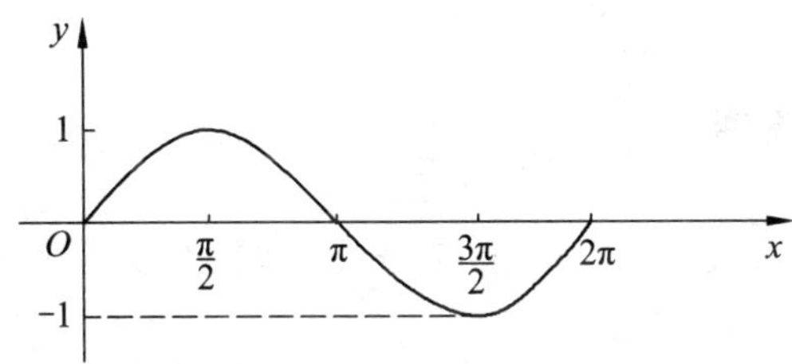

（1）根据图像说出函数的单调区间以及函数在各单调区间内的单调性.

（2）写出函数的定义域和值域.

2. 求满足下列条件的点的坐标：

（1）与点 $(-2,1)$ 关于 x 轴对称；　（2）与点 $(-1,-3)$ 关于 y 轴对称；

（3）与点 $(2,1)$ 关于坐标原点对称；　（4）与点 $(-1,0)$ 关于 y 轴对称.

3. 判断下列函数的奇偶性：

（1）$f(x)=x$；　（2）$f(x)=\dfrac{1}{x^2}$；

（3）$f(x)=-3x+1$；　（4）$f(x)=-3x^2+2$

4. 求下列函数的最小值：

（1）$y=x^2-2x$；　（2）$f(x)=\dfrac{1}{x}$，$x\in[1,\ 3]$.

5. 求 $y=\dfrac{3}{x-2}$ 在区间[3, 6]上的最大值和最小值.

6. 求函数 $y=x^2-2x-3$ 在区间[−2, 2]的最大值、最小值.

2.2–1　实数指数幂

自主学习

基础自测

问题

如果 $x^2=9$，则 $x=$________；x 叫做 9 的_________；

如果 $x^2=3$，则 $x=$________；x 叫做 3 的_________；

如果 $x^3=8$，则 $x=$________；x 叫做 8 的_________；

如果 $x^3=-8$，则 $x=$_______；x 叫做 −8 的_________.

解决

如果 $x^2=a$ ，那么 $x=\pm\sqrt{a}$ 叫做 a 的平方根（二次方根），其中 $\sqrt{a}$ 叫做 a 的算术平方根；如果 $x^3=a$ ，那么 $x=\sqrt[3]{a}$ 叫做 a 的立方根（三次方根）.

新知学习

***动脑思考　探索新知**

概念

一般地，如果 $x^n=a(n\in \mathbf{N}^+且n>1)$，那么 x 叫做 a 的 n 次**方根**.

说明

（1）当 n 为偶数时，正数 a 的 n 次方根有两个，分别表示为 $-\sqrt[n]{a}$ 和 $\sqrt[n]{a}$，其中 $\sqrt[n]{a}$ 叫做 a 的 n 次算数根；零的 n 次方根是零；负数的 n 次方根没有意义.

例如，81 的 4 次方根有两个，它们分别是 3 和−3，其中 3 叫做 81 的 4 次算术根，即 $\sqrt[4]{81}=3$.

（2）当 n 为奇数时，实数 a 的 n 次方根只有一个，记作 $\sqrt[n]{a}$.

例如，−32 的 5 次方根仅有一个，是−2，即 $\sqrt[5]{-32}=-2$.

概念

形如 $\sqrt[n]{a}$ $(n\in \mathbf{N}^+且n>1)$ 的式子叫做 a 的 n 次根式，其中 n 叫做**根指数**，a 叫做**被开方数**.

思考填空：

1. $2^3=$________；$3^{-2}=$________；$(\sqrt{2})^0=$________；$\left(\dfrac{2}{3}\right)^4=$________；$\left(\dfrac{1}{5}\right)^{-2}=$________.

2. 整数指数幂，当 $n\in \mathbf{N}^*$ 时，$a^n=$________；并且规定当 $a\neq 0$ 时，$a^0=$________；$a^{-n}=$________.

3. 将整数指数幂的概念进行推广：$4^{\frac{1}{2}}=$______.

概念

规定：$a^{\frac{m}{n}}=\sqrt[n]{a^m}$，其中 $m,n\in\mathbf{N}^+$ 且 $n>1$．当 n 为奇数时，$a\in\mathbf{R}$；当 n 为偶数时，$a\geqslant 0$．

当 $a^{\frac{m}{n}}$ 有意义，且 $a\neq 0$，$m,n\in\mathbf{N}^+$ 且 $n>1$ 时，规定：$a^{-\frac{m}{n}}=\dfrac{1}{\sqrt[n]{a^m}}$．

这样就将整数指数幂推广到有理数指数幂.

问题

1. 将下列各根式写成分数指数幂：（1）$\sqrt{\dfrac{3}{20}}$；（2）$\dfrac{2}{\sqrt[4]{a^3}}$.

2. 将下列各分数指数幂写成根式：（1）$65^{-\frac{3}{4}}$；（2）$(2.3)^{\frac{2}{3}}$.

扩展

整数指数幂的运算法则：

1. $a^m\cdot a^n=$______________；
2. $(a^m)^n=$______________；
3. $(ab)^n=$______________.

其中，$m,n\in\mathbf{Z}$.

归纳

运算法则同样适用于有理数指数幂的情形.

概念

当 p,q 为有理数时，有

$$a^p\cdot a^q=a^{p+q}\;;\;(a^p)^q=a^{pq}\;;\;(ab)^p=a^p\cdot b^p.$$

运算法则成立的条件是，式中出现的每个有理数指数幂都有意义.

说明

可以证明，当 p,q 为实数时，上述指数幂运算法则也成立.

***动脑思考　探索新知**

概念

一般地，形如 $y=x^{\alpha}$（$\alpha\in\mathbf{R}$）的函数叫做**幂函数**．其中指数 α 为常数，底数 x 为自变量.

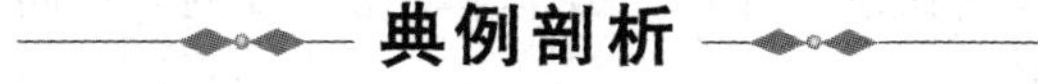

典例剖析

例 1　将下列各分数指数幂写成根式的形式：

（1）$a^{\frac{4}{7}}$；　　（2）$a^{\frac{3}{5}}$；　　（3）$a^{-\frac{3}{2}}$.

分析　要把握好形式互化过程中字母位置对应关系，按照规定，先正确找出公式中的 m 与 n，再进行形式的转化.

解 （1）$n=7$，$m=4$，故 $a^{\frac{4}{7}}=\sqrt[7]{a^4}$．

（2）$n=5$，$m=3$，故 $a^{\frac{3}{5}}=\sqrt[5]{a^3}$．

（3）$n=2$，$m=3$，故 $a^{-\frac{3}{2}}=\dfrac{1}{\sqrt{a^3}}$．

例 2 将下列各根式写成分数指数幂的形式：

（1）$\sqrt[3]{x^2}$；　　（2）$\sqrt[3]{a^4}$；　　（3）$\dfrac{1}{\sqrt[5]{a^3}}$．

分析 要把握好形式互化过程中字母位置的对应关系，按照规定进行逆向形式的转化．

解 （1）$n=3$，$m=2$，故 $\sqrt[3]{x^2}=x^{\frac{2}{3}}$．

（2）$n=3$，$m=4$，故 $\sqrt[3]{a^4}=a^{\frac{4}{3}}$．

（3）$n=5$，$m=3$，故 $\dfrac{1}{\sqrt[5]{a^3}}=a^{-\frac{3}{5}}$．

说明 将根式写成分数指数幂的形式或将分数指数幂写成根式的形式时，要注意规定中 m、n 的对应位置关系，分数指数的分母为根式的根指数，分子为根式中被开方数的指数．

例 3 计算下列各式的值：

（1）$0.125^{\frac{1}{3}}$；　　（2）$\dfrac{\sqrt{3}\times\sqrt[3]{6}}{\sqrt[3]{9}\times\sqrt[3]{2}}$．

分析 （1）题中的底为小数，需要先将其化为分数，这样有利于运用运算法则；（2）题中，首先要把根式化成分数指数幂，然后再进行化简与计算．

解 （1）$0.125^{\frac{1}{3}}=\left(\dfrac{1}{8}\right)^{\frac{1}{3}}=(2^{-3})^{\frac{1}{3}}=2^{-3\times\frac{1}{3}}=2^{-1}=\dfrac{1}{2}$；

（2）$\dfrac{\sqrt{3}\times\sqrt[3]{6}}{\sqrt[3]{9}\times\sqrt[3]{2}}=\dfrac{3^{\frac{1}{2}}\times(3\times2)^{\frac{1}{3}}}{(3^2)^{\frac{1}{3}}\times2^{\frac{1}{3}}}=\dfrac{3^{\frac{1}{2}}\times3^{\frac{1}{3}}\times2^{\frac{1}{3}}}{3^{\frac{2}{3}}\times2^{\frac{1}{3}}}$

$=3^{\frac{1}{2}+\frac{1}{3}-\frac{2}{3}}\times2^{\frac{1}{3}-\frac{1}{3}}=3^{\frac{1}{6}}\times2^0=3^{\frac{1}{6}}$．

说明（2）题中，将 9 写成 3^2，将 6 写成 2×3，使得式子只出现两种底，方便化简及运算．这种尽可能将底化同的做法，体现了数学中非常重要的“化同”思想．

例 4 化简下列各式：

（1）$\dfrac{(2a^4b^3)^4}{(3a^3b)^2}$；　　（2）$(a^{\frac{1}{2}}+b^{\frac{1}{2}})(a^{\frac{1}{2}}-b^{\frac{1}{2}})$；　　（3）$\sqrt[5]{a^{-3}b^2}\div\sqrt[5]{a^2}\div\sqrt[5]{b^3}$．

分析 化简要依据运算的顺序进行，一般为“先括号内，再括号外；先乘方，再乘除，最后加减”，也可以利用乘法公式．

解（1）$\dfrac{(2a^4b^3)^4}{(3a^3b)^2}=\dfrac{2^4a^{4\times4}b^{3\times4}}{3^2a^{3\times2}b^{1\times2}}=\dfrac{16a^{16}b^{12}}{9a^6b^2}=\dfrac{16}{9}a^{16-6}b^{12-2}=\dfrac{16}{9}a^{10}b^{10}$.

（2）$(a^{\frac{1}{2}}+b^{\frac{1}{2}})(a^{\frac{1}{2}}-b^{\frac{1}{2}})=(a^{\frac{1}{2}})^2(b^{\frac{1}{2}})^2=a^{\frac{1}{2}\times2}-b^{\frac{1}{2}\times2}=a-b$.

（3）$\sqrt[5]{a^{-3}b^2}\div\sqrt[5]{a^2}\div\sqrt[5]{b^3}=(a^{-3}b^2)^{\frac{1}{5}}\div a^{\frac{2}{5}}\div b^{\frac{3}{5}}=(a^{-3})^{\frac{1}{5}}(b^2)^{\frac{1}{5}}\div a^{\frac{2}{5}}\div b^{\frac{3}{5}}$

$=a^{-\frac{3}{5}}b^{\frac{2}{5}}\div a^{\frac{2}{5}}\div b^{\frac{3}{5}}=a^{(-\frac{3}{5}-\frac{2}{5})}b^{\frac{2}{5}-\frac{3}{5}}=a^{-1}b^{-\frac{1}{5}}$.

说明 作为运算结果，一般不能同时含有根号和分数指数幂.（3）题的结果也可以写成$\dfrac{1}{a\sqrt[5]{b}}$，但是不能写成$\dfrac{a^{-1}}{\sqrt[5]{b}}$. 本章中一般不要求将结果中的分数指数幂化为根式.

知能迁移

***理论升华 整体建构**

准备计算器，观察计算器上的按键，并阅读相关的使用说明书，以小组为单位完成利用计算器计算分数指数幂的方法.

利用计算器求下列各式的值（精确到 0.0001）：

（1）$3^{\frac{3}{4}}$；（2）$5^{-\frac{4}{5}}$；（3）$\dfrac{1}{\sqrt[5]{0.45^3}}$.

活页作业

***运用知识 强化练习**

练习 2.2-1

1. 读出下列各根式，并计算出结果：

（1）$\sqrt[3]{27}$；（2）$\sqrt{25}$；（3）$\sqrt[4]{81}$；（4）$\sqrt[3]{-8}$.

2. 填空：

（1）25 的 3 次方根可以表示为________，其中根指数为_______，被开方数为_______；

（2）12 的 4 次算术根可以表示为_______，其中根指数为_______，被开方数为_______；

（3）−7 的 5 次方根可以表示为________，其中根指数为_______，被开方数为_______；

（4）8 的平方根可以表示为___________，其中根指数为_______，被开方数为_______.

3. 将下列各根式写成分数指数幂的形式：

（1）$\sqrt[3]{9}$；（2）$\sqrt{\dfrac{3}{4}}$；（3）$\dfrac{1}{\sqrt[7]{a^4}}$；（4）$\sqrt[4]{4.3^5}$.

4. 将下列各分数指数幂写成根式的形式：

（1）$4^{-\frac{3}{5}}$；　　（2）$3^{\frac{3}{2}}$；　　（3）$(-8)^{-\frac{2}{5}}$；　　（4）$1.2^{\frac{3}{4}}$.

5. 利用计算器求下列各式的值（精确到 0.000 1）：

（1）$2^{-\frac{2}{3}}$；　　（2）$3^{\frac{2}{5}}$；　　（3）$\dfrac{1}{\sqrt[3]{1.03^2}}$.

2.2–2　指数函数

自主学习

基础自测

$4^3 =$ ________；　　$\sqrt{81} =$ ________；　　$2^4 =$ ________；

$\sqrt[3]{-27} =$ ________；　　$\sqrt[3]{125} =$ ________；　　$11^0 =$ ________.

答案：64, 9, 16, −3, 5, 1.

新知学习

***创设情景　兴趣导入**

问题

某种物质的细胞分裂，由 1 个分裂成 2 个，2 个分裂成 4 个，4 个分裂成 8 个，…….知道分裂的次数，如何求得细胞的个数呢？

解决

设细胞分裂 x 次得到的细胞个数为 y，列表如下：

分裂次数 x	1	2	3	…	x	…
细胞个数 y	$2=2^1$	$4=2^2$	$8=2^3$	…	2^x	…

由此得到，$y=2^x\ (x\in \mathbf{N})$.

归纳

函数 $y=2^x\ (x\in \mathbf{N})$ 中，指数 x 为自变量，底 2 为常数.

***动脑思考　探索新知**

概念

一般地，形如 $y=a^x$ 的函数叫做**指数函数**，其中底 $a\ (a>0$ 且 $a\neq 1)$ 为常量．指数函数的定义域为 $\mathbf{R}$，值域为 $(0,+\infty)$.

例如，$y=2^x$，$y=3^x$，$y=\left(\dfrac{1}{3}\right)^x$，$y=0.8^x$ 都是指数函数.

问题

利用“描点法”作指数函数 $y=2^x$ 和 $y=\left(\frac{1}{2}\right)^x$ 的图像.

解决

取 x 的一些值，列表如下：

x	…	-3	-2	-1	0	1	2	3	…
$y=2^x$	…	$\frac{1}{8}$	$\frac{1}{4}$	$\frac{1}{2}$	1	2	4	8	…
$y=\left(\frac{1}{2}\right)^x$	…	8	4	2	1	$\frac{1}{2}$	$\frac{1}{4}$	$\frac{1}{8}$	…

以表中每一组 x, y 的值为坐标，描出对应的点(x, y). 分别用光滑曲线依次联结各点，得到函数 $y=2^x$ 和 $y=\left(\frac{1}{2}\right)^x$ 的图像，如图所示.

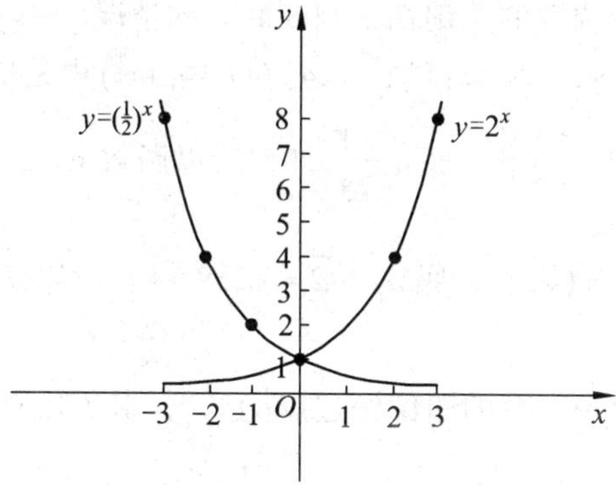

归纳

观察函数图像发现：

1. 函数 $y=2^x$ 和 $y=\left(\frac{1}{2}\right)^x$ 的图像都在 x 轴的上方，向上无限伸展，向下无限接近于 x 轴.

2. 函数图像都经过点$(0, 1)$.

3. 函数 $y=2^x$ 的图像自左至右呈上升趋势；函数 $y=\left(\frac{1}{2}\right)^x$ 的图像自左至右呈下降趋势.

推广

利用软件可以作出 a 取不同值时的指数函数的图像.

一般地，指数函数 $y=a^x\,(a>0且a\neq 1)$具有下列性质：

（1）函数的定义域是 $(-\infty,+\infty)$. 值域为 $(0,+\infty)$.

（2）函数图像经过点$(0,1)$，即当 $x=0$ 时，函数值 $y=1$.

（3）当 $a>1$ 时，函数在 $(-\infty,+\infty)$ 内是增函数；当 $0<a<1$ 时，函数在 $(-\infty,+\infty)$ 内是减函数.

概念

一般地，如果 $x^n=a(n\in\mathbf{N}^+且n>1)$，那么 x 叫做 a 的 n 次**方根**.

说明

（1）当 n 为偶数时，正数 a 的 n 次方根有两个，分别表示为 $-\sqrt[n]{a}$ 和 $\sqrt[n]{a}$,其中 $\sqrt[n]{a}$ 叫做 a 的 n 次算数根；零的 n 次方根是零；负数的 n 次方根没有意义.

例如,81 的 4 次方根有两个,它们分别是 3 和−3,其中 3 叫做 81 的 4 次算术根,即 $\sqrt[4]{81}=3$.

（2）当 n 为奇数时，实数 a 的 n 次方根只有一个，记作 $\sqrt[n]{a}$.

例如，−32 的 5 次方根仅有一个，是−2，即 $\sqrt[5]{-32}=-2$.

典例剖析

例 1 判断下列函数在 $(-\infty,+\infty)$ 内的单调性：

（1）$y=4^x$；　（2）$y=3^{-x}$；　（3）$y=2^{\frac{x}{3}}$.

分析 判定指数函数单调性的关键在于判断底 a 的情况.

解 （1）因为底 $a=4>1$，所以函数 $y=4^x$ 在 $(-\infty,+\infty)$ 内是增函数.

（2）因为 $y=3^{-x}=(3^{-1})^x=\left(\frac{1}{3}\right)^x$，底 $a=\frac{1}{3}<1$，所以函数 $y=3^{-x}$ 在 $(-\infty,+\infty)$ 内是减函数.

（3）因为 $y=2^{\frac{x}{3}}=(2^{\frac{1}{3}})^x=(\sqrt[3]{2})^x$，底 $a=\sqrt[3]{2}\approx1.259>1$，所以函数 $y=2^{\frac{x}{3}}$ 在 $(-\infty,\ +\infty)$ 内是增函数.

例 2 已知指数函数 $f(x)=a^x$ 的图像经过点 $\left(2,\frac{9}{4}\right)$，求 $f(1.2)$ 的值（精确到 0.01）.

分析 首先由函数图像过点 $\left(2,\frac{9}{4}\right)$ 可以确定底 a，得到函数的解析式. 然后用计算器求出函数值.

解 由于函数图像过点 $\left(2,\frac{9}{4}\right)$，故 $f(2)=\frac{9}{4}$，即

$$\frac{9}{4}=a^2.$$

由于 $\frac{9}{4}=\left(\frac{3}{2}\right)^2$，且 $a>0$，故 $a=\frac{3}{2}$.　因此，函数的解析式为

$$f(x)=\left(\frac{3}{2}\right)^x.$$

所以 $f(1.2)=\left(\frac{3}{2}\right)^{1.2}\approx1.63$.

例 3 设磷−32 经过一天的衰变，其残留量为原来的 95.27%. 现有 10 g 磷−32，设每天的衰变速度不变，经过 14 天衰变还剩下多少克（精确到 0.01 g）？

分析 残留量为原来的95.27%的意思是，如果原来的磷-32为a(g)，经过一天的衰变后，残留量为$a\times 95.27\%$（g）.

解 设10 g磷-32经过x天衰变，残留量为y(g). 依题意可以得到经过x天衰变，残留量函数为

$$y=10\times 0.9527^{x},$$

故经过14天衰变，残留量为$y=10\times 0.9527^{14}\approx 5.07$ g.

答： 经过14天，磷-32还剩下5.07 g.

例4 服用某种感冒药，每次服用的药物含量为a. 随着时间t的变化，体内的药物含量为$f(t)=0.57^{t}a$（其中t以小时为单位）. 问服药4 h后，体内药物的含量为多少？8 h后，体内药物的含量为多少？

分析 该问题为指数衰减模型，分别求$t=4$与$t=8$的函数值.

解 因为$f(t)=0.57^{t}a$，利用计算器容易算得

$$f(4)=0.57^{4}a\approx 0.11a;$$

$$f(8)=0.57^{8}a\approx 0.01a.$$

答： 服药4 h后，体内药物的含量为$0.11a$；服药8 h后，体内药物的含量为$0.01a$.

知能迁移

***理论升华　整体建构**

问题

某市2010年国内生产总值为20亿元，计划在未来10年内，平均每年按8%的增长率增长，分别预测该市2015年与2020年的国内生产总值（精确到0.01亿元）.

分析

国内生产总值每年按8%增长是指后一年的国内生产总值是前一年的(1+8%)倍.

解决

设在2010年后的第x年该市国内生产总值为y亿元，则

第1年，$y=20\times(1+8\%)=20\times 1.08$；

第2年，$y=20\times 1.08\times(1+8\%)=20\times 1.08^{2}$；

第3年，$y=20\times 1.08^{2}\times(1+8\%)=20\times 1.08^{3}$；

…………

由此得到，第x年该市国内生产总值为

$$y=20\times 1.08^{x}\quad(x\in\mathbf{N}\text{ 且 }1\leqslant x\leqslant 10).$$

当$x=5$时，得到2015年该市国内生产总值为$y=20\times 1.08^{5}\approx 29.39$亿元.

当$x=10$时，得到2020年该市国内生产总值为$y=20\times 1.08^{10}\approx 43.18$亿元.

结论

预测该市 2015 年和 2020 年国内生产总值分别为 29.39 亿元和 43.18 亿元.

归纳

函数解析式可以写成 $y=ca^x$ 的形式，其中 $c>0$ 为常数，底 $a>0$ 且 $a\neq 1$. 函数模型 $y=ca^x$ 叫做**指数模型**. 当 $a>1$ 时，称为指数增长模型；当 $0<a<1$ 时，称为指数衰减模型.

活页作业

***运用知识　强化练习**

练习 2.2-2

1. 判断下列函数在 $(-\infty,+\infty)$ 内的单调性：

（1）$y=0.9^x$；　　（2）$y=\left(\dfrac{\pi}{2}\right)^{-x}$；　　（3）$y=3^{\frac{x}{2}}$.

2. 已知指数函数 $f(x)=a^x$ 满足条件 $f(-3)=\dfrac{8}{27}$，求 $f(0.13)$的值（精确到 0.001）.

3. 求下列函数的定义域：

（1）$y=\dfrac{3}{2^x-1}$；　　（2）$y=\sqrt{3^x-81}$.

4. 某企业原来每月消耗某种试剂 1 000 kg. 现进行技术革新，陆续使用价格较低的另一种材料替代该试剂，使得该试剂的消耗量以平均每月 10%的速度减少，试建立试剂消耗量 y 与所经过月份数 x 的函数关系，并求 4 个月后，该种试剂的消耗量（精确到 0.1 kg）.

5. 某省 2008 年粮食总产量为 150 亿 kg. 现按每年平均 10.2%的增长速度，求该省 10 年后的年粮食总产量（精确到 0.01 亿 kg）.

6. 一台价值 100 万元的新机床，按每年 8%的折旧率折旧，问 20 年后这台机床还值几万元？（精确到 0.01 万元）

2.3–1　对　数

自主学习

基础自测

1. $3^2=$ ________ ；5 的_____次方等于 125.

2. 32 是 2 的______ 次方；$9^2=$ ________.

答案：1. 9, 3.

2. 5, 81.

新知学习

***创设情景　兴趣导入**

问题

1. 2 的多少次幂等于 8?

2. 2 的多少次幂等于 9?

推广

已知底和幂，如何求指数？如何用底和幂来表示指数？为了解决这类问题，引进一个新数——对数.

***动脑思考　探索新知**

概念

如果 $a^b = N(a>0, a\neq 1)$，那么 b 叫做**以 a 为底 N 的对数**，记作 $b=\log_a N$，其中 a 称为**对数的底**，N 称为**真数**.

例如，$2^3=8$ 写作 $\log_2 8=3$，3 叫做以 2 为底 8 的对数；$9^{\frac{1}{2}}=3$ 写作 $\log_9 3=\frac{1}{2}$，$\frac{1}{2}$ 叫做以 9 为底 3 的对数；$10^{-3}=0.001$ 写作 $\log_{10} 0.001=-3$，-3 叫做以 10 为底 0.001 的对数.

形如 $a^b=N$ 的式子叫做**指数式**，形如 $\log_a N=b$ 的式子叫做**对数式**.

当 $a>0, a\neq 1, N>0$ 时，

$$a^b = N \Leftrightarrow \log_a N = b$$

对数的性质：

（1）$\log_a 1=0$.

（2）$\log_a a=1$.

（3）$N>0$，即零和负数没有对数.

说明

以 10 为底的对数叫做**常用对数**，$\log_{10} N$ 简记为 $\lg N$. 如 $\log_{10} 2$ 记为 $\lg 2$.

以无理数 e(e = 2.71828⋯，在科学研究和工程计算中经常被使用)为底的对数叫做**自然对数**，$\log_e N$ 简记为 $\ln N$. 如 $\log_e 5$ 记为 $\ln 5$.

***创设情景　兴趣导入**

问题

请利用计算器验证以下等式是否成立.

等式 $\lg 2+\lg 5=\lg 7$，$\lg 2+\lg 5=\lg 10$ 是否成立?

等式 $\log_2 12-\log_2 4=\log_2 8$，$\log_2 12-\log_2 4=\log_2 3$ 是否成立?

等式 $3\log_3 2=\log_3 6$，$3\log_3 2=\log_3 8$ 是否成立?

***动脑思考　探索新知**

结论

$\lg 2+\lg 5=\lg 10$；$\log_2 12-\log_2 4=\log_2 3$；$3\log_3 2=\log_3 8$.

归纳

法则 1：$\lg MN=\lg M+\lg N\ (M>0, N>0)$.

法则 2：$\lg\dfrac{M}{N}=\lg M-\lg N\ (M>0, N>0)$.

法则 3：$\lg M^n=n\lg M$ (n 为整数，$M>0$).

典例剖析

例 1 将下列指数式写成对数式：

（1）$\left(\dfrac{1}{2}\right)^4=\dfrac{1}{16}$；　　（2）$27^{\frac{1}{3}}=3$；

（3）$4^{-3}=\dfrac{1}{64}$；　　（4）$10^x=y$.

分析　依照上述公式由左至右对应好各字母的位置关系.

解　（1）$\lg_{\frac{1}{2}}\dfrac{1}{16}=4$；　　（2）$\log_{27}3=\dfrac{1}{3}$；

（3）$\log_4\dfrac{1}{64}=-3$；　　（4）$\log_{10}y=x$.

例 2　将下列对数式写成指数式：

（1）$\log_2 32=5$；　　（2）$\log_3\dfrac{1}{81}=-4$；

（3）$\log_{10}1000=3$；　　（4）$\log_2\dfrac{1}{8}=-3$.

分析　依照上述公式，由右至左对应好各字母的位置关系.

解　（1）$2^5=32$；　　（2）$3^{-4}=\dfrac{1}{81}$；

（3）$10^3=1000$；　　（4）$2^{-3}=\dfrac{1}{8}$.

例 3　求下列对数的值.

（1）$\log_3 3$；　　（2）$\log_7 1$.

分析（1）题可以利用性质（2)；（2）题可以利用性质（1).

解　（1）由于底与真数相同，由对数的性质（2）知 $\log_3 3=1$.

（2）由于真数为 1，由对数的性质（1）知 $\log_7 1=0$.

例 4　用 $\lg x$，$\lg y$，$\lg z$ 表示下列各式：

（1）$\lg xyz$；　　（2）$\lg\dfrac{x}{yz}$；　　（3）$\lg\dfrac{x^2\sqrt{y}}{z^3}$.

分析 要正确使用对数的运算法则.

解　（1）$\lg xyz=\lg x+\lg y+\lg z$.

（2）$\lg\frac{x}{yz}=\lg x-\lg yz=\lg x-(\lg y+\lg z)=\lg x-\lg y-\lg z$.

（3）$\lg\frac{x^2\sqrt{y}}{z^3}=\lg x^2+\lg\sqrt{y}-\lg z^3=2\lg x+\frac{1}{2}\lg y-3\lg z$.

知能迁移

***理论升华　整体建构**

准备计算器，观察计算器上的按键，并阅读相关的使用说明书，以小组为单位完成利用计算器计算对数的方法.

计算下列各式的值（精确到 0.000 1）:

（1）$\lg 2$；　（2）$\lg 3$；　（3）$\ln 10$；

（4）$\ln 1.2$；　（5）$\log_3 4$；　（6）$\log_{0.2} 0.36$.

活页作业

***运用知识　强化练习**

练习 2.3-1

1. 将下列各指数式写成对数式:

（1）$5^3=125$；　（2）$0.9^2=0.81$；

（3）$0.2^x=0.008$；　（4）$343^{-\frac{1}{3}}=\frac{1}{7}$.

2. 把下列对数式写成指数式:

（1）$\log_{\frac{1}{2}} 4=-2$；　（2）$\log_3 27=3$；

（3）$\log_5 625=4$；　（4）$\log_{0.01} 10=-\frac{1}{2}$.

3. 求下列对数的值:

（1）$\log_7 7$；　（2）$\log_{0.5} 0.5$；　（3）$\log_{\frac{1}{3}} 1$；　（4）$\log_2 1$.

4. 用计算器计算下列各式的值（精确到 0.0001）:

（1）$\lg 38$；　（2）$\lg 5.6$；　（3）$\ln 2.84$；

（4）$\ln 1.96$；　（5）$\log_2 0.37$；　（6）$\log_{0.2} 85$.

5. 用 $\lg x$，$\lg y$，$\lg z$ 表示下列各式:

（1）$\lg\sqrt{x}$；　（2）$\lg\frac{xy}{z}$；　（3）$\lg\left(\frac{y}{x}\right)^2$.

2.3–2 对数函数

自主学习

基础自测

1. 2 的多少次方等于 16?

答案：4.

2. 请用对数表示 $2^y = x$.

答案：$y = \log_2 x\ (x > 0)$

新知学习

***创设情景　兴趣导入**

问题

某种物质的细胞分裂，由 1 个分裂成 2 个，2 个分裂成 4 个，……，那么，已知分裂得到的细胞个数，如何求得分裂次数呢？

解决

设 1 个细胞经过 y 次分裂后得到 x 个细胞，则 x 与 y 的函数关系是 $x = 2^y$，写成对数式为 $y = \log_2 x$，此时自变量 x 位于真数位置.

***动脑思考　探索新知**

概念

一般地，形如 $y = \log_a x$ 的函数叫以 a 为底的**对数函数**，其中 $a > 0$ 且 $a \neq 1$. 对数函数的定义域为 $(0,+\infty)$，值域为 **R**.

例如，$y = \log_3 x$，$y = \lg x$，$y = \log_{\frac{1}{2}} x$ 都是对数函数.

一般地，对数函数 $y = \log_a x\ (a > 0$ 且 $a \neq 1)$ 具有下列性质：

（1）函数的定义域是 $(0,+\infty)$，值域为 **R**.

（2）当 $x = 1$ 时，函数值 $y = 0$.

（3）当 $a > 1$ 时，函数在 $(0,+\infty)$ 内是增函数；当 $0 < a < 1$ 时，函数在 $(0,+\infty)$ 内是减函数.

利用“描点法”作函数 $y = \log_2 x$ 和 $y = \log_{\frac{1}{2}} x$ 的图像.

函数的定义域为 $(0,+\infty)$，取 x 的一些值列表如下：

x	…	$\frac{1}{4}$	$\frac{1}{2}$	1	2	4	…
$y = \log_2 x$	…	−2	−1	0	1	2	…
$y = \log_{\frac{1}{2}} x$	…	2	1	0	−1	−2	…

以表中 x 的值与函数 $y = \log_2 x$ 对应的值 y 为坐标，描出点 (x, y)，用光滑曲线依次联结各

点，得到函数 $y=\log_2 x$ 的图像；以表中 x 的值与函数 $y=\log_{\frac{1}{2}} x$ 对应的值 y 为坐标，描出点 (x, y)，用光滑曲线依次联结各点，得到函数 $y=\log_{\frac{1}{2}} x$ 的图像，如图所示：

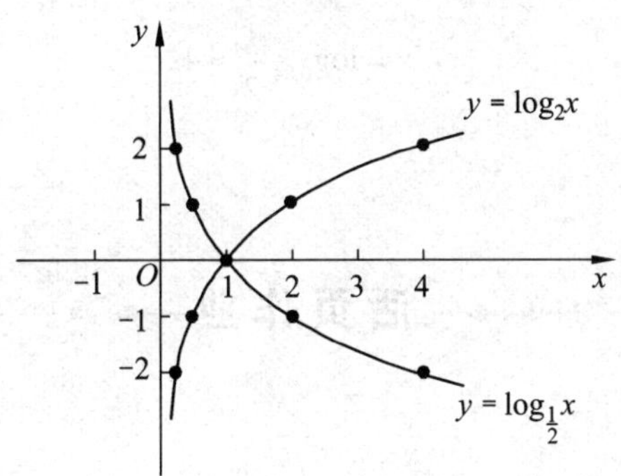

观察函数图像发现：

（1）函数 $y=\log_2 x$ 和 $y=\log_{\frac{1}{2}} x$ 的图像都在 x 轴的右边.

（2）图像都经过点 $(1, 0)$.

（3）函数 $y=\log_2 x$ 的图像自左至右呈上升趋势；函数 $y=\log_{\frac{1}{2}} x$ 的图像自左至右呈下降趋势.

归纳

一般地，对数函数 $y=\log_a x\,(a>0$ 且 $a\neq 1)$ 具有下列性质：

（1）函数的定义域是 $(0,+\infty)$，值域为 $\mathbf{R}$.

（2）当 H_0 时，函数值 $y=0$.

（3）当 $a>1$ 时，函数在 $(0,+\infty)$ 内是增函数；当 $0<a<1$ 时，函数在 $(0,+\infty)$ 内是减函数.

典例剖析

例 1 求下列函数的定义域：

（1）$y=\log_2(x+4)$；　　　　（2）$y=\sqrt{\ln x}$.

分析 要依据“对数的真数大于零”求函数的定义域.

解 （1）由 $x+4>0$ 得 $x>-4$，所以函数 $y=\log_2(x+4)$ 的定义域为 $(-4,+\infty)$.

（2）由 $\begin{cases}\ln x\geqslant 0\\ x>0\end{cases}$ 得 $\begin{cases}x\geqslant 1\\ x>0\end{cases}$，所以 $y=\sqrt{\ln x}$ 的定义域为 $[1,+\infty)$.

知能迁移

现有一种放射性物质经过衰变，一年后残留量为原来的 84%，问该物质的半衰期是多少？（结果保留整数）

设该物质最初的质量为 1，衰变 x 年后，该物质残留一半，则

$$0.84^x=\frac{1}{2},$$

于是

$$x=\log_{0.84}\frac{1}{2}\approx 4.$$

即该物质的半衰期为 4 年.

活页作业

***运用知识　强化练习**

练习 2.3-2

1. 选择题：

（1）若函数 $y=\log_a x$ 的图像经过点$(2,\ -1)$，则底 $a=($　　$)$.

A. 2　　B. -2　　C. $\frac{1}{2}$　　D. $-\frac{1}{2}$

（2）下列对数函数在区间$(0,+\infty)$内为减函数的是（　　）.

A. $y=\lg x$　　B. $y=\log_{\frac{1}{2}}x$　　C. $y=\ln x$　　D. $y=\log_2 x$

2. 作出下列函数的图像，并判断它们在 $(0,+\infty)$ 内的单调性.

（1）$y=\log_3 x$；　　（2）$y=\log_{\frac{1}{3}}x$.

2.4　幂函数

自主学习

基础自测

用列表法、图像法表示以下函数：

$y=kx$； $y=x^2$； $y=x^3$； $y=x^{\frac{1}{2}}$； $y=x^{\frac{1}{3}}$.

新知学习

***动脑思考　探索新知**

概念

一般地，形如 $y=x^\alpha$（$\alpha\in\mathbf{R}$）的函数叫做**幂函数**. 其中指数α为常数，底 x 为自变量.

典例剖析

例 1 指出幂函数 $y=x^3$ 和 $y=x^{\frac{1}{2}}$ 的定义域，并在同一个坐标系中作出它们的图像.

分析 首先分别确定各函数的定义域，然后再利用“描点法”分别作出它们的图像.

解 函数 $y=x^3$ 的定义域为 **R**，函数 $y=x^{\frac{1}{2}}$ 的定义域为 $[0,+\infty)$.

取 x 的一些值列表如下：

x	…	-2	-1	0	1	2	…
$y=x^3$	…	-8	-1	0	1	8	…

x	0	$\frac{1}{4}$	1	4	9	…
$y=x^{\frac{1}{2}}$	0	$\frac{1}{2}$	1	2	3	…

以表中的每组 x, y 的值为坐标，描出相应的点(x, y)，再用光滑曲线依次联结这些点，分别得到函数 $y=x^3$ 和函数 $y=x^{\frac{1}{2}}$ 的图像，如下图所示.

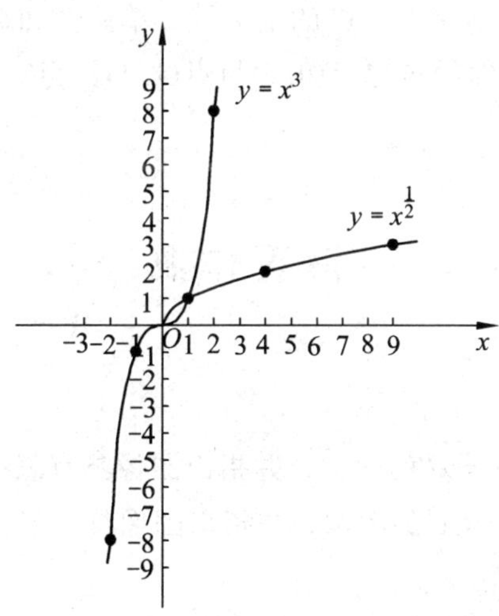

总结 这两个函数的定义域不同，在定义域内它们都是增函数. 两个函数的图像都经过坐标原点和点(1, 1).

例 2 指出幂函数 $y=x^{-2}$ 的定义域，并作出函数的图像.

分析 考虑到 $x^{-2}=\dfrac{1}{x^2}$，因此定义域为 $(-\infty,0)\cup(0,+\infty)$. 由于 $\dfrac{1}{(-x)^2}=\dfrac{1}{x^2}$，故函数为偶函数，其图像关于 y 轴对称. 因此可以先作出区间 $(0,+\infty)$ 内的图像，然后再利用对称性作出函数在区间 $(-\infty,0)$ 内的图像.

解 $y=x^{-2}$ 的定义域为 $(-\infty,0)\cup(0,+\infty)$．由分析过程知道函数为偶函数．在区间 $(0,+\infty)$ 内，取 x 的一些值列表如下：

x	…	$\frac{1}{2}$	1	2	…
y	…	4	1	$\frac{1}{4}$	…

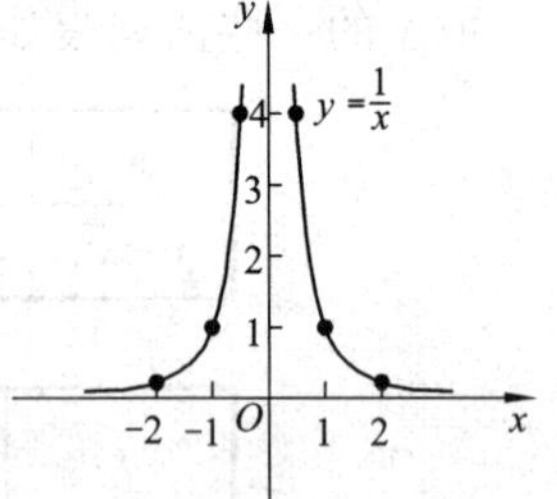

以表中的每组 x,y 的值为坐标，描出相应的点 (x,y)，再用光滑曲线依次联结各点，得到函数在区间 $(0,+\infty)$ 内的图像．再作出图像关于 y 轴的对称图形，从而得到函数 $y=x^{-2}$ 的图像，如右图所示．

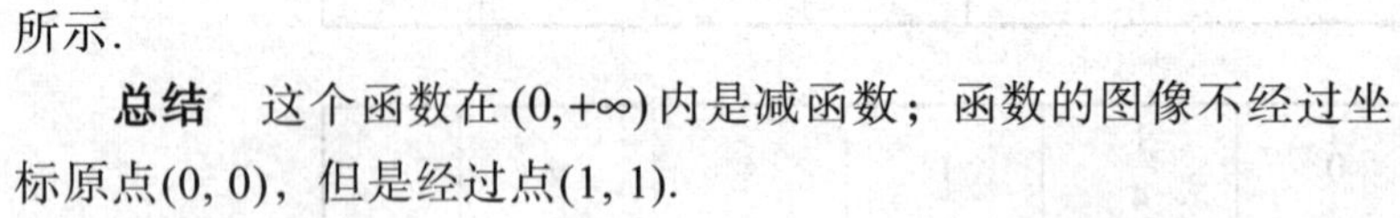

总结 这个函数在 $(0,+\infty)$ 内是减函数；函数的图像不经过坐标原点(0, 0)，但是经过点(1, 1).

知能迁移

***理论升华　整体建构**

一般地，幂函数 $y=x^{\alpha}$ 具有如下特征：

（1）指数 α 取不同的值，函数 $y=x^{\alpha}$ 的定义域、单调性和奇偶性也不相同.

（2）当 $\alpha>0$ 时，函数图像经过原点(0, 0)与点(1, 1)；当 $\alpha<0$ 时，函数图像不经过原点(0, 0)，但经过点(1, 1).

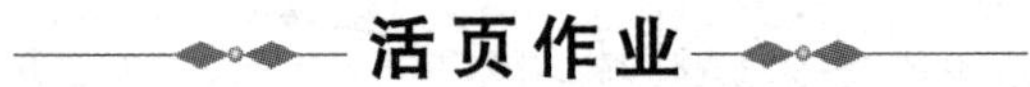

活页作业

***运用知识　强化练习**

练习 2.4

1. 用描点法作出幂函数 $y=x^4$ 的图像，并指出图像具有怎样的对称性？
2. 用描点法作出幂函数 $y=x^3$ 的图像，并指出图像具有怎样的对称性？

2.5　函数模型及其应用

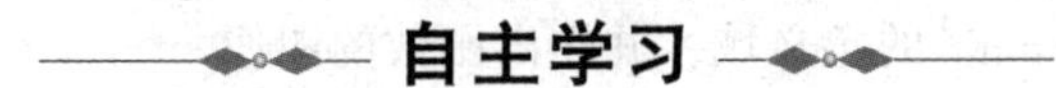

自主学习

基础自测

用列表法和图像法表示下列函数：

1. $y=x^2$； $y=x^3$； $y=x^{\frac{1}{2}}$； $y=x^{\frac{1}{3}}$.

2. $y=\log_2 x$； $y=\log_{\frac{1}{2}} x$； $y=3^x$； $y=\left(\frac{1}{2}\right)^x$.

新知学习

***创设情景　兴趣导入**

问题

某市“招手即停”公共汽车的票价按下列规则制定：（1）5 千米以内（含 5 千米），票价 2 元；（2）5 千米以上，每增加 5 千米，票价增加 1 元（不足 5 千米按 5 千米计算）．如果某条线路的总里程为 20 千米，请根据题意，写出票价 x 与里程 y 之间的函数解析式，并画出图像.

解　设票价为 y，里程为 x，由题意可知，自变量的取值范围是(0, 20]. 由票价制定规则，可以得到函数解析式：

$$y=\begin{cases}2, & 0<x\leqslant 5\\ 3, & 5<x\leqslant 10\\ 4, & 10<x\leqslant 15\\ 5, & 15<x\leqslant 20\end{cases}.$$

问可否用列表法来表示此函数？

里程 x	$0<x\leqslant 5$	$5<x\leqslant 10$	$10<x\leqslant 15$	$15<x\leqslant 20$
票价 y	2	3	4	5

作图如下：

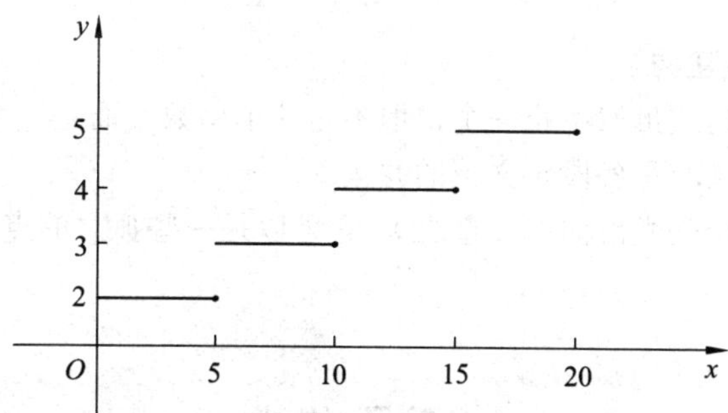

***动脑思考　探索新知**

归纳

函数在它的定义域中，对于自变量 x 的不同取值范围，对应关系不同，这种函数称为分段函数.

典例剖析

例 1 某农场今年收草莓 3 吨. 预计今年年底引进高科技术，使草莓每年可增产 10%，问 3 年后，该农场收获草莓多少吨？（精确到 0.01）

解 设经过 x 年后，农场收获草莓 y 吨，则

$$y=3(1+10\%)^x.$$

当 $x=3$ 时，

$$y=3(1+10\%)^3=3.993\approx3.99\text{ 吨}.$$

所以 3 年后，该农场收获草莓约 3.99 吨.

例 2 某工厂去年的总产值为 150 万元，如果年增值率为 15%，问多少年后产值可达 198.375 万元?

解 设经过 x 年后，产值可达 y 万元，则

$$y=150(1+15\%)^x \text{ 或 } x=\log_{(1+15\%)}\frac{y}{150}.$$

当 $y=198.375$ 时，

$$x=\log_{(1+15\%)}\frac{198.375}{150}=\log_{1.15}1.3225=2.$$

所以经过 2 年后产值可达 198.375 万元.

知能迁移

***理论升华 整体建构**

1. 分段函数的表达式虽然不止一个，但不是几个函数，而是一个函数.

2. 分段函数的定义域是各段定义域的并集.

3. 函数图像不一定是光滑曲线（直线），它可以是一些孤立的点、一些线段、一段曲线，等等.

活页作业

***运用知识 强化练习**

练习 2.5

1. 用列表法和图像法表示函数 $y=|x|$.

2. 一台价值 100 万元的新机床，按每年 8%的折旧率折旧，问 20 年后这台机床还值几万元？（精确到 0.01 万元）

知识链接

【知识链接】**通过对第 2 章的学习，我们一起来解决本章开头出现的问题.**

一扩音机的输入功率 P_i 为 0.112×10^{-5} W，输出功率 P_o 为 15.1 W，放大器的功率增益为 $A_p=10\times\lg\dfrac{P_o}{P_i}$(dB)，问此扩音机的功率增益为多少 dB？（注：dB 表示分贝）

解

$$A_p=10\times\lg\frac{15.1}{0.112\times10^{-5}}=10\times\lg(1.35\times10^7)=10\times(\lg1.35+\lg10^7)$$

$$=10\times(0.1303+7)=71.303\,,$$

即扩音机的增益为 71.303 dB.

第3章　三角函数

知识链接

【知识链接】**在电子技术应用中，我们时时都会遇到用数学知识来计算的问题.** 例如：已知一正弦电流 $i=10\sin(\omega t+60°)$，当 $f=50\text{ Hz}$，$t=0.20\text{ s}$ 时，求电流的瞬时值.

（注：ω 表示角频率，T 表示周期，f 表示频率，i 表示电流瞬时值；$T=\dfrac{1}{f}$，$\omega=2\pi f$ ）

若要解决以上问题，我们需要对第 3 章的内容进行逐一学习.

3.1　任意角的概念、弧度制

自主学习

基础自测

角是如何度量的？角的单位是什么？

答案：将圆周的 $\dfrac{1}{360}$ 圆弧所对的圆心角叫做 **1 度角**，记作 1°. 1 度等于 60 分（$1°=60'$），1 分等于 60 秒($1'=60''$). 以度为单位来度量角的单位制叫做**角度制**.

新知学习

***创设情景　兴趣导入**

问题

1. 游乐场的摩天轮，每一个轿厢挂在一个旋臂上. 小明与小华两人同时登上摩天轮，旋臂转过一圈后，小明下了摩天轮，小华继续乘坐一圈. 那么，小华走下来时，旋臂转过的角度是多少呢?

2. 用活络扳手旋松螺母，当扳手按逆时针方向由 OA 旋转到 OB 位置时，就形成一个角____；在扳手由 OA 逆时针旋转一周的过程中，就形成了 0°到 360°之间的角；扳手继续旋转下去，就形成大于______的角. 如果用扳手旋紧螺母，就需将扳手按顺时针方向旋转，形成与上述方向_____的角.

***动脑思考　探索新知**

概念

一条射线由原来的位置 OA，绕着它的端点 O，按逆时针（或顺时针）方向旋转到另一位置 OB 就形成角 α．旋转开始位置的射线 OA 叫角 α 的**始边**，终止位置的射线 OB 叫做角 α 的**终边**，端点 O 叫做角 α 的**顶点**.

规定：按逆时针方向旋转所形成的角叫做**正角**（见下图（a）)，按顺时针方向旋转所形成的角叫做**负角**（见下图（b）). 当射线没有作任何旋转时，也认为形成了一个角，这个角叫做**零角**.

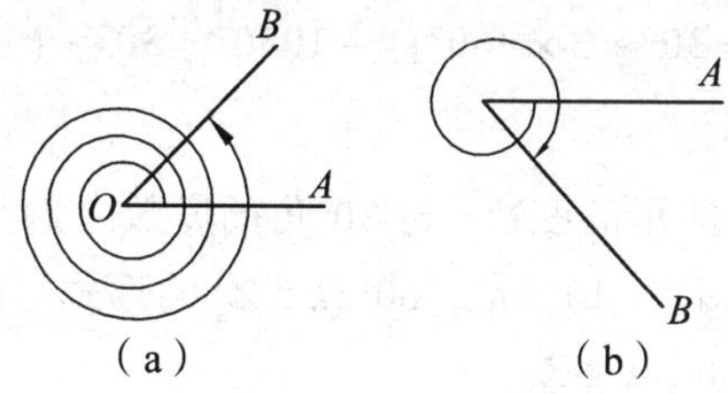

（a）　　（b）

类型

经过这样的推广以后，角包含任意大小的正角、负角和零角.

表示

除了使用角的顶点与边的字母表示角，将角记为“$\angle AOB$”或“$\angle O$”外，本章中经常用小写希腊字母 α, β, γ, $\cdots$ 来表示角.

***动脑思考　探索新知**

概念

数学中经常在平面直角坐标系中研究角．将角的顶点与坐标原点重合，角的始边在 x 轴的正半轴，此时，角的终边在第几象限，就把这个角叫做**第几象限的角**（或者说这个角在第几象限）.

如图所示，30°, 390°, −330°都是第一象限的角，120°是第二象限的角，−120°是第三象限的角，−60°, 300°都是第四象限的角.

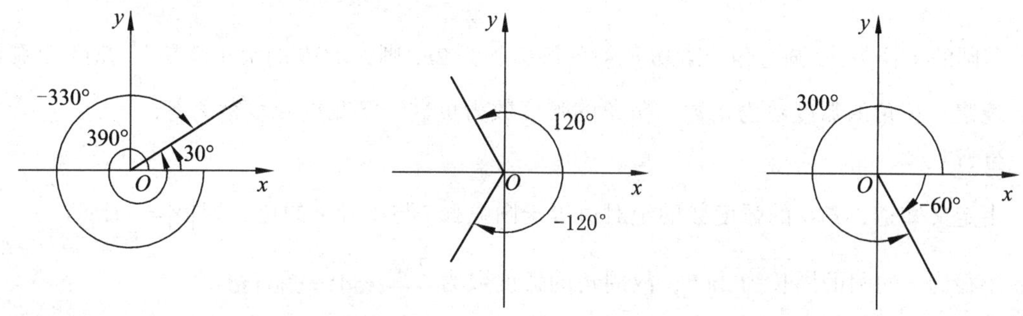

终边在坐标轴上的角叫做**界限角**．例如，0°, 90°，180°, 270°, 360°, −90°, −270°角等都是界限角.

问题

在直角坐标系中作出 390°, −330°和 30°角，这些角的终边有何关系？

探究

$$390° = 30° + 1 \times 360°;\ -330° = 30° + (-1) \times 360°.$$

即 390°, −330°与 30°角之差都是 360°角的整数倍数，它们是射线绕坐标原点旋转到 30°角的终边位置后，分别继续按逆时针或顺时针方向再旋转一周所形成的角.

推广

与 30°角终边相同的角还有：

$$750° = 30° + 2 \times 360°;\ -690° = 30° + (-2) \times 360°;$$

$$1110° = 30° + 3 \times 360°;\ -1050° = 30° + (-3) \times 360°;$$

…………

所有与 30°角终边相同的角的度数，与 30°角的度数之差都恰好为 360°角的整数倍数. 它们（包括 30°角）都可以表示为 $30° + k \cdot 360°\ (k \in \mathbf{Z})$ 的形式. 因此，与 30°角终边相同的角的集合为 $S = \{\beta \mid \beta = 30° + k \cdot 360°,\ k \in \mathbf{Z}\}$.

一般地，与角α终边相同的角（包括角α在内），都可以表示为 $\alpha + k \cdot 360° (k \in \mathbf{Z})$ 的形式.

与角α终边相同的角有无限多个，它们所组成的集合为

$$S = \{\beta \mid \beta = \alpha + k \cdot 360°, k \in \mathbf{Z}\}.$$

***动脑思考　探索新知**

概念

将等于半径长的圆弧所对的圆心角叫做 **1 弧度的角**，记作 1 弧度或 1rad. 以弧度为单位来度量角的单位制叫做**弧度制**.

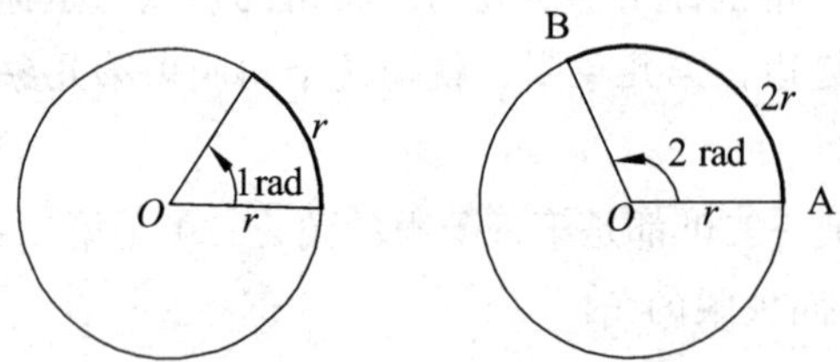

若圆的半径为 r，圆心角 $\angle AOB$ 所对的圆弧长为 $2r$，则 $\angle AOB$ 的大小就是 $\frac{2r}{r}$ 弧度=2 弧度.

规定：正角的弧度数为正数，负角的弧度数为负数，零角的弧度数为零.

分析

由定义知道，角α的弧度数的绝对值等于圆弧长 l 与半径 r 的比，即 $|\alpha| = \frac{l}{r}$ (rad).

半径为 r 的圆的周长为 $2\pi r$，故周角的弧度数为 $\frac{2\pi r}{r}(\text{rad}) = 2\pi(\text{rad})$.

由此得到两种单位制之间的换算关系：

$$360° = 2\pi \text{ rad},$$

即

$$180° = \pi \text{ rad}.$$

换算公式

$$1° = \frac{\pi}{180}\text{ rad} \approx 0.01745\text{ rad};$$

$$1\text{ rad} = \left(\frac{180}{\pi}\right)° \approx 57.3° \approx 57°18'.$$

说明

1. 用弧度制表示角的大小时，在不至于产生误解的情况下，通常可以省略单位“弧度”或“rad”的书写. 例如，1 rad，2 rad，$\frac{\pi}{2}$rad 可以分别写作 1, 2, $\frac{\pi}{2}$.

2. 采用弧度制以后，每一个角都对应唯一的一个实数；反之，每一个实数都对应唯一的一个角. 于是，在角的集合与实数集之间，建立了一一对应的关系.

典例剖析

例 1 写出与下列各角终边相同的角的集合，并把其中在−360° ~ 720°的角写出来：

（1）60°；（2）−114°26′.

分析 首先写出与已知角终边相同的角的集合 S，然后选取整数 k 的值，使得 $\alpha + k\cdot 360°$ 在指定的范围内.

解 （1）与 60°角终边相同的角的集合是

$$S = \{\beta | \beta = 60° + k\cdot 360°, k \in \mathbf{Z}\}.$$

当 $k = -1$ 时，$60° + (-1)\times 360° = -300°$；

当 $k = 0$ 时，$60° + 0\times 360° = 60°$；

当 $k = 1$ 时，$60° + 1\times 360° = 420°$.

所以在−360° ~ 720°与 60°角终边相同的角为 −300°, 60°和 420°.

（2）与−114°26′角终边相同的角的集合是

$$S = \{\beta | \beta = -114°26' + k\cdot 360°, k \in \mathbf{Z}\}.$$

当 $k = 0$ 时，$-114°26' + 0\times 360° = -114°26'$；

当 $k = 1$ 时，$-114°26' + 1\times 360° = -245°34'$；

当 $k = 2$ 时，$-114°26' + 2\times 360° = 605°34'$.

所以在−360° ~ 720°与 −114°26′ 角终边相同的角为 −114°26′, 245°34′ 和 605°34′.

例 2 写出终边在 y 轴上的角的集合.

分析 在 0° ~ 360°范围内，终边在 y 轴正半轴上的角为 90°，终边在 y 轴负半轴上的角为 270°，因此，终边在 y 轴正半轴、负半轴上所有的角分别是

$$k\cdot 360°+90°=2k\cdot 180°+90°, \quad (1)$$

$$k\cdot 360°+270°=(2k+1)\cdot 180°+90°, \quad (2)$$

其中 $k\in \mathbf{Z}$.（1）式等号右边表示 180°的偶数倍再加上 90°;（2）式等号右边表示 180°的奇数倍再加上 90°，可以将它们合并为 180°的整数倍再加上 90°.

解　终边在 y 轴上的角的集合是

$$S=\{\beta|\beta=n\cdot 180°+90°, n\in \mathbf{Z}\}.$$

当 n 取偶数时，角的终边在 y 轴正半轴上；当 n 取奇数时，角的终边在 y 轴负半轴上.

例 3　把下列各角度换算为弧度（精确到 0.001）:

（1）15°；　　（2）8°30′；　　（3）−100°.

分析　角度制换算为弧度制利用公式 $1°=\frac{\pi}{180}(\text{rad})\approx 0.01745\ \text{rad}$.

解　（1）$15°=15\times\frac{\pi}{180}=\frac{\pi}{12}\approx 0.262$；

（2）$8°30'=8.5°=8.5\times\frac{\pi}{180}=\frac{17\pi}{360}\approx 0.148$；

（3）$100°=-100\times\frac{\pi}{180}=-\frac{5\pi}{9}\approx -1.745$.

例 4　把下列各弧度换算为角度（精确到 1′）:

（1）$\frac{3\pi}{5}$；　　（2）2.1；　　（3）−3.5.

分析　弧度制换算角度制利用公式 $1\ \text{rad}=\left(\frac{180}{\pi}\right)^{\circ}\approx 57.3°\approx 57°18'$.

解　（1）$\frac{3\pi}{5}=\frac{3\pi}{5}\times\frac{180°}{\pi}=108°$

（2）$2.1=2.1\times\frac{180°}{\pi}=\frac{378°}{\pi}\approx 120°19'$；

（3）$-3.5=-3.5\times\frac{180°}{\pi}=-\frac{630°}{\pi}\approx -200°32'$.

例 5　如图所示，求公路弯道部分 AB 的长 l（精确到 0.1 m. 图中长度单位：m）.

分析　知道圆心角和半径，求弧长时，要首先将圆心角换算为弧度制.

解　60°角换算为 $\frac{\pi}{3}$ 弧度，因此

$$l=|\alpha|R=\frac{\pi}{3}\times 45\approx 3.142\times 15\approx 47.1.$$

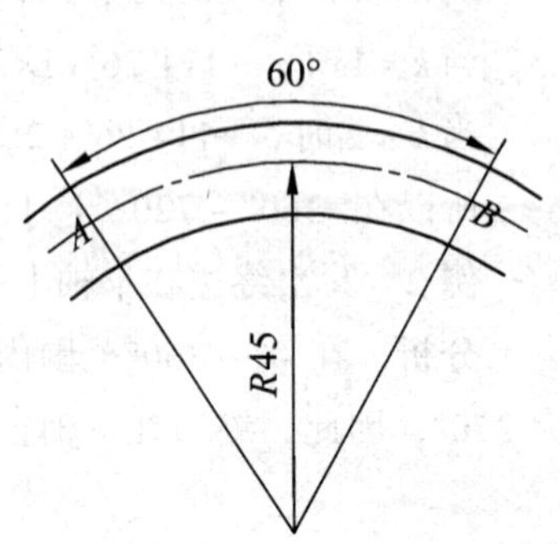

答　弯道部分 AB 的长 l 约为 47.1 m.

知能迁移

***理论升华　整体建构**

1. 界限角、象限角的联系及区别.

2. 角度制与弧度制之间的换算关系.

$$1° = \frac{\pi}{180}(\text{rad}) \approx 0.01745 \text{ rad};$$

$$1 \text{ rad} = \left(\frac{180}{\pi}\right)^{\circ} \approx 57.3° \approx 57°18'.$$

活页作业

***运用知识　强化练习**

练习 3.1

1. 在直角坐标系中分别作出下列各角，并指出它们是第几象限的角：

（1）60°；　（2）−210°；　（3）225°；　（4）−300°.

2. 在 0° ~ 360°，找出与下列各角终边相同的角，并指出它们是哪个象限的角：

（1）405°；　（2）−165°；　（3）1563°；　（4）−5421°.

3. 写出与下列各角终边相同的角的集合，并把其中在−360° ~ 360°的角写出来：

（1）45°；　（2）−55°；　（3）−220°45′；　（4）1330°.

4. 把下列各角从角度化为弧度（口答）：

180° =____；　90° =____；　45° =____；　15° =_____；

60° =_____；　30° =____；　120° =___；　270° =_____.

5. 把下列各角从弧度化为角度（口答）：

π =___；　$\frac{\pi}{2}$ =______；　$\frac{\pi}{4}$ =_____；　$\frac{\pi}{8}$ =______；

$\frac{2\pi}{3}$ =_____；　$\frac{\pi}{3}$ =____；　$\frac{\pi}{6}$ =______；　$\frac{\pi}{12}$ =_____.

6. 把下列各角从角度化为弧度：

（1）75°；　（2）−240°；　（3）105°；　（4）67°30′.

7. 把下列各角从弧度化为角度：

（1）$\frac{\pi}{15}$；　（2）$\frac{2\pi}{5}$；　（3）$-\frac{4\pi}{3}$；　（4）-6π.

8. 若扇形的半径为 10 cm，圆心角为 60°，那么该扇形的弧长 l = __________，扇形面积 S = __________.

9. 已知 1°的圆心角所对的弧长为 1 m，那么这个圆的半径是__________m.

10. 自行车行进时，车轮在 1min 内转过了 96 圈. 若车轮的半径为 0.33 m，则自行车 1 h 前进了多少米？（精确到 1 m）

3.2　任意角的三角函数

自主学习

基础自测

在 Rt△ABC 中，$\sin\alpha=$________，$\cos\alpha=$________，$\tan\alpha=$________.

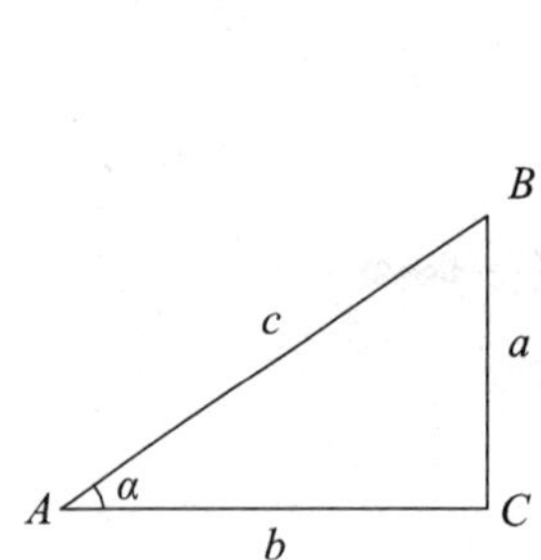

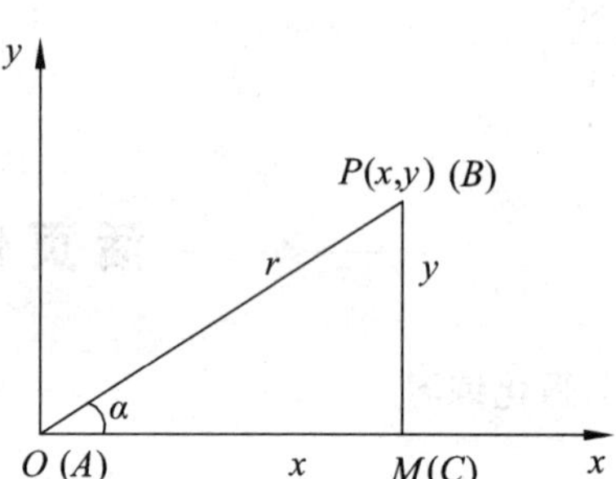

答案： $\frac{y}{r}$，$\frac{x}{r}$，$\frac{y}{x}$.

新知学习

***创设情景　兴趣导入**

将 Rt△ABC 放在直角坐标系中，使得点 A 与坐标原点重合，AC 边在 x 轴的正半轴上. 三角函数的定义可以写作

$\sin\alpha=$________，$\cos\alpha=$________，$\tan\alpha=$________.

***动脑思考　探索新知**

概念

设 α 是任意大小的角，点 $P(x,y)$ 为角 α 的终边上任意一点（不与原点重合），点 P 到原点的距离为 $r=\sqrt{x^2+y^2}$，那么角 α 的正弦、余弦、正切分别定义为

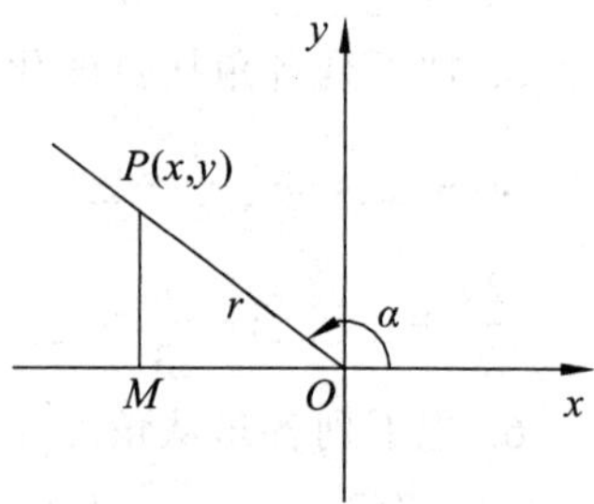

$$\sin\alpha=\frac{y}{r};\quad \cos\alpha=\frac{x}{r};\quad \tan\alpha=\frac{y}{x}.$$

说明

在比值存在的情况下，对角 α 的每一个确定的值，按照相应的对应关系，角 α 的正弦、余弦、正切都分别有唯一的比值与之对应，它们都是以角 α 为自变量的函数，分别叫做正弦函数、余弦函数、正切函数，统称为**三角函数**.

由定义可以看出：当角 α 的终边在 y 轴上时，$\alpha=\frac{\pi}{2}+k\pi\ (k\in\mathbf{Z})$，终边上任意一点的横坐标 x 的值都等于 0，此时，$\tan\alpha=\frac{y}{x}$ 无意义. 除此以外，对于每一个确定的角 α，三个函数都有意义.

概念

正弦函数、余弦函数和正切函数的定义域如表所示：

三角函数	定义域
$\sin\alpha$	$\mathbf{R}$
$\cos\alpha$	$\mathbf{R}$
$\tan\alpha$	$\{\alpha \mid \alpha \neq k\pi + \frac{\pi}{2}, k \in \mathbf{Z}\}$

当角 α 采用弧度制时，角 α 的取值集合与实数集 $\mathbf{R}$ 之间具有一一对应的关系，所以三角函数是以实数 α 为自变量的函数.

由于 $r>0$，所以任意角三角函数的正负号由终边上点 P 的坐标来确定.

当角 α 的终边在第一象限时，点 P 在第一象限，$x>0,\ y>0$，所以，$\sin\alpha>0, \cos\alpha>0, \tan\alpha>0$；

当角 α 的终边在第二象限时，点 P 在第二象限，$x<0,\ y>0$，所以，$\sin\alpha>0, \cos\alpha<0, \tan\alpha<0$；

当角 α 的终边在第三象限时，点 P 在第三象限，$x<0,\ y<0$，所以，$\sin\alpha<0, \cos\alpha<0, \tan\alpha>0$；

当角 α 的终边在第四象限时，点 P 在第四象限，$x>0,\ y<0$，所以，$\sin\alpha<0, \cos\alpha>0, \tan\alpha<0$.

归纳

任意角的三角函数值的正负号如图所示.

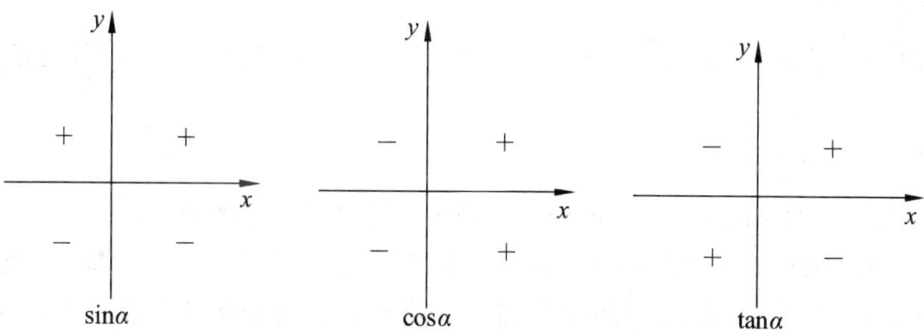

由于零角的终边与 x 轴的正半轴重合，所以对于角终边上的任意点 $P(x,y)$ 都有 $x=r, y=0$. 因此，利用三角函数的定义，有 $\sin 0=\frac{0}{r}=0$，$\cos 0=\frac{r}{r}=1$，$\tan 0=\frac{0}{r}=0$.

同样还可以求得 $\frac{\pi}{2}$，π，$\frac{3\pi}{2}$，2π 等三角函数值.

归纳

角 三角函数值 三角函数	0	$\frac{\pi}{2}$	π	$\frac{3\pi}{2}$	2π
$\sin\alpha$	0	1	0	−1	0
$\cos\alpha$	1	0	−1	0	1
$\tan\alpha$	0	不存在	0	不存在	0

典例剖析

例 1 已知角α的终边经过点$P(2,-3)$，求角α的正弦、余弦、正切值.

分析 已知角α终边上一点 P 的坐标，求角α的某个三角函数值时，首先要根据关系式$r=\sqrt{x^2+y^2}$，求出点 P 到坐标原点的距离 r，然后根据三角函数定义进行计算.

解 因为$x=2$，$y=-3$，所以$r=\sqrt{2^2+(-3)^2}=\sqrt{13}$. 因此

$$\sin\alpha=\frac{y}{r}=\frac{-3}{\sqrt{13}}=-\frac{3\sqrt{3}}{13},$$

$$\cos\alpha=\frac{x}{r}=\frac{2}{\sqrt{13}}=\frac{2\sqrt{13}}{13},$$

$$\tan\alpha=\frac{y}{x}=-\frac{3}{2}.$$

例 2 判定下列角的各三角函数值的正负号：

（1）$4327°$；（2）$\frac{27\pi}{5}$.

分析 判断任意角三角函数值的正负号时，首先要判断角所在的象限.

解 （1）因为$4327°=12\times360°+7°$，所以，$4327°$ 角为第一象限角，故$\sin4327°>0$，$\cos4327°>0$，$\tan4327°>0$.

（2）因为$\frac{27\pi}{5}=2\times2\pi+\frac{7\pi}{5}$，所以，$\frac{27\pi}{5}$角为第三象限角，故$\sin\frac{27\pi}{5}<0$，$\cos\frac{27\pi}{5}<0$，$\tan\frac{27\pi}{5}>0$.

例 3 根据条件$\sin\theta<0$且$\tan\theta<0$，确定θ是第几象限的角.

分析 $\sin\theta<0$时，θ是第三象限、第四象限的角或终边在 y 轴负半轴上的界限角；$\tan\theta<0$时，θ是第二象限或第四象限的角. 同时满足两个条件，就是要找出它们的公共范围.

解 因为$\sin\theta<0$，所以θ角为第三象限、第四象限的角或终边在 y 轴负半轴上的界限角；因为$\tan\theta<0$，所以θ为第二象限或第四象限的角，因此θ角为第四象限角.

例 4 求值：$5\cos180°-3\sin90°+2\tan0°-6\sin270°$.

分析 这类问题需要首先计算出界限角的三角函数值，然后再进行代数运算.

解 $5\cos180°-3\sin90°+2\tan0°-6\sin270°$

$=5\times(-1)-3\times1+2\times0-6\times(-1)=-2$.

知能迁移

***理论升华　整体建构**

1. 熟记“0°, 30°, 45°, 60°, 90°, 120°, 135°, 150°, 180°, 270°, 360°”角度制与弧度制间的互换；掌握这些角的三角函数值.

2. 掌握已知角终边上一点，求该角的三角函数值的方法.

活页作业

***运用知识　强化练习**

练习 3.2

1. 已知角α终边上的点 P 的坐标如下，分别求出角α的正弦、余弦、正切值：

（1）$P(3,-4)$；　　（2）$P(-1,2)$；　　（3）$P\left(\dfrac{1}{2},-\dfrac{\sqrt{3}}{2}\right)$.

2. 判断下列角的各三角函数值的正负号：

（1）525°；　　（2）－235°；　　（3）$\dfrac{19\pi}{6}$；　　（4）$-\dfrac{3\pi}{4}$.

3. 根据条件 $\sin\theta>0$ 且 $\tan\theta<0$，确定θ是第几象限的角.

4. 计算：$5\sin 90°-2\cos 0°+\sqrt{3}\tan 180°+\cos 180°$.

5. 计算：$\cos\dfrac{\pi}{2}-\tan\dfrac{\pi}{4}+\dfrac{1}{3}\tan^2\dfrac{\pi}{3}-\sin\dfrac{3\pi}{2}+\cos\pi$.

3.3　任意角的三角函数

自主学习

基础自测

$\sin 30°=$______；$\cos 30°=$______；　$\tan 30°=$______；$\sin^2 30°+\cos^2 30°=$______；

答案： $\dfrac{1}{2}$, $\dfrac{\sqrt{3}}{2}$, $\dfrac{\sqrt{3}}{3}$, 1.

新知学习

***创设情景　兴趣导入**

问题

通常用坡度来表示斜坡的斜度，其数值往往是坡角（斜坡与水平面所成的角）的正切值. 设坡角为α，如果 $\tan\alpha=0.8$，小明沿着斜坡走了 10 米，想知道升高了多少米，就需要求出坡角α的正弦值. 这就需要研究同角三角函数之间的关系.

解决

设角α的终边与单位圆的交点为 $P(x,y)$，如下图（a）所示，那么

$$\sin\alpha=\frac{y}{1}=y,\quad \cos\alpha=\frac{x}{1}=x.$$

即角α的正弦值等于它的终边与单位圆交点P的纵坐标；角α的余弦值等于它的终边与单位圆交点P的横坐标．因此，角α的终边与单位圆的交点P的坐标为$(\cos\alpha, \sin\alpha)$，如下图（b）所示.

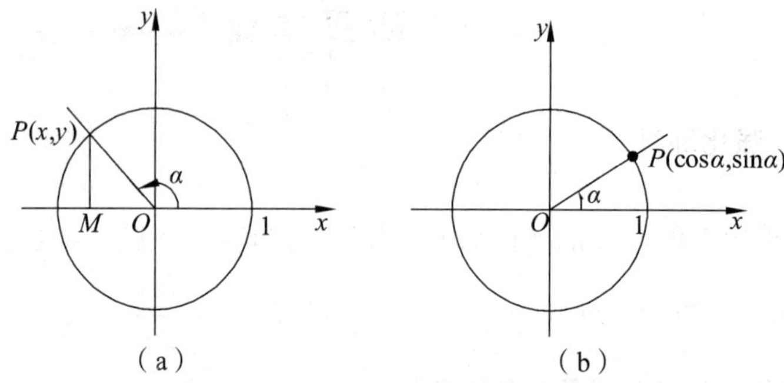

（a）　　　　（b）

观察单位圆（见上图（b））：由于角α的终边与单位圆的交点为$P(\cos\alpha,\sin\alpha)$，根据三角函数的定义和勾股定理，可以得到

$$\tan\alpha=\frac{y}{x}=\frac{\sin\alpha}{\cos\alpha}\text{，}\quad \sin^2\alpha+\cos^2\alpha=r^2=1.$$

***动脑思考　探索新知**

概念

同角三角函数的基本关系：

$$\sin^2\alpha+\cos^2\alpha=1,\quad \tan\alpha=\frac{\sin\alpha}{\cos\alpha}.$$

说明

前面的公式显示了同角的正弦函数与余弦函数之间的平方关系，后面的公式显示了同角的三个函数之间的商数关系，利用它们可以由一个已知的三角函数值，求出其他各三角函数值.

典例剖析

例 1　已知$\sin\alpha=\frac{4}{5}$，且α是第二象限的角，求$\cos\alpha$和$\tan\alpha$.

分析　知道正弦函数值，可以利用平方关系，求出余弦函数值；然后利用商数关系，求出正切函数值.

解　由$\sin^2\alpha+\cos^2\alpha=1$，可得$\cos\alpha=\pm\sqrt{1-\sin^2\alpha}$．又因为$\alpha$是第二象限的角，所以$\cos\alpha<0$．因此

$$\cos\alpha=-\sqrt{1-\sin^2\alpha}=-\sqrt{1-\left(\frac{4}{5}\right)^2}=-\frac{3}{5}\text{；}$$

$$\tan\alpha=\frac{\sin\alpha}{\cos\alpha}=\frac{\frac{4}{5}}{-\frac{3}{5}}=-\frac{4}{3}.$$

注意 利用平方关系$\sin^2\alpha+\cos^2\alpha=1$求三角函数值时，需要进行开方运算，所以必须要明确$\alpha$所在的象限. 本例中给出了$\alpha$为第二象限角的条件，如果没有这个条件，就需要对$\alpha$进行讨论.

例 2 已知$\tan\alpha=2$，求$\dfrac{3\sin\alpha+4\cos\alpha}{2\sin\alpha-\cos\alpha}$的值.

分析 利用已知条件求三角函数式的值有两种基本方法：一种是将所求三角函数式用已知量$\tan\alpha$来表示；另一种是由$\tan\alpha=2$得到$\sin\alpha=2\cos\alpha$，代入所求三角函数式进行化简求值.

解 （解法一）由已知$\tan\alpha=2$得$\dfrac{\sin\alpha}{\cos\alpha}=2$，即$\sin\alpha=2\cos\alpha$，所以

$$\frac{3\sin\alpha+4\cos\alpha}{2\sin\alpha-\cos\alpha}=\frac{3(2\cos\alpha)+4\cos\alpha}{2(2\cos\alpha)-\cos\alpha}=\frac{10\cos\alpha}{3\cos\alpha}=\frac{10}{3}.$$

（解法二）由$\tan\alpha=2$知$\cos\alpha\neq0$，所以

$$\frac{3\sin\alpha+4\cos\alpha}{2\sin\alpha-\cos\alpha}=\frac{3\tan\alpha+4}{2\tan\alpha-1}=\frac{6+4}{4-1}=\frac{10}{3}.$$

例 3 已知α为第一象限角，化简$\sqrt{\dfrac{1}{\cos^2\alpha}-1}$.

分析 化简三角函数式一般是利用三角公式或化简代数式的方法进行.

解 α为第一象限角，故$\tan\alpha>0$，所以

$$原式=\sqrt{\frac{1-\cos^2\alpha}{\cos^2\alpha}}=\sqrt{\frac{\sin^2\alpha}{\cos^2\alpha}}=\sqrt{\tan^2\alpha}=\tan\alpha.$$

知能迁移

***理论升华　整体建构**

1. 综合运用同角三角函数的基本关系解题：$\sin^2\alpha+\cos^2\alpha=1,\ \tan\alpha=\dfrac{\sin\alpha}{\cos\alpha}$.

2. 两角互余，一个角的正弦等于另一个角的余弦.

活页作业

***运用知识　强化练习**

练习 3.3

1. 已知$\cos\alpha=\dfrac{1}{2}$，且α是第四象限的角，求$\sin\alpha$和$\tan\alpha$.

2. 已知 $\sin\alpha=-\frac{3}{5}$，且 α 是第三象限的角，求 $\cos\alpha$ 和 $\tan\alpha$.

3. 已知 $\tan\alpha=5$，求 $\frac{\sin\alpha-4\cos\alpha}{2\sin\alpha-3\cos\alpha}$ 的值.

3.4　诱导公式

自主学习

基础自测

$\sin30°=$＿＿＿＿＿＿；　$\sin390°=$＿＿＿＿；　$\sin150°=$＿＿＿＿＿＿.

答案： $\frac{1}{2}$，$\frac{1}{2}$，$\frac{1}{2}$.

新知学习

***创设情景　兴趣导入**

问题

30°角与 390°角是终边相同的角，那么 $\sin30°$ 与 $\sin390°$ 之间具有什么关系？

解决

由于 30°角与 390°角的终边相同，根据任意角三角函数的定义可以得到 $\sin30°=\sin390°$.

推广

在单位圆中，由于角 α 的终边与单位圆的交点为 $P(\cos\alpha,\sin\alpha)$，当终边旋转 $k\cdot360°(k\in\mathbf{Z})$ 时，点 $P(\cos\alpha,\sin\alpha)$ 又回到原来的位置，所以其各三角函数值并不发生变化.

***动脑思考　探索新知**

概念

终边相同的角的同名三角函数值相同. 即当 $k\in\mathbf{Z}$ 时，有：

$$\sin(2k\pi+\alpha)=\sin\alpha,\quad \sin(k\cdot360°+\alpha)=\sin\alpha;$$
$$\cos(2k\pi+\alpha)=\cos\alpha,\quad \cos(k\cdot360°+\alpha)=\cos\alpha;$$
$$\tan(2k\pi+\alpha)=\tan\alpha,\quad \tan(k\cdot360°+\alpha)=\tan\alpha.$$

说明

利用公式，可以把任意角的三角函数转化为 0° ~ 360°的角的三角函数.

***创设情景　兴趣导入**

问题

30°角与−30°角的终边关于 x 轴对称，那以 $\sin30°$ 与 $\sin(-30°)$ 之间具有什么关系？

解决

点 P 与点 P' 的横坐标相同，纵坐标互为相反数，由此得到 $\sin30°=-\sin(-30°)$.

推广

设单位圆与任意角α, $-\alpha$的终边分别相交于点P和点P'，则点P与点P'关于x轴对称. 如果点P的坐标是$(\cos\alpha, \sin\alpha)$，那么点P'的坐标是$(\cos\alpha, -\sin\alpha)$. 由于点$P'$是角$-\alpha$的终边与单位圆的交点，其坐标应该是$(\cos(-\alpha), \sin(-\alpha))$. 于是得到

$$\cos(-\alpha)=\cos\alpha,\ \sin(-\alpha)=-\sin\alpha.$$

由同角三角函数的关系式知

$$\tan(-\alpha)=\frac{\sin(-\alpha)}{\cos(-\alpha)}=\frac{-\sin\alpha}{\cos\alpha}=-\tan\alpha.$$

***动脑思考　探索新知**

概念

$$\sin(-\alpha)=-\sin\alpha;\ \cos(-\alpha)=\cos\alpha;\ \tan(-\alpha)=-\tan\alpha.$$

利用这组公式，可以把负角的三角函数转化为正角的三角函数.

***创设情景　兴趣导入**

问题

30°角与210°角的终边关于坐标原点对称，那么$\sin 30°$与$\sin 210°$之间具有什么关系？

解决

观察图形，点P与点P'关于坐标原点中心对称，它们的横坐标与纵坐标都互为相反数，由此得到$\sin 30°=-\sin 210°$.

推广

设单位圆与任意角α、$\pi+\alpha$的终边分别相交于点P和点P'，则点P和P'关于原点中心对称. 如果点P的坐标是$(\cos\alpha, \sin\alpha)$，那么点P'的坐标应该是$(-\cos\alpha, -\sin\alpha)$. 又由于点$P'$是角$\alpha+\pi$的终边与单位圆的交点,其坐标应该是$(\cos(\alpha+\pi), \sin(\alpha+\pi))$，由此得到

$$\cos(\pi+\alpha)=-\cos\alpha,\ \sin(\pi+\alpha)=-\sin\alpha.$$

由同角三角函数的关系式知

$$\tan(\pi+\alpha)=\frac{\sin(\pi+\alpha)}{\cos(\pi+\alpha)}=\frac{-\sin\alpha}{-\cos\alpha}=\tan\alpha.$$

设单位圆与角$\alpha, \pi+\alpha, \pi-\alpha$的终边分别相交于$P, P', P''$三点，点$P'$与点$P''$关于$x$轴对称，它们的横坐标相同、纵坐标互为相反数，由此得到

$$\cos(\pi-\alpha)=\cos(\pi+\alpha)=-\cos\alpha;$$
$$\sin(\pi-\alpha)=-\sin(\pi+\alpha)=\sin\alpha.$$

由同角三角函数的关系式知

$$\tan(\pi-\alpha)=\frac{\sin(\pi-\alpha)}{\cos(\pi-\alpha)}=\frac{\sin\alpha}{-\cos\alpha}=-\tan\alpha.$$

*动脑思考　探索新知

概念

$$\sin(\pi+\alpha)=-\sin\alpha,\quad \sin(\pi-\alpha)=\sin\alpha;$$
$$\cos(\pi+\alpha)=-\cos\alpha,\quad \cos(\pi-\alpha)=-\cos\alpha;$$
$$\tan(\pi+\alpha)=\tan\alpha,\quad \tan(\pi-\alpha)=-\tan\alpha.$$

说明

以上公式统称为**诱导公式**（或**简化公式**）. 这些公式的正负号可以用口诀："$2k\pi$ 加全为正，负角余弦正，π 减正弦正，π 加正切正"来记忆. 利用它们可以把任意角的三角函数转化为锐角的三角函数.

典例剖析

例 1　求下列各三角函数值：

（1）$\cos\frac{9\pi}{4}$；　（2）$\sin 930°$；　（3）$\tan\left(-\frac{11\pi}{6}\right)$.

分析　将任意角的三角函数转化为 $[0,2\pi]$ 内的角的三角函数.

解　（1）$\cos\frac{9\pi}{4}=\cos\left(2\pi+\frac{\pi}{4}\right)=\cos\frac{\pi}{4}=\frac{\sqrt{2}}{2}$.

（2）$\sin 780°=\sin(2\times360°+60°)=\sin 60°=\frac{\sqrt{3}}{2}$.

（3）$\tan\left(-\frac{11\pi}{6}\right)=\tan\left[(-1)\times2\pi+\frac{\pi}{6}\right]=\tan\frac{\pi}{6}=\frac{\sqrt{3}}{3}$.

例 2　求下列各三角函数值：

（1）$\sin(-60°)$；　（2）$\cos\left(-\frac{19\pi}{3}\right)$；　（3）$\tan(-30°)$.

解　（1）$\sin(-60°)=-\sin 60°=-\frac{\sqrt{3}}{2}$.

（2）$\cos\left(-\frac{19\pi}{3}\right)=\cos\frac{19\pi}{3}=\cos\left(6\pi+\frac{\pi}{3}\right)=\cos\frac{\pi}{3}=\frac{1}{2}$.

（3）$\tan(-30°)=-\tan 30°=-\frac{\sqrt{3}}{3}$.

例 3　求下列各三角函数值：

（1）$\tan\frac{8\pi}{3}$；　（2）$\cos 930°$；　（3）$\sin 690°$.

分析　求任意角三角函数值的一般步骤是，首先将其转化为绝对值小于 2π 的角的三角函数，然后将其转化为锐角三角函数值，最后求出这个锐角三角函数值.

解　（1）$\tan\frac{8\pi}{3}=\tan\left(2\pi+\frac{2\pi}{3}\right)=\tan\left(\frac{2\pi}{3}\right)=\tan\left(\pi-\frac{\pi}{3}\right)=-\tan\frac{\pi}{3}=-\sqrt{3}$.

（2）$\cos 930° = \cos(2\times 360° + 210°) = \cos 210° = \cos(180° + 30°) = -\cos 30° = -\frac{\sqrt{3}}{2}$.

（3）$\sin 690° = \sin(2\times 360° - 30°) = \sin(-30°) = -\sin 30° = -\frac{1}{2}$.

知能迁移

***理论升华　整体建构**

1. $\sin(\alpha+\beta) = \sin\alpha\cos\beta + \cos\alpha\sin\beta$.
2. $\sin 2\alpha = 2\sin\alpha\cos\alpha$.

活页作业

***运知知识　强化练习**

练习 3.4

1. 求下列各三角函数值：

（1）$\cos\frac{7\pi}{3}$；　　（2）$\sin 750°$.

2. 求下列各三角函数值：

（1）$\tan\left(-\frac{\pi}{6}\right)$；　　（2）$\sin(-390°)$；　　（3）$\cos\left(-\frac{8\pi}{3}\right)$.

3. 求下列各三角函数值：

（1）$\tan 225°$；　　（2）$\sin 660°$；　　（3）$\cos 495°$；

（4）$\tan\frac{11\pi}{3}$；　　（5）$\sin\frac{17\pi}{3}$；　　（6）$\cos\left(-\frac{7\pi}{6}\right)$.

3.5　三角函数的图像和性质

自主学习

基础自测

用“描点法”作函数 $y=\sin x$ 在 $[0, 2\pi]$ 上的图像.

答案： 把区间 $[0, 2\pi]$ 分成 4 等份，分别求得函数 $y=\sin x$ 在各分点及区间端点的函数值，列表如下：

x	0	$\frac{\pi}{2}$	π	$\frac{3\pi}{2}$	2π
$\sin x$	0	1	0	−1	0

以表中的 x, y 值为坐标，描出点(x, y)，用光滑曲线依次联结各点，得到 $y=\sin x$ 在 $[0, 2\pi]$ 上的图像.

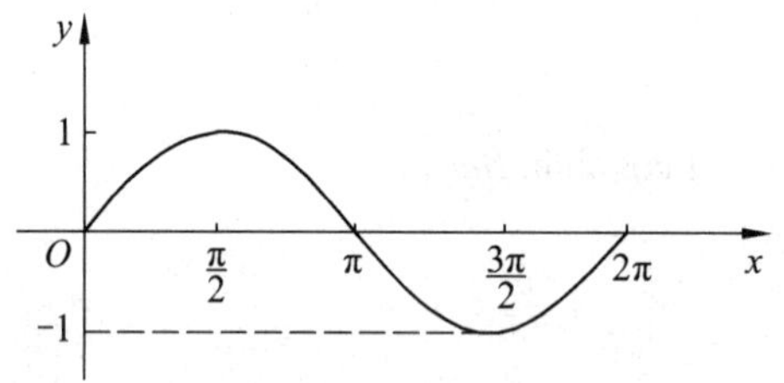

新知学习

***创设情景　兴趣导入**

问题

观察钟表，如果当前的时间是 2 点，那么时针走过 12 个小时后，显示的时间是多少呢？再经过 12 个小时，显示的时间又是多少呢？…….

解决

每间隔 12 小时，当前时间 2 点重复出现.

概念

对于函数 $y=f(x)$，如果存在一个不为零的常数 T，当 x 取定义域 D 内的每一个值时，都有 $x+T\in D$，并且等式

$$f(x+T)=f(x)$$

成立，那么，函数 $y=f(x)$ 叫做**周期函数**，常数 T 叫做这个函数的一个**周期.**

由于正弦函数的定义域是实数集 $\mathbf{R}$，对 $\alpha\in\mathbf{R}$，恒有 $\alpha+2k\pi\in\mathbf{R}(k\in\mathbf{Z})$，并且 $\sin(\alpha+2k\pi)=\sin\alpha\,(k\in\mathbf{Z})$，因此正弦函数是周期函数，并且 $2\pi, 4\pi, 6\pi, \cdots$ 及 $-2\pi, -4\pi, \cdots$ 都是它的周期.

通常把周期中最小的正数叫做**最小正周期**，简称**周期，**仍用 T 表示．今后我们所研究的函数周期，均指最小正周期．因此，正弦函数的周期是 2π.

说明

由周期性的定义可知，在长度为 2π的区间（如 $[0, 2\pi]$，$[-2\pi, 0], [2\pi, 4\pi]$）上，正弦函数的图像相同，即可以通过平移 $[0, 2\pi]$ 上的图像得到．因此，我们重点研究正弦函数在一个周期内，即在 $[0, 2\pi]$ 上的图像.

***动脑思考　探索新知**

概念

正弦曲线夹在两条直线 $y=-1$ 和 $y=1$ 之间，即对任意的角 x，都有 $|\sin x|\leqslant 1$ 成立，函数的这种性质叫做**有界性**.

一般地，设函数 $y=f(x)$ 在区间 (a, b) 上有定义，如果存在一个正数 M，对任意的 $x\in(a,b)$ 都有

$$|f(x)|\leqslant M,$$

那么函数 $y=f(x)$ 叫做区间 (a, b) 内的**有界函数**．如果这样的 M 不存在，函数 $y=f(x)$ 叫做区间 (a, b) 上的**无界函数**．

显然，正弦函数是 $\mathbf{R}$ 内的有界函数．

归纳

正弦函数 $y=\sin x$ 的定义域是实数集 $\mathbf{R}$，它具有下面的性质：

（1）正弦函数 $y=\sin x$ 是 $\mathbf{R}$ 内的有界函数，其值域为 $[-1,1]$．当 $x=\dfrac{\pi}{2}+2k\pi\ (k\in\mathbf{Z})$ 时，$y_{\max}=1$；当 $x=-\dfrac{\pi}{2}+2k\pi(k\in\mathbf{Z})$ 时，$y_{\min}=-1$．

（2）正弦函数 $y=\sin x$ 是周期为 2π 的周期函数．

（3）正弦函数 $y=\sin x$ 是奇函数．

（4）正弦函数 $y=\sin x$ 在区间 $\left(-\dfrac{\pi}{2}+2k\pi,\dfrac{\pi}{2}+2k\pi\right)$（$k\in\mathbf{Z}$）上是增函数，其函数值由 -1 增大到 1；在区间 $\left(\dfrac{\pi}{2}+2k\pi,\dfrac{3\pi}{2}+2k\pi\right)$（$k\in\mathbf{Z}$）上是减函数，其函数值由 1 减小到 -1．

观察发现，正弦函数 $y=\sin x$ 在 $[0,2\pi]$ 上的图像中有五个关键点：

$$(0,0),\ \left(\frac{\pi}{2},1\right),\ (\pi,0),\ \left(\frac{3\pi}{2},-1\right),\ (2\pi,0).$$

描出这五个点后，正弦函数 $y=\sin x$ 在 $[0,2\pi]$ 上的图像的形状就基本上确定了．因此，在精确度要求不高时，经常首先描出这关键的五个点，然后用光滑曲线顺次把它们联结起来，得到正弦函数在 $[0,2\pi]$ 上的简图．这种作图方法叫做“**五点法**”．

余弦函数的定义域是 $\mathbf{R}$．由于对 $x\in\mathbf{R}$ 恒有 $x+2k\pi\in\mathbf{R}\ (k\in\mathbf{Z})$，并且 $\cos(x+2k\pi)=\cos x$，可知余弦函数是周期函数，其周期是 2π．

***创设情景　兴趣导入**

问题

用“描点法”作出余弦函数 $y=\cos x$ 在 $[0,2\pi]$ 上的图像．

解决

把区间 $[0,2\pi]$ 分成 4 等份，分别求得函数 $y=\cos x$ 在各分点及区间端点的函数值，列表（见教材）．

以表中的 x, y 值为坐标，描出点 (x,y)，用光滑曲线顺次联结各点，得到函数 $y=\cos x$ 在 $[0,2\pi]$ 上的图像（见教材）．

推广

将函数 $y=\cos x$ 在 $[0,2\pi]$ 上的图像向左或向右平移 2π，4π，…，就得到余弦函数 $y=\cos x$ 在 $(-\infty,+\infty)$ 上的图像．这个图像叫做**余弦曲线**．

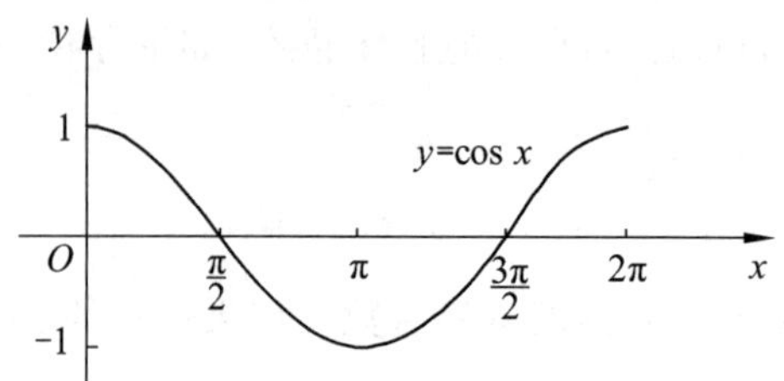

归纳

余弦函数 $y=\cos x\ (x\in \mathbf{R})$ 的定义域是实数集 $\mathbf{R}$，它具有如下性质：

（1）余弦函数 $y=\cos x$ 是有界函数，其值域为 $[-1,1]$．当 $x=2k\pi\ (k\in \mathbf{Z})$ 时，$y_{\max}=1$；当 $x=(2k+1)\pi\ (k\in \mathbf{Z})$ 时，$y_{\min}=-1$．

（2）余弦函数 $y=\cos x$ 是周期为 2π 的函数．

（3）余弦函数 $y=\cos x$ 是偶函数．

（4）余弦函数 $y=\cos x$ 在区间 $((2k-1)\pi,2k\pi)(k\in \mathbf{Z})$ 内是增函数，函数值从 -1 增加到 1；在区间 $(2k\pi,(2k+1)\pi)\ (k\in \mathbf{Z})$ 内是减函数，函数值从 1 减少到 -1．

典型例题：

例 1 用“五点法”作出函数 $y=-\cos x$ 在 $[0,2\pi]$ 上的图像．

分析 $y=\cos x$ 图像中的五个关键点的横坐标分别是 0, $\frac{\pi}{2}$，π，$\frac{3\pi}{2}$，2π，这里要求出 $y=-\cos x$ 在这五个关键点上的相应函数值，从而得到五个点的坐标，最后用光滑曲线顺次联结这五个点，得到图像．

解 列表如下：

x	0	$\frac{\pi}{2}$	π	$\frac{3\pi}{2}$	2π
$\cos x$	1	0	-1	0	1
$y=-\cos x$	-1	0	1	0	-1

以表中的 x,y 值为坐标，描出点 (x,y)，然后用光滑曲线顺次联结各点，得到函数 $y=-\cos x$ 在 $[0,2\pi]$ 上的图像．

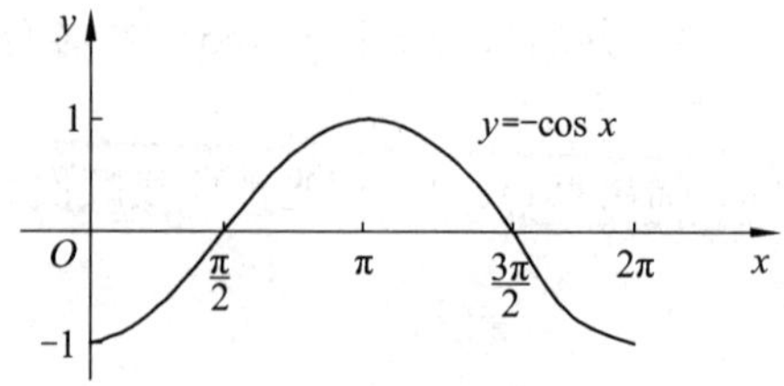

下面介绍 $y=\tan x$ 的图像和性质：

$y=\tan x$ 的图像如图所示．

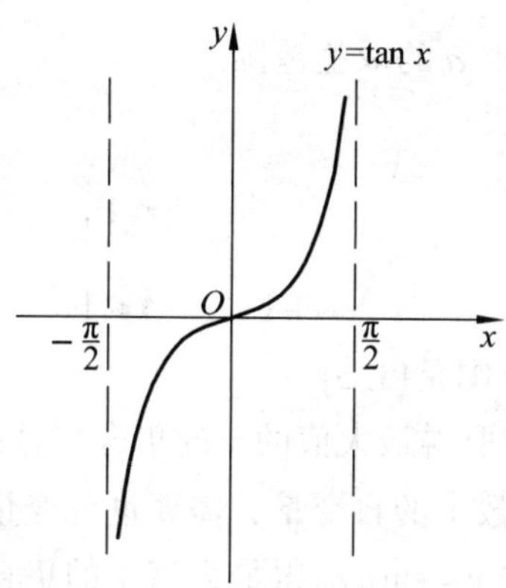

$y=\tan x$的性质：

（1）正切函数 $y=\tan x$ 的定义域是 $\{x \mid x\in \mathbf{R},\ x=k\pi+\frac{\pi}{2}(k\in \mathbf{Z})\}$.

（2）正切函数 $y=\tan x$ 的值域为 $\mathbf{R}$.

（3）正切函数 $y=\tan x$ 是以 π 为周期的周期函数.

（4）正切函数 $y=\tan x$ 是奇函数.

（5）正切函数 $y=\tan x$ 在其定义域内为增函数.

典例剖析

例 1 利用“五点法”作函数 $y=1+\sin x$ 在 $[0,2\pi]$ 上的图像.

分析 $y=\tan x$ 图像中的五个关键点的横坐标分别是 $0,\ \frac{\pi}{2},\ \pi,\ \frac{3\pi}{2},\ 2\pi$，这里要求出 $y=1+\sin x$ 在这五个点的相应的函数值，从而得到五个点的坐标，最后用光滑曲线顺次联结这五个点，得到图像.

解 列表如下：

x	0	$\frac{\pi}{2}$	π	$\frac{3\pi}{2}$	2π
$\sin x$	0	1	0	−1	0
$y=1+\sin x$	1	2	1	0	1

以上表中每组对应的 x, y 值为坐标，描出点(x, y)，用光滑曲线顺次联结各点, 得到函数 $y=1+\sin x$ 在 $[0,2\pi]$ 上的图像.

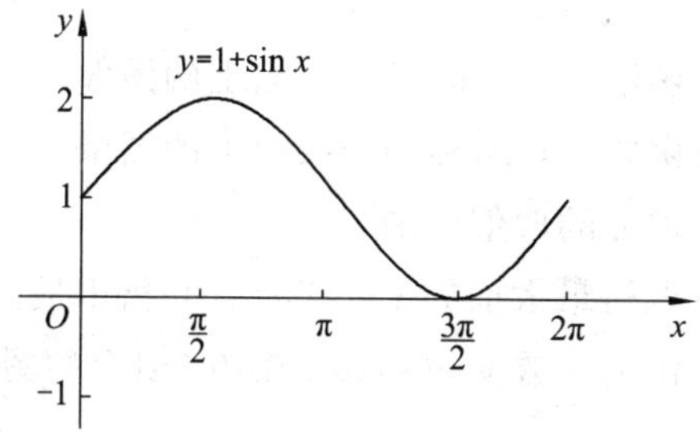

例 2 已知 $\sin x = a-4$，求 a 的取值范围.

解 因为 $|\sin x| \leqslant 1$，所以

$$|a-4| \leqslant 1,$$

即

$$-1 \leqslant a-4 \leqslant 1,$$

解得 $3 \leqslant a \leqslant 5$．故 a 的取值范围是[3, 5].

例 3 求使函数 $y=\sin 2x$ 取得最大值的 x 的集合，并指出最大值是多少.

分析 将 $2x$ 看作正弦函数中的自变量，需要进行变量替换.

解 设 $u=2x$，则使函数 $y=\sin u$ 取得最大值 1 的集合是

$$\left\{u \mid u=\frac{\pi}{2}+2k\pi,\ k \in \mathbf{Z}\right\},$$

由 $2x=u=\dfrac{\pi}{2}+2k\pi$，得 $x=\dfrac{\pi}{4}+k\pi$．故所求集合为

$$\left\{x \mid x=\frac{\pi}{4}+k\pi, k \in \mathbf{Z}\right\},$$

函数 $y=\sin 2x$ 的最大值是 1.

知能迁移

***理论升化　整体建构**

1. 正、余弦函数的最小正周期：$T=\dfrac{2\pi}{|\omega|}$，其中 ω 为 x 前面的系数.
2. 正切函数的最小正周期：$T=\dfrac{\pi}{|\omega|}$，其中 w 为 x 前面的系数.

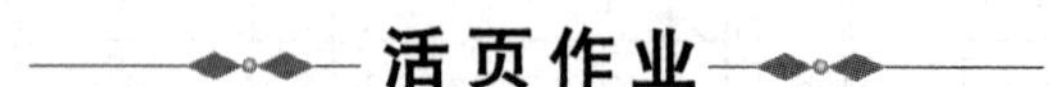

活页作业

***运用知识　强化练习**

练习 3.5

1. 利用“五点法”作函数 $y=-\sin x$ 在 $[0, 2\pi]$ 上的图像.
2. 利用“五点法”作函数 $y=2\sin x$ 在 $[0, 2\pi]$ 上的图像.
3. 已知 $\sin\alpha=3-a$，求 a 的取值范围.
4. 求使函数 $y=\sin 4x$ 取得最大值的 x 的集合，并指出最大值是多少？
5. 用“五点作图法”作出函数 $y=1-\cos x$ 在 $[0, 2\pi]$ 上的图像.

知识链接

【知识链接】**通过对第 3 章的学习，我们一起来解决本章开头提出的问题.**

已知一正弦电流 $i = 10\sin(\omega t + 60°)$，当 $f = 50\,\text{Hz}$，$t = 0.20\,\text{s}$ 时，求电流的瞬时值.

（注：ω 表示角频率，T 表示周期，f 表示频率，i 表示电流瞬时值；$T = \dfrac{1}{f}$，$\omega = 2\pi f$）

解　$\omega = 2\pi f$，$f = 50\,\text{Hz}$，$t = 0.20\,\text{s}$，所以

$$
\begin{aligned}
i &= 10\sin(2\pi ft + 60°) = 10\sin(2\pi \times 50 \times 0.2 + 60°) \\
&= 10\sin(2\pi \times 10 + 60°) = 10\sin 60° = 10 \times \frac{\sqrt{3}}{2} = 5\sqrt{3}.
\end{aligned}
$$

第 4 章　平面向量

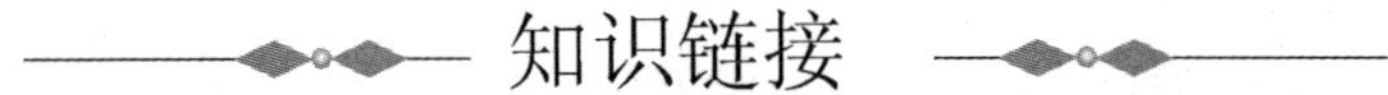

知识链接

【知识链接】**在电子技术应用中，我们时时都会遇到用数学知识来计算的问题.** 例如：

如图所示，$i=2\sqrt{2}\sin(100\pi t+0°)$，$R=3\,\Omega$，$x_C$(容抗)$=4\,\Omega$，求 U_{ac}.

其中电流和电压既有大小又有方向，若要解决上述问题，需要先对第 4 章的内容进行仔细的学习.

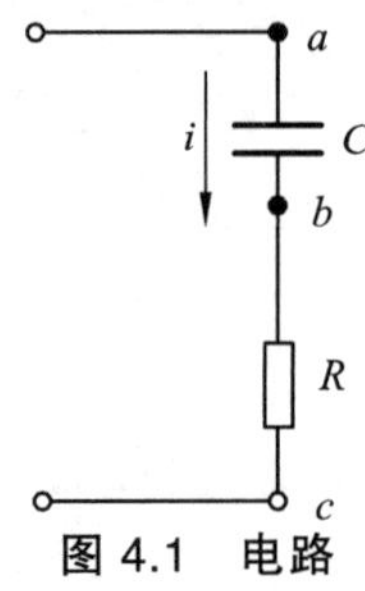

图 4.1　电路

4.1　平面向量的实际背景及基本概念

自主学习

基础自测

用与水平方向成 45°、大小为 20 N 的拉力，拉一水平面上的箱子，请画出力的图示.

答案：

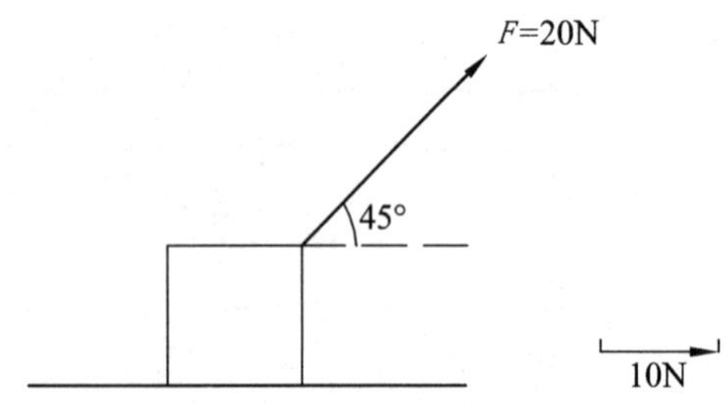

新知学习

***创设情景　兴趣导入**

问题

在以前的学习过程中，哪些量是既有大小又有方向的量？哪些量只有大小？

答案：力既有大小又有方向；数量只有大小.

背景

向量这一概念是由物理学和工程技术抽象出来的，是近代数学中重要而基本的数学概念之一；同时它又是沟通代数、几何与三角函数的一种工具，有着极其丰富的实际背景.

***动脑思考　探索新知**

概念

1. 向量的定义：既有大小又有方向的量叫做**向量**.

2. 向量的表示方法：用有向线段来表示向量.有向线段的长度表示向量的大小，用箭头所指的方向表示向量的方向. 用字母 $\vec{a},\vec{b}$ ，…或用 $\overrightarrow{AB},\overrightarrow{BC}$ ，…表示.

3. 模：向量的长度叫做向量的**模**，记作 $|\vec{a}|$ 或 $|\overrightarrow{AB}|$.

4. 零向量：长度为零的向量叫做**零向量**，记作 $\vec{0}$ ；零向量的方向不确定.

5. 单位向量：长度为 1 个长度单位的向量叫做**单位向量**.

6. 共线向量（平行向量）：方向相同或相反的向量叫做**共线向量**. 规定：零向量与任何向量共线.

7. 相等向量：长度相等且方向相同的向量叫做**相等向量**.

8. 相反向量：长度相等且方向相反的向量叫做**相反向量**.

归纳

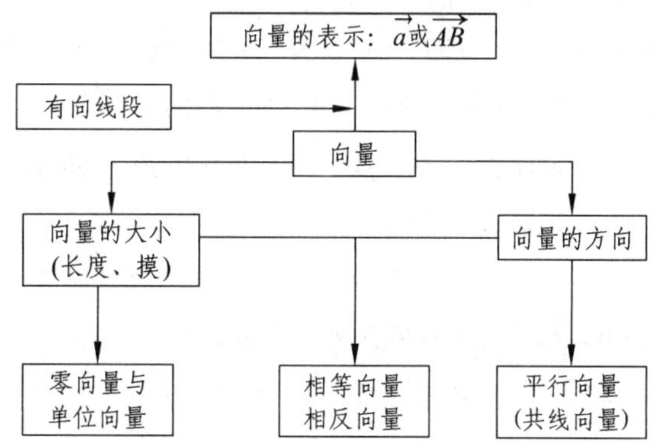

拓展

如何找相等向量以及用向量表示点的相对位置.

1. 判断两向量是否相等，一要看它们的大小是否相等，二要看它们的方向是不是相同.

2. 既然向量是有方向的，所以在表示向量时，一定要搞清楚向量的起点和终点，表示方向的箭头打在终点端.

典例剖析

例 1 判断下列命题是否正确，若不正确，请简述理由.

（1）向量 $\overrightarrow{AB}$ 与 $\overrightarrow{CD}$ 是共线向量，则 A, B, C, D 四点必在一直线上；

（2）单位向量都相等；

（3）任一向量与它的相反向量不相等；

（4）四边形 $ABCD$ 是平行四边形的充要条件是 $\overrightarrow{AB}=\overrightarrow{DC}$；

（5）模为 0 是一个向量方向不确定的充要条件；

（6）共线的向量，若起点不同，则终点一定不同.

解 （1）不正确. 共线向量即平行向量，只要求方向相同或相反即可，并不要求两个向量 $\overrightarrow{AB}$, $\overrightarrow{CD}$ 在同一直线上.

（2）不正确. 单位向量的模均相等且为 1，但方向并不确定.

（3）不正确. 零向量的相反向量仍是零向量，但零向量与零向量是相等的.

（4）、（5）正确.

（6）不正确. 如图所示，$\overrightarrow{AC}$ 与 $\overrightarrow{BC}$ 共线，虽起点不同，但终点却相同.

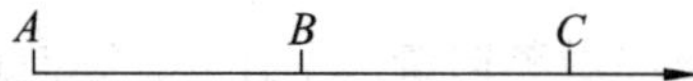

技巧总结：

本题考查基本概念，对于零向量、单位向量、平行向量、共线向量的概念特征及相互关系必须把握好.

例 2 如图所示，设 O 是正六边形 $ABCDEF$ 的中心，分别写出图中与向量 $\overrightarrow{OA}$, $\overrightarrow{OB}$ 相等的向量,与向量 $\overrightarrow{AB}$ 平行的向量.

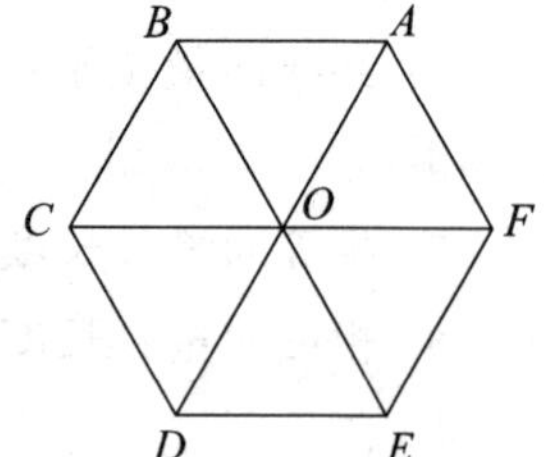

解 与向量 $\overrightarrow{OA}$ 相等的向量有 $\overrightarrow{CB}$, $\overrightarrow{DO}$, $\overrightarrow{EF}$；

与向量 $\overrightarrow{OB}$ 相等的向量有 $\overrightarrow{DC}$, $\overrightarrow{EO}$, $\overrightarrow{FA}$;

与向量 $\overrightarrow{AB}$ 平行的向量有 $\overrightarrow{BA}$, $\overrightarrow{CO}$, $\overrightarrow{OC}$, $\overrightarrow{OF}$, $\overrightarrow{FO}$, $\overrightarrow{DE}$, $\overrightarrow{ED}$, $\overrightarrow{CF}$, $\overrightarrow{FC}$.

例 3 若 $|\overrightarrow{AB}|=|\overrightarrow{AD}|$ 且 $\overrightarrow{BA}=\overrightarrow{CD}$，则四边形 $ABCD$ 的形状为_______.

解 由 $\overrightarrow{BA}=\overrightarrow{CD}$ 知, $BA/\!/CD, BA=CD$，所以四边形 $ABCD$ 是平行四边形. 又因为 $|\overrightarrow{AB}|=|\overrightarrow{AD}|$，所以四边形 $ABCD$ 是菱形.

技巧总结：

1. $\overrightarrow{BA}=\overrightarrow{CD}$ 隐含 $|\overrightarrow{BA}|=|\overrightarrow{CD}|$ 与 $BA/\!/CD$ 两个方面.

2. 判断四边形的形状需判断对边与邻边是否相等与平行?

知能迁移

***理论升化　整体建构**

在平面图形中找相等向量、共线向量时, 首先要分析平面图形中相等、平行关系，充分利用平行四边形的性质、三角形中位线定理等平面几何知识, 然后转化为向量相等、平行.

活页作业

***运用知识　强化练习**

练习 4.1

1. 判断下列说法是否正确：

（1）若 $\vec{a}=\vec{b}$，则 $|\vec{a}|=|\vec{b}|$；

（2）若 $\vec{a}//\vec{b}$，则 $\vec{a}=\vec{b}$；

（3）若 $\vec{a}=\vec{b}$，$\vec{b}=\vec{c}$，则 $\vec{a}=\vec{c}$；

（4）若 $\vec{a}//\vec{b}$，$\vec{b}//\vec{c}$，则 $\vec{a}//\vec{c}$.

2. 如例 2 图所示，（1）与向量 $\overrightarrow{OA}$ 长度相等的向量有多少个？

（2）是否存在与向量 $\overrightarrow{OA}$ 长度相等、方向相反的向量？

（3）与向量 $\overrightarrow{AD}$ 共线的向量有哪些？

3. 若四边形 $ABCD$ 满足 $|\overrightarrow{AC}|=|\overrightarrow{DB}|$，且 $\overrightarrow{BA}=\overrightarrow{CD}$，则四边形 $ABCD$ 的形状为_______.

4.2　向量的线性运算

自主学习

基础自测

两人分别用 10 N、15 N 的水平向右的拉力，同时拉动放在水平面上的一个箱子，请画出力的图示. 问这个木箱所受拉力总共为多少？

答案：

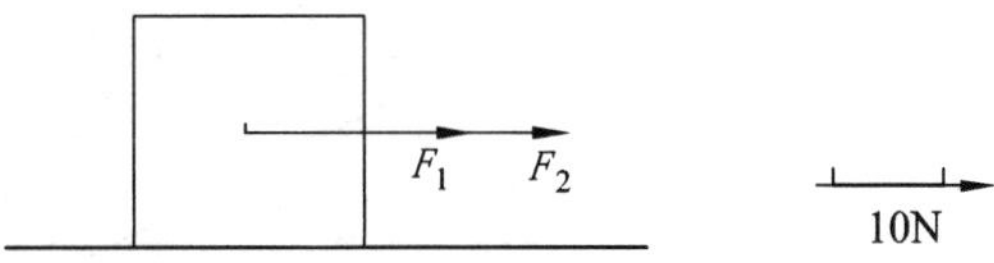

这个木箱所受拉力总共为：$\vec{F_1}+\vec{F_2}=10+15=25$ N .

新知学习

***创设情景　兴趣导入**

引入

方向相同或相反的两个向量，怎样加减呢？

分析

可以按照力学来做，方向相等的大小相加，向量方向不变；方向相反的就用数值大的一个减去数值小的一个，向量方向同数值大的一个向量相同.

思考

如果两向量方向不相同，也不相反，该怎样来求它们的加减呢？

***动脑思考　探索新知**

概念

向量的加法：求两个向量和的运算叫做向量的加法. 表示：

$$\overrightarrow{AB}+\overrightarrow{BC}=\overrightarrow{AC}.$$

规定：零向量与任一向量$\vec{a}$，都有$\vec{a}+\vec{0}=\vec{0}+\vec{a}=\vec{a}$.

法则

1. 向量的加法法则：

（1）共线向量的加法：

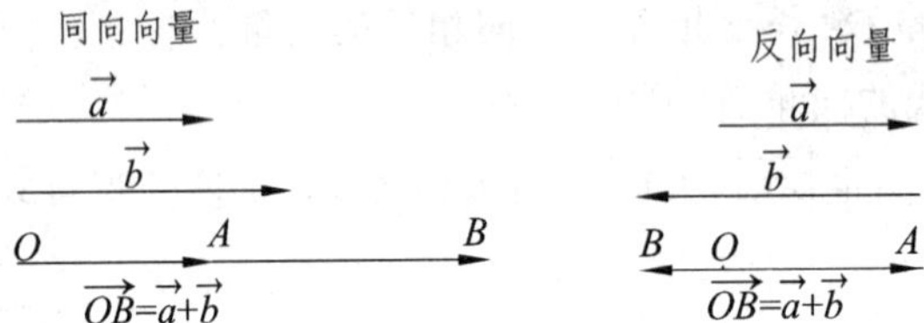

（2）不共线向量的加法：

几何中向量加法是用几何作图来定义的，一般有两种方法，即向量加法的三角形法则和平行四边形法则.

三角形法则：根据向量加法定义得到的求向量和的方法，称为向量加法的三角形法则. 表示：$\overrightarrow{AB}+\overrightarrow{BC}=\overrightarrow{AC}$.（“首尾相接，首尾连”）

平行四边形法则：以同一点 A 为起点的两个已知向量$\vec{a}$, $\vec{b}$为邻边作平行四边形$ABCD$，则以A为起点的对角线$\overrightarrow{AC}$就是$\vec{a}$与$\vec{b}$的和，这种求向量和的方法称为向量加法的平行四边形法则.

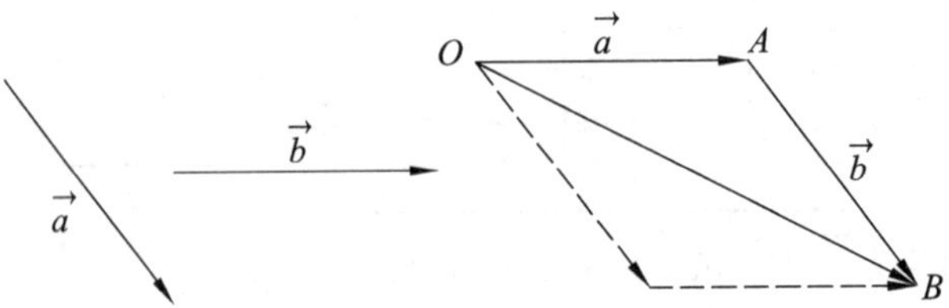

2. 已知向量$\vec{a}$, $\vec{b}$，求作向量$\vec{a}+\vec{b}$.

作法：在平面内取一点O，作$\overrightarrow{OA}=\vec{a}$，$\overrightarrow{AB}=\vec{b}$，则

$$\overrightarrow{OB}=\vec{a}+\vec{b}$$

3. 向量加法的交换律和平行四边形法则.

上题中$\vec{b}+\vec{a}$的结果与$\vec{a}+\vec{b}$是否相同？验证结果相同，从而得到：

（1）向量加法的平行四边形法则.

（2）向量加法的交换律：$\vec{a}+\vec{b}=\vec{b}+\vec{a}$.

4. 向量加法的结合律：

$$(\vec{a}+\vec{b})+\vec{c}=\vec{a}+(\vec{b}+\vec{c}).$$

证明 如图所示：使 $\overrightarrow{AB}=\vec{a}$，$\overrightarrow{BC}=\vec{b}$，$\overrightarrow{CD}=\vec{c}$，则

$$(\vec{a}+\vec{b})+\vec{c}=\overrightarrow{AC}+\overrightarrow{CD}=\overrightarrow{AD};$$

$$\vec{a}+(\vec{b}+\vec{c})=\overrightarrow{AB}+\overrightarrow{BD}=\overrightarrow{AD}.$$

所以

$$(\vec{a}+\vec{b})+\vec{c}=\vec{a}+(\vec{b}+\vec{c}).$$

从而可得，多个向量的加法运算可以按照任意次序、任意组合来进行.

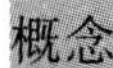

向量的减法：若 $\vec{b}+\vec{x}=\vec{a}$，则向量 $\vec{x}$ 叫做 $\vec{a}$ 与 $\vec{b}$ 的差，记为 $\vec{a}-\vec{b}$. 求两个向量差的运算，叫做向量的减法. 表示：$\vec{a}-\vec{b}=\vec{a}+(-\vec{b})$.

法则

根据向量减法的定义和向量加法的三角形法则，可以得到向量 $\vec{a}-\vec{b}$ 的作图方法.

思考

已知 $\vec{a},\vec{b}$，怎样求作 $\vec{a}-\vec{b}$？

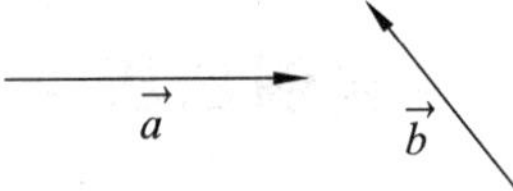

（1）三角形法则：已知 $\vec{a},\vec{b}$，在平面内任取一点 O，作 $\overrightarrow{OA}=\vec{a}$，$\overrightarrow{OB}=\vec{b}$，则

$$\overrightarrow{BA}=\vec{a}-\vec{b}.$$

即 $\vec{a}-\vec{b}$ 可以表示为从 $\vec{b}$（减向量）的终点，指向 $\vec{a}$（被减向量）的终点的向量.（强调：$\vec{a},\vec{b}$ 同起点时，$\vec{a}-\vec{b}$ 是连结 $\vec{a}$, $\vec{b}$ 的终点，并指向"被减向量 $\vec{a}$"的向量.）

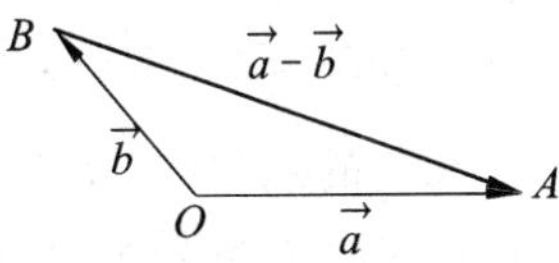

（2）平行四边形法则：在平面内任取一点 O，作 $\overrightarrow{OA}=\vec{a}$，$\overrightarrow{OB}=\vec{b}$，则由向量加法的平行四边形法则可得

$$\overrightarrow{BA}=\overrightarrow{BO}+\overrightarrow{OA}=\vec{a}+(-\vec{b})=\vec{a}-\vec{b}.$$

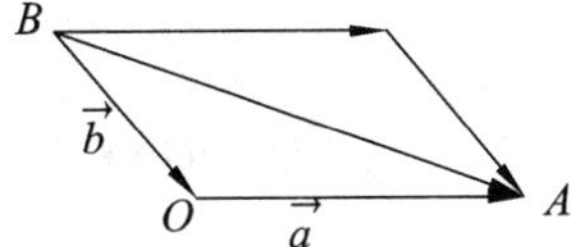

向量的数乘

1. 实数与向量的积的定义：

一般地，实数 λ 与向量 $\vec{a}$ 的积是一个向量，记作 $\lambda\vec{a}$. 它的长度与方向规定如下：

（1）$|\lambda\vec{a}|=|\lambda||\vec{a}|$.

（2）当 $\lambda>0$ 时，$\lambda\vec{a}$ 的方向与 $\vec{a}$ 的方向相同；

当 $\lambda<0$ 时，$\lambda\vec{a}$ 的方向与 $\vec{a}$ 的方向相反；

当 $\lambda=0$ 时，$\lambda\vec{a}=\vec{0}$.（请学生自己解释其几何意义）

实数 λ 与向量 $\vec{a}$ 相乘，叫做向量的数乘.

2. 实数与向量的积的运算律：

（1）结合律：$\lambda(\mu\vec{a})=(\lambda\mu)\vec{a}$； ①

（2）第一分配律：$(\lambda+\mu)\vec{a}=\lambda\vec{a}+\mu\vec{a}$； ②

（3）第二分配律：$\lambda(\vec{a}+\vec{b})=\lambda\vec{a}+\lambda\vec{b}$. ③

3. 定理：向量 $\vec{a}(\vec{a}\neq\vec{0})$ 与 $\vec{b}$ 共线，当且仅当有唯一一个实数 λ，使 $\vec{b}=\lambda\vec{a}$.

典例剖析

例 1 化简或计算：

（1）$\overrightarrow{CD}+\overrightarrow{BC}+\overrightarrow{AB}$；

（2）$\overrightarrow{AB}+\overrightarrow{DF}+\overrightarrow{CD}+\overrightarrow{BC}+\overrightarrow{FA}$.

解 （1）$\overrightarrow{CD}+\overrightarrow{BC}+\overrightarrow{AB}=(\overrightarrow{AB}+\overrightarrow{BC})+\overrightarrow{CD}=\overrightarrow{AC}+\overrightarrow{CD}=\overrightarrow{AD}$.

（2）$\overrightarrow{AB}+\overrightarrow{DF}+\overrightarrow{CD}+\overrightarrow{BC}+\overrightarrow{FA}=(\overrightarrow{AB}+\overrightarrow{BC})+(\overrightarrow{CD}+\overrightarrow{DF})+\overrightarrow{FA}$

$$=\overrightarrow{AC}+\overrightarrow{CF}+\overrightarrow{FA}=\overrightarrow{AF}+\overrightarrow{FA}=\vec{0}.$$

例 2 如图所示,在平行四边形 $ABCD$ 的对角线 BD 的延长线及反向延长线上,取点 F, E，使 $BE=DF$. 用向量的方法证明：四边形 $AECF$ 也是平行四边形.

证明 $\overrightarrow{AE}=\overrightarrow{AB}+\overrightarrow{BE}$, $\overrightarrow{FC}=\overrightarrow{FD}+\overrightarrow{DC}$.

∵ 四边形 $ABCD$ 是平行四边形,

∴ $AB \mathrel{/\!\!/} DC$.

又∵ $\overrightarrow{AB}$ 与 $\overrightarrow{DC}$ 方向相同,

∴ $\overrightarrow{AB}=\overrightarrow{DC}$.

∵ $FD=BE$，且在一条直线上，$\overrightarrow{FD}$ 与 $\overrightarrow{BE}$ 方向相同,

∴ $\overrightarrow{FD}=\overrightarrow{BE}$.

∴ $\overrightarrow{AE}=\overrightarrow{FC}$.

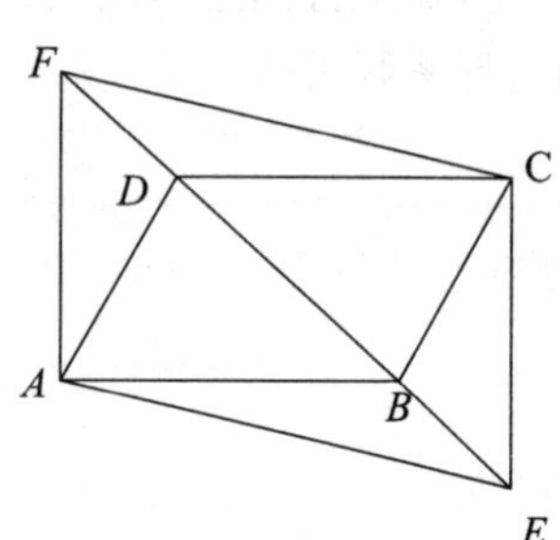

图 4.2-1

$\therefore AE /\!/ FC$ 且 $AE = FC$.

$\therefore$ 四边形 $AECF$ 是平行四边形.

例 3 化简：$\overrightarrow{AB}+\overrightarrow{DA}+\overrightarrow{BD}-\overrightarrow{BC}-\overrightarrow{CA}$.

解 （方法一）在平面内任取一点 O，连接 OA, OB, OC, OD，则

$$
\begin{aligned}
&\overrightarrow{AB}+\overrightarrow{DA}+\overrightarrow{BD}-\overrightarrow{BC}-\overrightarrow{CA}\\
&=(\overrightarrow{OB}-\overrightarrow{OA})+(\overrightarrow{OA}-\overrightarrow{OD})+(\overrightarrow{OD}-\overrightarrow{OB})-(\overrightarrow{OC}-\overrightarrow{OB})-(\overrightarrow{OA}-\overrightarrow{OC})\\
&=\overrightarrow{OB}-\overrightarrow{OA}+\overrightarrow{OA}-\overrightarrow{OD}+\overrightarrow{OD}-\overrightarrow{OB}-\overrightarrow{OC}+\overrightarrow{OB}-\overrightarrow{OA}+\overrightarrow{OC}\\
&=\overrightarrow{OB}-\overrightarrow{OA}=\overrightarrow{AB}.
\end{aligned}
$$

（方法二）

$$
\begin{aligned}
\overrightarrow{AB}+\overrightarrow{DA}+\overrightarrow{BD}-\overrightarrow{BC}-\overrightarrow{CA}&=\overrightarrow{AB}+\overrightarrow{DA}+\overrightarrow{BD}+\overrightarrow{CB}+\overrightarrow{AC}\\
&=(\overrightarrow{AB}+\overrightarrow{BD}+\overrightarrow{DA})+(\overrightarrow{AC}+\overrightarrow{CB})=\vec{0}+\overrightarrow{AB}=\overrightarrow{AB}.
\end{aligned}
$$

例 4 计算：（1）$\dfrac{1}{4}\left[(\vec{a}+2\vec{b})+3\vec{a}-\dfrac{1}{3}(6\vec{a}-12\vec{b})\right]$；

（2）$(\lambda+\mu)(\vec{a}+\vec{b})-(\lambda-\mu)(\vec{a}-\vec{b})$.

解 （1）原式 $=\dfrac{1}{4}(\vec{a}+2\vec{b})+\dfrac{3}{4}\vec{a}-\dfrac{1}{12}(6\vec{a}-12\vec{b})=\dfrac{1}{4}\vec{a}+\dfrac{1}{2}\vec{b}+\dfrac{3}{4}\vec{a}-\dfrac{1}{2}\vec{a}+\vec{b}$

$$=\left(\frac{1}{4}+\frac{3}{4}-\frac{1}{2}\right)\vec{a}+\left(\frac{1}{2}+1\right)\vec{b}=\frac{1}{2}\vec{a}+\frac{3}{2}\vec{b}.$$

（2）原式 $=(\lambda+\mu)\vec{a}+(\lambda+\mu)\vec{b}-(\lambda-\mu)\vec{a}+(\lambda-\mu)\vec{b}$

$$=[(\lambda+\mu)-(\lambda-\mu)]\vec{a}+[(\lambda+\mu)+(\lambda-\mu)]\vec{b}=2\mu\vec{a}+2\lambda\vec{b}.$$

例 5 已知 $\vec{e}_1, \vec{e}_2$ 是共线向量，$\vec{a}=3\vec{e}_1+4\vec{e}_2$，$\vec{b}=6\vec{e}_1-8\vec{e}_2$，问 $\vec{a}$ 与 $\vec{b}$ 是否共线?

解 因为 $\vec{e}_1, \vec{e}_2$ 共线，所以存在 $\lambda\in\mathbf{R}$，使 $\vec{e}_1=\lambda\vec{e}_2$. 所以

$$\vec{a}=3\vec{e}_1+4\vec{e}_2=3\lambda\vec{e}_2+4\vec{e}_2=(3\lambda+4)\vec{e}_2,$$

$$\vec{b}=6\vec{e}_1-8\vec{e}_2=6\lambda\vec{e}_2-8\vec{e}_2=(6\lambda-8)\vec{e}_2,$$

所以 $\vec{a}=\dfrac{3\lambda+4}{6\lambda-8}\vec{b}\left(\lambda\neq\dfrac{4}{3}\right)$，所以 $\vec{a}$ 与 $\vec{b}$ 共线.

当 $\lambda=\dfrac{4}{3}$ 时，$\vec{b}=\vec{0}$，$\vec{a}$ 与 $\vec{b}$ 也共线.

知能迁移

***理论升华　整体建构**

1. 向量的加法运算：解决该类题目要灵活运用向量的运算律，注意各向量的起、终点以及向量起、终点字母的排列顺序，特别注意勿将 $\vec{0}$ 写成 0.

2. 用向量方法证明几何问题，首先要把几何问题中的边转化成相应的向量，通过向量的运算及其几何意义得到向量间的关系，然后再还原成几何问题.

3. 向量的加减运算主要有两种解法：一是直接利用向量加减运算法则；二是引入点 O，

将各向量统一用 $\overrightarrow{OA}$, $\overrightarrow{OB}$, $\overrightarrow{OC}$, $\overrightarrow{OD}$ 等表示进行化简. 方法一注意灵活恰当分组，方法二注意如 $\overrightarrow{OA}-\overrightarrow{OB}=\overrightarrow{BA}$，而不是 $\overrightarrow{AB}$.

4. 向量的线性运算类似于代数多项式的运算，实数运算中的去括号、移项、合并同类项、提取公因式等变形手段在向量线性运算中同样适用. 在运算过程中要注意多观察，恰当分组，简化运算.

活页作业

***运用知识　强化练习**

练习 4.2

1. 如图所示：在平行四边形 $ABCD$ 中，

（1）$\overrightarrow{AB}+\overrightarrow{AD}$ = ___________；

（2）$\overrightarrow{AC}+\overrightarrow{CD}+\overrightarrow{DO}$ = ___________；

（3）$\overrightarrow{AB}+\overrightarrow{AD}+\overrightarrow{CD}$ = ___________；

（4）$\overrightarrow{AC}+\overrightarrow{BA}+\overrightarrow{DA}$ = ___________.

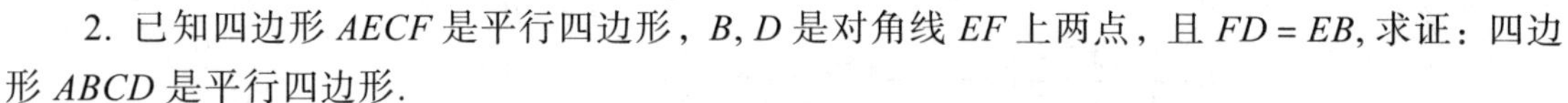

2. 已知四边形 $AECF$ 是平行四边形，B, D 是对角线 EF 上两点，且 $FD=EB$, 求证：四边形 $ABCD$ 是平行四边形.

3. 下列等式中：

① $\vec{0}+\vec{a}=\vec{a}$；② $\vec{a}+(\vec{b}+\vec{c})=(\vec{a}+\vec{c})+\vec{b}$；③ $\overrightarrow{AB}+\overrightarrow{BA}\neq\vec{0}$；④ $\overrightarrow{AC}=\overrightarrow{DC}+\overrightarrow{AB}+\overrightarrow{BD}$.

其中不正确的有___________.

4. 设 $\vec{a}=(\overrightarrow{AB}+\overrightarrow{CD})+(\overrightarrow{BC}+\overrightarrow{DA})$, $\vec{b}$ 是任一非零向量，则下列结论中：

① $\vec{a}\quad\vec{b}$；② $\vec{a}+\vec{b}=\vec{a}$；③ $\vec{a}+\vec{b}=\vec{b}$；④ $|\vec{a}+\vec{b}|<|\vec{a}|+|\vec{b}|$；⑤ $|\vec{a}+\vec{b}|=|\vec{a}|+|\vec{b}|$.

正确的有___________.

4.3　平面向量的基本定理及坐标表示

自主学习

基础自测

计算：$\vec{F}+\vec{F}+\vec{F}+\vec{F}$ = ______.

答案： $4\vec{F}$.

新知学习

***创设情景　兴趣导入**

问题

多个向量和的 K（K 为常数）倍，该怎样运算呢？

***动脑思考　探索新知**

定理

平面向量的基本定理　如果$\vec{e}_1$，$\vec{e}_2$是同一平面内的两个不共线向量，那么对于这一平面内的任一向量$\vec{a}$，存在唯一一对有序实数(x, y)，使$\vec{a}=x\vec{e}_1+y\vec{e}_2$.

这里$\{\vec{e}_1,\vec{e}_2\}$称为这一平面内所有向量的一组基底，$\vec{e}_1,\vec{e}_2$称为基向量.

注意:（1）$\vec{e}_1$，$\vec{e}_2$均是非零向量，必须不共线，且它是这一平面内所有向量的一组基底.

（2）基底不唯一，当基底给定时，分解形式唯一；x, y是被$\vec{a}$，$\vec{e}_1$，$\vec{e}_2$唯一确定的数量.

（3）由定理可将任一向量$\vec{a}$在给出基底$\vec{e}_1$，$\vec{e}_2$的条件下进行分解；同一平面内任一向量都可以表示为两个不共线向量的线性组合.

（4）$y=0$时，$\vec{a}$与$\vec{e}_1$共线；$x=0$时，$\vec{a}$与$\vec{e}_2$共线；$x=y=0$时，$\vec{a}=\vec{0}$.

正交分解　一个平面向量用一组基底$\vec{e}_1$，$\vec{e}_2$表示成$\vec{a}=x\vec{e}_1+y\vec{e}_2$的形式，我们称它为向量$\vec{a}$的分解，当$\vec{e}_1,\vec{e}_2$所在直线互相垂直时，这种分解也称为向量$\vec{a}$的正交分解.

共面向量的基本定理　如果两个向量$\vec{a}$，$\vec{b}$不共线，那么向量$\vec{p}$与向量$\vec{a}$，$\vec{b}$共面的充要条件是：存在唯一实数对x, y，使$\vec{p}=x\vec{a}+y\vec{b}$.

运算

1. 平面向里的坐标表示.

在平面直角坐标系中，分别取与x轴、y轴方向相同的两个单位向量$\vec{i}$，$\vec{j}$作为基底，设$\vec{a}$为坐标平面内的任意向量，以坐标原点O为起点作向量$\overrightarrow{OP}=\vec{a}$. 由平面向量的基本定理可知，有且只有一对实数$x, y$，使得

$$\overrightarrow{OP}=x\vec{i}+y\vec{j}.$$

因此，$\vec{a}=x\vec{i}+y\vec{j}$.

我们把实数对(x, y)叫做向量$\vec{a}$的坐标，记作：$\vec{a}=(x, y)$.

显然，其中(x, y)就是点P的坐标. 向量$\overrightarrow{OP}$称为点P的位置向量. 所以

$$|\vec{a}|=\sqrt{x^2+y^2}.$$

2. 共线向量的充要条件：若$\vec{a}=(x_1, y_1)$，$\vec{b}=(x_2, y_2)$，

归纳

向量平行（共线）的充要条件的两种表达形式：

$$\vec{a}\,//\,\vec{b}\ (\vec{b}\neq\vec{0})\Leftrightarrow\begin{cases}\vec{a}=\lambda\vec{b}\\ x_1y_2-x_2y_1=0\end{cases}.$$

注意:（1）消去λ时不能两式相除，因为y_1, y_2有可能为0. 因为$\vec{b}\neq\vec{0}$，所以x_2, y_2中至少有一个不为0.

（2）这个条件不能写成$\dfrac{y_1}{x_1}=\dfrac{y_2}{x_2}$，因为$x_1, x_2$有可能为0.

（3）向量共线的两种判定方法：

$$\vec{a} /\!/ \vec{b}\ (\vec{b} \neq \vec{0}) \Leftrightarrow \begin{cases} \vec{a} = \lambda \vec{b} \\ x_1 y_2 - x_2 y_1 = 0 \end{cases}.$$

即若存在两个不全为 0 的实数 λ, μ 使得 $\lambda\vec{a} + \mu\vec{b} = \vec{0}$，那么 $\vec{a}$ 与 $\vec{b}$ 为共线向量. 零向量与任意向量共线.

3. 数轴上的基向量.

（1）与向量 $\vec{a}$ 同方向的单位向量为 $\vec{e} = \dfrac{\vec{a}}{|\vec{a}|}$.

（2）数轴上的基向量 $\vec{e}$ 概念.

（3）数轴上向量的坐标：数轴上向量 $\vec{a}$，一定存在一个实数 x，使得 $\vec{a} = x\vec{e}$，那么 x 称为向量 $\vec{a}$ 的坐标. 设点 A, B 是数轴上的两点，其坐标分别为 x_1 和 x_2，那么向量 $\overrightarrow{AB}$ 的坐标为 $\overrightarrow{AB} = x_2 - x_1$. 由此得 A, B 两点之间的距离为 $|AB| = |x_1 - x_2|$.

典例剖析

例 1 在▱$ABCD$ 中，设 $\overrightarrow{AC} = \vec{a}$，$\overrightarrow{BD} = \vec{b}$，试用 $\vec{a}, \vec{b}$ 表示 $\overrightarrow{AB}$，$\overrightarrow{BC}$.

解 （方法一：转化法）如图所示，设 AC, BD 交于点 O，则有

$$\overrightarrow{AO} = \overrightarrow{OC} = \frac{1}{2}\overrightarrow{AC} = \frac{1}{2}\vec{a},$$

$$\overrightarrow{BO} = \overrightarrow{OD} = \frac{1}{2}\overrightarrow{BD} = \frac{1}{2}\vec{b}.$$

所以

$$\overrightarrow{AB} = \overrightarrow{AO} + \overrightarrow{OB} = \overrightarrow{AO} - \overrightarrow{BO} = \frac{1}{2}\vec{a} - \frac{1}{2}\vec{b};$$

$$\overrightarrow{BC} = \overrightarrow{BO} + \overrightarrow{OC} = \frac{1}{2}\vec{a} + \frac{1}{2}\vec{b}.$$

（方法二：方程思想）设 $\overrightarrow{AB} = \vec{x}$，$\overrightarrow{BC} = \vec{y}$，则有

$$\overrightarrow{AB} + \overrightarrow{BC} = \overrightarrow{AC}, \quad \overrightarrow{AD} - \overrightarrow{AB} = \overrightarrow{BD}, \quad \overrightarrow{AD} = \overrightarrow{BC} = \vec{y},$$

故

$$\begin{cases} \vec{x} + \vec{y} = \vec{a} \\ \vec{y} - \vec{x} = \vec{b} \end{cases},$$

所以

$$\vec{x} = \frac{1}{2}\vec{a} - \frac{1}{2}\vec{b}, \quad \vec{y} = \frac{1}{2}\vec{a} + \frac{1}{2}\vec{b},$$

即

$$\overrightarrow{AB} = \frac{1}{2}\vec{a} - \frac{1}{2}\vec{b}, \quad \overrightarrow{BC} = \frac{1}{2}\vec{a} + \frac{1}{2}\vec{b}.$$

例 2 如图所示，已知▱$ABCD$ 中 M 为 AB 的中点，N 在 BD 上，$3BN = BD$. 求证：M, N, C 三点共线.

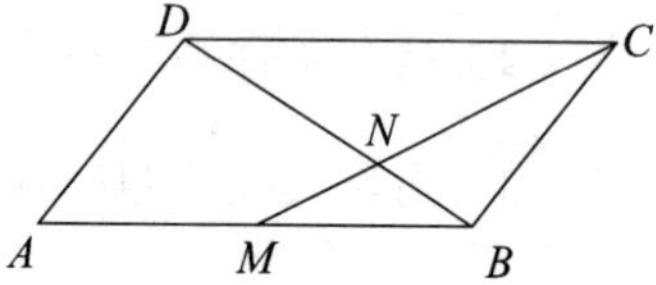

证明 设 $\overrightarrow{AB} = \vec{a}$，$\overrightarrow{AD} = \vec{b}$，则

$$\overrightarrow{BD} = \overrightarrow{BA} + \overrightarrow{AD} = -\vec{a} + \vec{b},$$

$$\overrightarrow{BN} = \frac{1}{3}\overrightarrow{BD} = -\frac{1}{3}\vec{a} + \frac{1}{3}\vec{b},$$

$$\overrightarrow{MB}=\frac{1}{2}\vec{a},$$

$$\overrightarrow{BC}=\overrightarrow{AD}=\vec{b},$$

所以 $\overrightarrow{MN}=\frac{1}{3}\overrightarrow{MC}$. 所以 $\overrightarrow{MN}//\overrightarrow{MC}$. 又 M 为公共点，所以 M, N, C 三点共线.

知能迁移

***理论升华　整体建构**

1. 要证明三点共线，除了几何方法之外，还可以利用向量，把几何证明转化为向量运算，从而使几何问题转化为代数问题. 灵活确定基底利于集中条件，建立图形之间的联系是向量法证明几何命题的关键.

2. 用基向量表示未知向量，一般有两种方法：一是直接利用基底，结合向量的线性运算，灵活应用三角形法则与平行四边形法则求解. 二是若直接用基底表示比较困难，利用“正难则反”的原则，采用方程思想.

活页作业

***运用知识　强化练习**

练习 4.3

1. 在▱$ABCD$ 中，$BD=\frac{1}{3}BC$，OD 与 BA 相交于点 E，求证：$BE=\frac{1}{4}BA$.

2. 设 M,N,P 分别是△ABC 三边上的点，$\overrightarrow{BM}=\frac{1}{3}\overrightarrow{BC}$，$\overrightarrow{CN}=\frac{1}{3}\overrightarrow{CA}$，$\overrightarrow{AP}=\frac{1}{3}\overrightarrow{AB}$，若 $\overrightarrow{AB}=\vec{a}$，$\overrightarrow{AC}=\vec{b}$，试用 $\vec{a},\vec{b}$ 将 $\overrightarrow{MN}$，$\overrightarrow{NP}$，$\overrightarrow{PM}$ 表示出来.

3. 设点 O 是▱$ABCD$ 两对角线的交点，下列向量组：① $\overrightarrow{AD}$ 与 $\overrightarrow{AB}$；② $\overrightarrow{DA}$ 与 $\overrightarrow{BC}$；③ $\overrightarrow{CA}$ 与 $\overrightarrow{DC}$；④ $\overrightarrow{OD}$ 与 $\overrightarrow{OB}$，可作为该平面其他向量基底的是_________.

4. 若 $\vec{a},\vec{b}$ 不共线，且 $(\lambda-1)\vec{a}+(\mu+1)\vec{b}=\vec{0}\,(\lambda,\mu\in\mathbf{R})$，则 $\lambda=$_______，$\mu=$_______.

5. 已知 $\vec{e}_1$，$\vec{e}_2$ 为不共线向量，

$$\vec{a}=\vec{e}_1+\vec{e}_2,\quad \vec{b}=3\vec{e}_1-2\vec{e}_2,\quad \vec{c}=-2\vec{e}_1+3\vec{e}_2,$$

且 $\vec{a}=m\vec{b}+n\vec{c}$，则 $m+n=$_________.

6. 如图所示，D 是 BC 边的一个四等分点，试用基底 $\overrightarrow{AB}$，$\overrightarrow{AC}$ 表示 $\overrightarrow{AD}$.

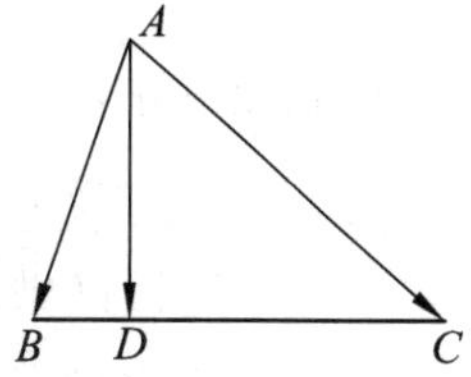

4.4 平面向量的数量积

自主学习

基础自测

求 $3\vec{a}+(\vec{a}-\vec{b})$ = __________； $3\vec{a}+4(\vec{a}-\vec{b})$ = _________.

答案： $4\vec{a}-\vec{b}$ ， $7\vec{a}-4\vec{b}$.

新知学习

＊创设情景　兴趣导入

问题

向量加减、向量数乘的结果仍为向量，那么向量与向量的乘积是什么呢？

＊动脑思考　探索新知

概念

已知两个非零向量 $\vec{a}$ 和 $\vec{b}$,它们夹角为 θ ,我们把数量 $|\vec{a}|\cdot|\vec{b}|\cdot\cos\theta$ 叫做 $\vec{a}$ 与 $\vec{b}$ 的数量积(或内积）. 记作： $\vec{a}\cdot\vec{b}=|\vec{a}|\cdot|\vec{b}|\cdot\cos\theta$.

规定： 零向量与任一向量的数量积为 0，即 $\vec{a}\cdot\vec{b}=0$.

$\vec{a}\cdot\vec{b}$ 不能省略写成 $\vec{a}\vec{b}$ 或 $\vec{a}\times\vec{b}$ 的形式. 由此看出，两个向量的数量积是一个数量，这个数量的大小与两个向量的长度及其夹角有关.

几何意义

数量积 $\vec{a}\cdot\vec{b}$ 等于 $\vec{a}$ 的长度 $|\vec{a}|$ 与 $|\vec{b}|$ 在 $|\vec{a}|$ 方向上的投影 $|\vec{b}|\cdot\cos\theta$ 的乘积.

运算律

（1）交换律： $\vec{a}\cdot\vec{b}=\vec{b}\cdot\vec{a}$.

（2） $(\lambda\vec{a})\cdot\vec{b}=\lambda(\vec{a}\cdot\vec{b})=\vec{a}\cdot(\lambda\vec{b})$.

（3） $(\vec{a}+\vec{b})\cdot\vec{c}=\vec{a}\cdot\vec{c}+\vec{b}\cdot\vec{c}$.

设 $\vec{a}$, $\vec{b}$ 都是非零向量， $\vec{e}$ 是与 $\vec{b}$ 方向相同的单位向量， θ 是 $\vec{a}$ 与 $\vec{e}$ 的夹角，则

（1） $\vec{e}\cdot\vec{a}=\vec{a}\cdot\vec{e}=|\vec{a}|\cos\theta$.

（2） $\vec{a}\perp\vec{b}\Leftrightarrow\vec{a}\cdot\vec{b}=0$.

（3） $\vec{a}//\vec{b}\Leftrightarrow x_2y_1-x_1y_2=0$.

（4）当 $\vec{a}$, $\vec{b}$ 同向时， $\vec{a}\cdot\vec{b}=|\vec{a}|\cdot|\vec{b}|$ ；当 $\vec{a}$, $\vec{b}$ 反向时， $\vec{a}\cdot\vec{b}=-|\vec{a}|\cdot|\vec{b}|$.

特别地， $\vec{a}\cdot\vec{a}=|\vec{a}|^2$ 或 $|\vec{a}|=\sqrt{\vec{a}\cdot\vec{a}}$.

（5） $\cos\theta=\dfrac{\vec{a}\cdot\vec{b}}{|\vec{a}|\cdot|\vec{b}|}$.

（6） $|\vec{a}\cdot\vec{b}|\leqslant|\vec{a}|\cdot|\vec{b}|$.

典例剖析

例 1　已知两单位向量 $\vec{a}$ 与 $\vec{b}$ 的夹角为 120°，若 $\vec{c}=2\vec{a}-\vec{b}$ ，$\vec{d}=3\vec{b}-\vec{a}$ ，试求 $\vec{c}$ 与 $\vec{d}$ 的夹角.

解析　由题意，$|\vec{a}|=|\vec{b}|=1$，且 $\vec{a}$ 与 $\vec{b}$ 的夹角为 120°，所以，

$$\vec{a}\cdot\vec{b}=|\vec{a}||\vec{b}|\cos120°=-\frac{1}{2},$$

因为

$$|\vec{c}|^2=\vec{c}\cdot\vec{c}=(2\vec{a}-\vec{b})\cdot(2\vec{a}-\vec{b})=4\vec{a}^2-4\vec{a}\cdot\vec{b}+\vec{b}^2=7,$$

所以 $|\vec{c}|=\sqrt{7}$. 同理可得，$|\vec{d}|=\sqrt{13}$. 而

$$\vec{c}\cdot\vec{d}=(2\vec{a}-\vec{b})\cdot(3\vec{b}-\vec{a})=7\vec{a}\cdot\vec{b}-3\vec{b}^2-2\vec{a}^2=-\frac{17}{2},$$

设 θ 为 $\vec{c}$ 与 $\vec{d}$ 的夹角，则

$$\cos\theta=-\frac{17}{2\sqrt{7}\sqrt{13}}=-\frac{17\sqrt{91}}{182}.$$

例 2　已知向量 $\vec{a}=(2,3)$ ，$\vec{b}=(x,6)$ ，且 $\vec{a}//\vec{b}$ ，则 $x=$ ________.

解析　$\because \vec{a}//\vec{b}$ ，$\therefore x_1y_2=x_2y_1$ ，$\therefore 2\cdot6=3x$ ，$\therefore x=4$.

例 3　已知 $\vec{a}=(4,3)$ ，$\vec{b}=(-1,2)$ ，$\vec{m}=\vec{a}-\lambda\vec{b}$ ，$\vec{n}=2\vec{a}+\vec{b}$ ，试按下列条件求实数 λ 的值：（1）$\vec{m}\perp\vec{n}$；（2）$\vec{m}//\vec{n}$；（3）$|\vec{m}|=|\vec{n}|$.

解析　$\vec{m}=\vec{a}-\lambda\vec{b}=(4+\lambda,3-2\lambda),\ \vec{n}=2\vec{a}+\vec{b}=(7,8)$，所以：

（1）$\vec{m}\perp\vec{n}\Rightarrow(4+\lambda)\times7+(3-2\lambda)\times8=0\Rightarrow\lambda=-\dfrac{52}{9}$；

（2）$\vec{m}//\vec{n}\Rightarrow(4+\lambda)\times8-(3-2\lambda)\times7=0\Rightarrow\lambda=\dfrac{1}{2}$；

（3）$|\vec{m}|=|\vec{n}|\Rightarrow\sqrt{(4+\lambda)^2+(3-2\lambda)^2}=\sqrt{7^2+8^2}\Rightarrow5\lambda^2-4\lambda-88=0\Rightarrow\lambda=\dfrac{2\pm2\sqrt{11}}{5}$.

知能迁移

***理论升华　整体建构**

1. 向量运算律不能照搬实数运算律.
2. 对向量式不能随便约分.
3. 向量的数量积可以处理有关长度、角度、垂直的问题.

活页作业

***运用知识　强化练习**

练习 4.4

1. 判断下列命题的真假：

（1）当 $\vec{a}\neq\vec{0}$，若 $\vec{a}\cdot\vec{b}=0$，则 $\vec{b}=\vec{0}$；

（2）$\vec{a}\cdot\vec{c}=\vec{b}\cdot\vec{c}$ 且 $\vec{c}\neq\vec{0}$，则 $\vec{a}=\vec{b}$；

（3）$(\vec{a}\cdot\vec{b})\vec{c}=\vec{a}(\vec{b}\cdot\vec{c})$.

2. 已知 $|\vec{a}|=6$，$|\vec{b}|=4$，$\vec{a}$ 与 $\vec{b}$ 的夹角为 60°，求 $(\vec{a}+2\vec{b})\cdot(\vec{a}-3\vec{b})$.

3. 设 $\vec{m}=\vec{a}(\vec{b}\cdot\vec{c})-\vec{b}(\vec{a}\cdot\vec{c})$，求证：$\vec{m}\perp\vec{c}$.

4.5 向量的应用

自主学习

基础自测

若非零向量 $\vec{a}$ 与 $\vec{b}$ 共线，则以下说法正确的是（　　）.

A. $\vec{a}$ 与 $\vec{b}$ 必须在同一直线上　　B. $\vec{a}$ 与 $\vec{b}$ 平行，且方向必须相同

C. $\vec{a}$ 与 $\vec{b}$ 平行，且方向必须相反　　D. $\vec{a}$ 与 $\vec{b}$ 平行

答案：D

新知学习

***创设情景　兴趣导入**

问题

向量可以解决哪些问题？

应用

1. 平行问题、相似问题.
2. 求模问题.
3. 垂直问题.
4. 求角问题.
5. 与函数、三角、几何、物理等的关系.

典例剖析

平面向量在几何中的应用

例 1　已知两点 $M(-1,0)$，$N(1,0)$，且点 $P(x,y)$ 使 $\overrightarrow{MP}\cdot\overrightarrow{MN}$，$\overrightarrow{PM}\cdot\overrightarrow{PN}$，$\overrightarrow{NM}\cdot\overrightarrow{NP}$ 成公差小于零的等差数列.

（1）求证 $x^2+y^2=3\,(x>0)$；

（2）若点 P 的坐标为 (x_0,y_0)，记 $\overrightarrow{PM}$ 与 $\overrightarrow{PN}$ 的夹角为 θ，求 $\tan\theta$.

解析　（1）略解：$\overrightarrow{PM}\cdot\overrightarrow{PN}=x^2+y^2-1$，由直接法得

$$x^2+y^2=3\,(x>0).$$

（2）如图所示，当 P 不在 x 轴上时，

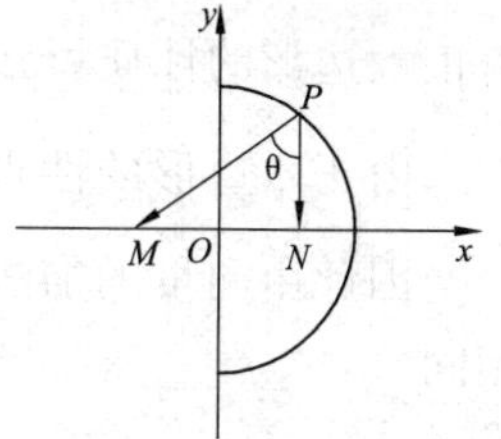

$$S_{\triangle PMN}=\frac{1}{2}\left|\overrightarrow{PM}\right|\left|\overrightarrow{PN}\right|\sin\theta=\frac{1}{2}\overrightarrow{PM}\cdot\overrightarrow{PN}\tan\theta=\frac{1}{2}\left|\overrightarrow{MN}\right|\left|y_0\right|.$$

而

$$\overrightarrow{PN}\cdot\overrightarrow{PM}=(-1-x_0,-y_0)\cdot(1-x_0,-y_0)=x_0^2+y_0^2-1=2,$$

$$\left|\overrightarrow{MN}\right|=2,$$

所以

$$\tan\theta=\left|y_0\right|.$$

当 P 在 x 轴上时，$y_0=0,\ \tan\theta=0$，上式仍成立.

点评：由正弦面积公式 $S=\frac{1}{2}\left|\vec{a}\right|\left|\vec{b}\right|\sin\theta=\frac{1}{2}\left|\vec{a}\right|\left|\vec{b}\right|\cos\theta\tan\theta=\frac{1}{2}\vec{a}\cdot\vec{b}\tan\theta$ 得到了三角形面积与数量积之间的关系，由面积相等法建立等量关系.

例 2 用向量法证明：直径所对的圆周角是直角.

已知：如图所示，AB 是⊙O 的直径，点 P 是⊙O 上任一点（不与 A,B 重合），求证：$\angle APB=90°$.

证明 联结 OP，设向量 $\overrightarrow{OA}=\vec{a}$，$\overrightarrow{OP}=\vec{b}$，则

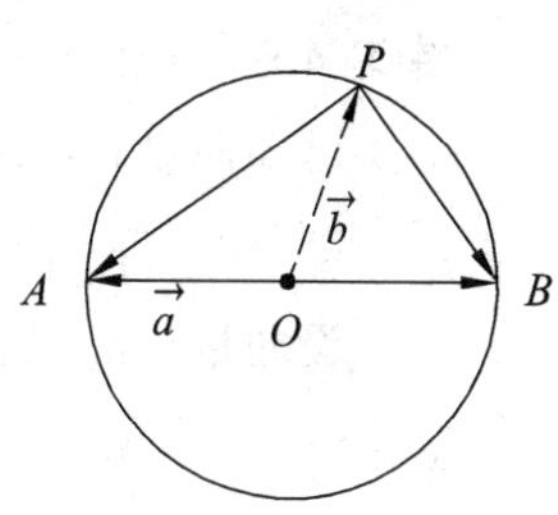

$$\overrightarrow{OB}=-\vec{a},$$

且

$$\overrightarrow{PA}=\overrightarrow{OA}-\overrightarrow{OP}=\vec{a}-\vec{b},$$
$$\overrightarrow{PB}=\overrightarrow{OB}-\overrightarrow{OP}=-\vec{a}-\vec{b},$$

所以

$$\overrightarrow{PA}\cdot\overrightarrow{PB}=\vec{b}^2-\vec{a}^2=\left|\vec{b}\right|^2-\left|\vec{a}\right|^2=0.$$

所以 $\overrightarrow{PA}\perp\overrightarrow{PB}$，即 $\angle APB=90°$.

点评：平面向量是解决数学问题的一个很好的工具，它具有良好的运算能力和清晰的几何意义，在数学的各个分支和相关学科中有着广泛的应用.

平面向量在物理中的应用

例 3 如图所示，正六边形 $PABCDE$ 的边长为 b，有五个力 $\overrightarrow{PA}$，$\overrightarrow{PB}$，$\overrightarrow{PC}$，$\overrightarrow{PD}$，$\overrightarrow{PE}$ 作用于同一点 P，求五个力的合力.

解析 所求五个力的合力为 $\overrightarrow{PA}+\overrightarrow{PB}+\overrightarrow{PC}+\overrightarrow{PD}+\overrightarrow{PE}$，如图所示，以 $\overrightarrow{PA}$，$\overrightarrow{PE}$ 为边作平行四边形 $PAOE$，则

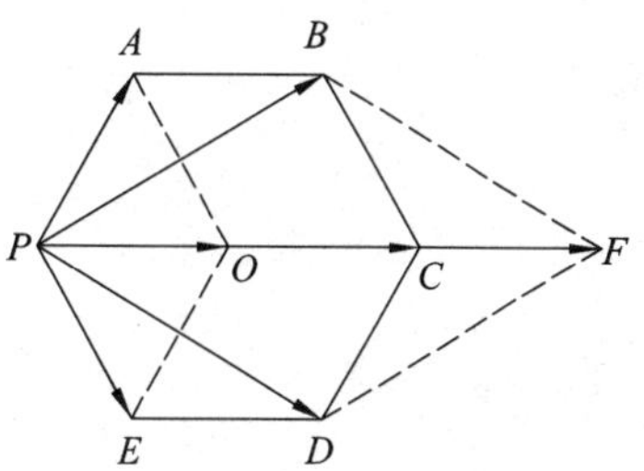

$$\overrightarrow{PO}=\overrightarrow{PA}+\overrightarrow{PE}.$$

由正六边形的性质可知 $\left|\overrightarrow{PO}\right|=\left|\overrightarrow{PA}\right|=b$，且 O 点在 $\overrightarrow{PC}$ 上. 以 $\overrightarrow{PB}$，$\overrightarrow{PD}$ 为边作平行四边形 $PBFD$，则

$$\overrightarrow{PF}=\overrightarrow{PB}+\overrightarrow{PD}.$$

由正六边形的性质可知$\left|\overrightarrow{PF}\right|=3b$，且点$F$在$\overrightarrow{PC}$的延长线上.

由正六边形的性质还可求得$\left|\overrightarrow{PC}\right|=2b$.

因此由向量的加法可知，所求五个力的合力的大小为$b+2b+3b=6b$，方向与$\overrightarrow{PC}$的方向相同.

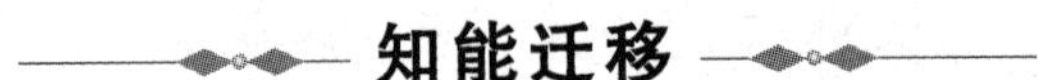

知能迁移

***理论升华　整体建构**

平面向量是解决数学问题的一个很好的工具,它具有良好的运算能力和清晰的几何意义，在数学的各个分支和相关学科中有着广泛的应用.

活页作业

***运用知识　强化练习**

练习 4.5

（1）已知向量$\vec{a}$与$\vec{b}$的夹角为120°，$|\vec{a}|=3$, $|\vec{a}+\vec{b}|=\sqrt{13}$，则$|\vec{b}|$等于（　　）

A. 5　　B. 4　　C. 3　　D. 1

（2）设向量$\vec{a},\vec{b},\vec{c}$满足$\vec{a}+\vec{b}+\vec{c}=\vec{0},\vec{a}\perp\vec{b},|\vec{a}|=1,|\vec{b}|=2$,则$|\vec{c}|^2=$（　　）

A. 1　　B. 2　　C. 4　　D. 5

知识链接

【知识链接】**通过对第 4 章的学习，我们一起来解决本章开头提出的问题.**

如图所示，$i=2\sqrt{2}\sin(100\pi t+0°)$，$R=3\,\Omega$，$x_C$(容抗)$=4\,\Omega$，求$U_{ac}$.

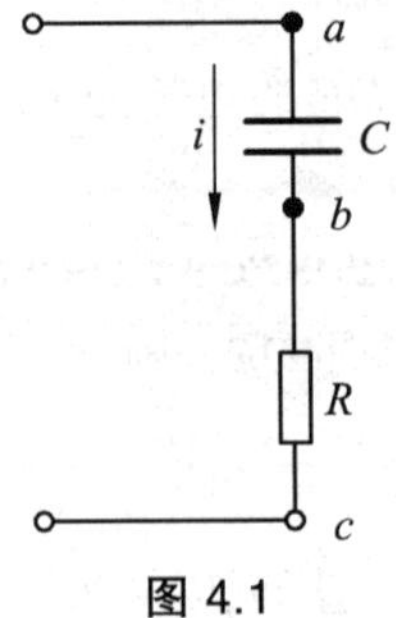

图 4.1

解　电阻的电流和电压方向是相同的，而电容的电压滞后电流 90°，绘出电流电压图. 最大电流、最大电压值分别是它们有效值的 $\sqrt{2}$ 倍，即

$$I_{\mathrm{M}}=\sqrt{2}I\ ,\quad U_{\mathrm{M}}=\sqrt{2}U\ ,$$

所以

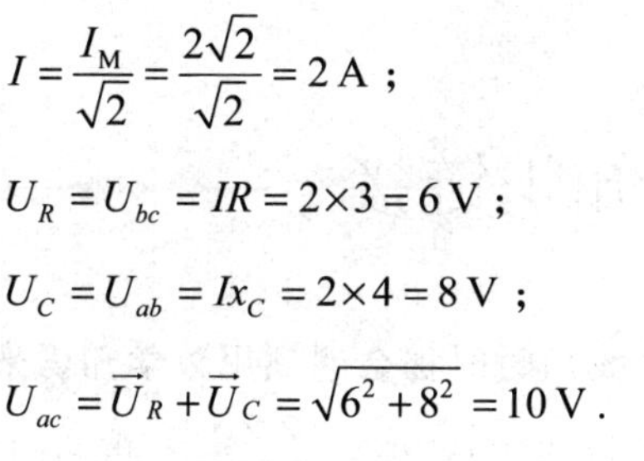

$$I=\frac{I_{\mathrm{M}}}{\sqrt{2}}=\frac{2\sqrt{2}}{\sqrt{2}}=2\ \mathrm{A}\ ;$$

$$U_R=U_{bc}=IR=2\times3=6\ \mathrm{V}\ ;$$

$$U_C=U_{ab}=Ix_C=2\times4=8\ \mathrm{V}\ ;$$

$$U_{ac}=\vec{U}_R+\vec{U}_C=\sqrt{6^2+8^2}=10\ \mathrm{V}\ .$$

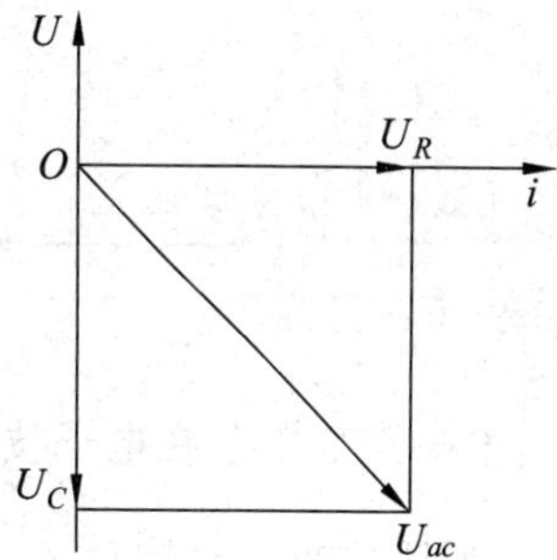

第 5 章　复　数

知识链接

【知识链接】**在电子技术应用中，我们时时都会遇到用数学知识来计算的问题.** 例如：

如图所示，把阻抗 Z_1 与阻抗 Z_2 并联成阻抗 $Z_{12}=\dfrac{Z_1Z_2}{Z_1+Z_2}$，再与阻抗 Z_3 串联，总阻抗 $Z=Z_{12}+Z_3$，请求总阻抗 Z.

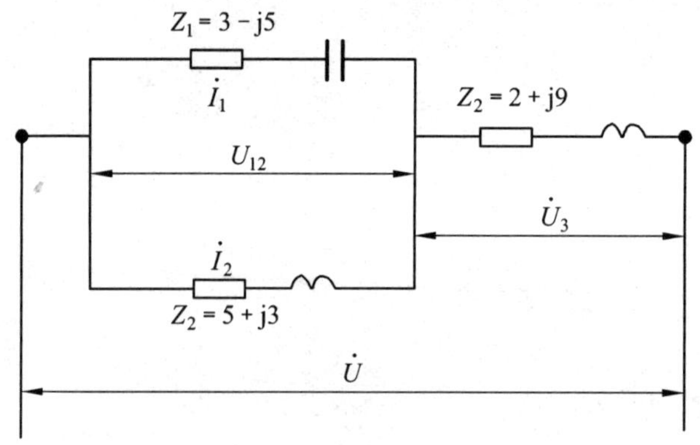

上图所示的 $Z_1=3-\text{j}5$ 就是用数学中的“复数”表示的，为了计算这道题，下面请跟我们一起来学习吧.

5.1　复数概念

自主学习

问题情境

***创设情景　兴趣导入**

4 的平方根为±2，那么 1 的算术平方根为？ −1 的平方根呢？

数系的产生与发展

数系的第一次扩展：正整数；

数系的第二次扩展：引进数 0，构成了自然数；

数系的第三次扩展：引进了分数；

数系的第四次扩展：引进负数，整数和分数构成有理数系；

数系的第五次扩展：引进无理数，有理数和无理数就构成了实数系；

数系的第六次扩展：引进虚数，实数与虚数就构成了复数系.

学生活动

学生思考、讨论.

建构数学

***动脑思考　探索新知**

复数与复数集

虚数单位 i，规定：$i^2=-1$.

形如 $a+bi$ $(a, b\in \mathbf{R})$ 的数称为复数，常用字母 z 表示，即

$$z=a+bi\ (a,b\in \mathbf{R})$$

其中 a 称为复数 z 的实部，b 称为复数 z 的虚部.

全体复数组成的集合称为复数集，用字母 $\mathbf{C}$ 表示，即

$$\mathbf{C}=\{z\,|\,z=a+bi, a,b\in \mathbf{R}\}$$

复数 z 表示成 $a+bi$ $(a, b\in \mathbf{R})$ 的形式称为复数的代数形式.

规定：$0+0i=0$，$0+bi=bi$.

如果两个复数的实部相等，虚部也相等，我们就说这**两个复数相等**. 即若 $a,b,c,d\in \mathbf{R}$，则

$$a+bi=c+di \Leftrightarrow \begin{cases} a=c \\ b=d \end{cases}.$$

把数系扩展到复数系后，复数的分类如下：

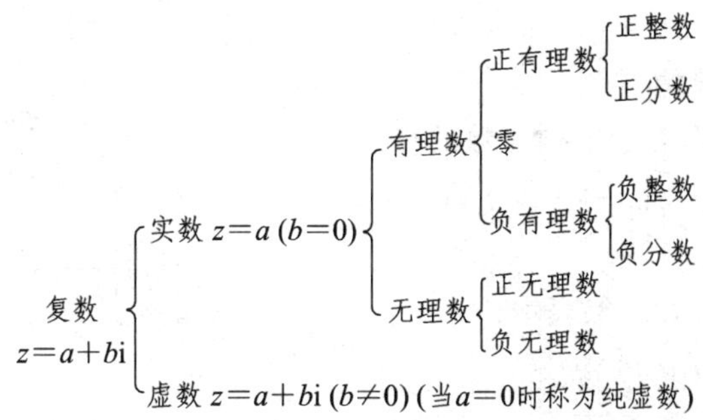

复数的几何形式

用平面直角坐标系中的点 $Z(a,b)$ 来表示复数 $z=a+b\mathrm{i}$，也可以用复数 $z=a+b\mathrm{i}$ 来描述平面直角坐标系中的点 $Z(a,b)$．点 Z 的横坐标是 a，纵坐标是 b，它表示复数 $z=a+b\mathrm{i}$．我们把这种建立了直角坐标系并用来表示复数的平面称为复平面．这时，x 轴称为实轴，y 轴称为虚轴.显然，实轴上的点都表示实数；除了原点外，虚轴上的点都表示纯虚数．

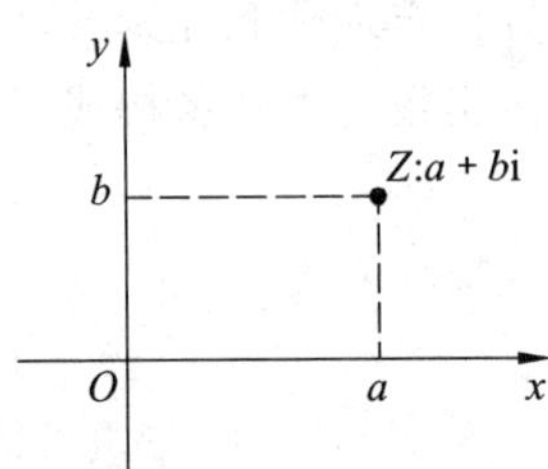

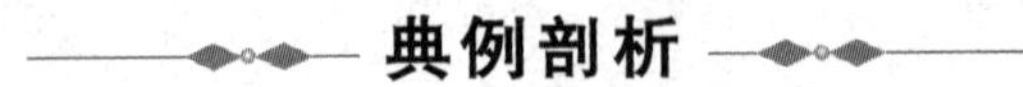

典例剖析

例 1　指出下列各数中哪些是实数？哪些是虚数？哪些是纯虚数？并分别指出它们的实部与虚部：

$3-3\mathrm{i}, \sqrt{5}, 4\mathrm{i}^2, (6+\sqrt{3})\mathrm{i}$.

解　$4\mathrm{i}^2=-4$, $\sqrt{5}$ 是实数；$3-3\mathrm{i}$, $(6+\sqrt{3})\mathrm{i}$ 是虚数；$(6+\sqrt{3})\mathrm{i}$ 是纯虚数．它们的实部与虚部如下表所示：

复数	实部	虚部
$3-3\mathrm{i}$	3	-3
$\sqrt{5}$	$\sqrt{5}$	0
$4\mathrm{i}^2$	-4	0
$(6+\sqrt{3})\mathrm{i}$	0	$6-\sqrt{3}$

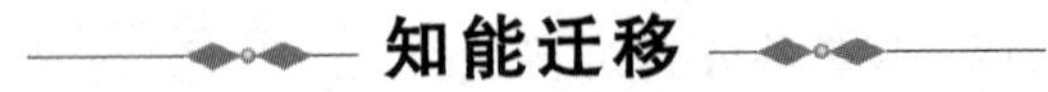

知能迁移

***理论升华　整体建构**

在复平面上分别描出表示下列复数的点：

$z_1=2-3\mathrm{i}$ ， $z_2=\sqrt{5}\mathrm{i}$ ， $z_3=-3$ ， $z_4=-1+3\mathrm{i}$.

解　如图所示：

复数 $z_1=2-3\mathrm{i}$ 用点 $A(2,-3)$ 表示；

复数 $z_2=\sqrt{5}\mathrm{i}$ 用点 $B(0,\sqrt{5})$ 表示；

复数 $z_3=-3$ 用点 $C(-3,0)$ 表示；

复数 $z_4=-1+3i$ 用点 $D(-1,3)$ 表示.

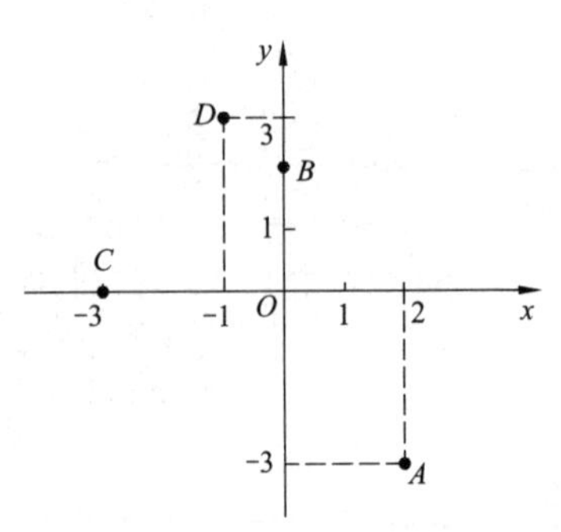

活页作业

***运用知识　强化练习**

练习 5.1

指出下列各数中哪些是实数？哪些是虚数？哪些是纯虚数？并分别指出它们的实部与虚部：

$-1-2\mathrm{i}$，$\sqrt{6}$，$8\mathrm{i}^2+1$，$(2-4\sqrt{3})\mathrm{i}$．

5.2　复数的运算

自主学习

建构数学

***动脑思考　探索新知**

复数的加法运算

设 $z_1=a+b\mathrm{i}$，$z_2=c+d\mathrm{i}\ (a,b,c,d\in\mathbf{R})$是任意两个复数，则

$$z_1+z_2=(a+b\mathrm{i})+(c+d\mathrm{i})=(a+c)+(b+d)\mathrm{i}.$$

复数的加法满足交换律和结合律：

交换律：$z_1+z_2=z_2+z_1$．

结合律：$(z_1+z_2)+z_3=z_1+(z_2+z_3)$．

复数的减法运算

设 $z_1=a+b\mathrm{i}$，$z_2=c+d\mathrm{i}\ (a,b,c,d\in\mathbf{R})$是任意两个复数，则

$$z_1-z_2=(a+b\mathrm{i})-(c+d\mathrm{i})=(a-c)+(b-d)\mathrm{i}.$$

复数代数形式的乘法运算

设 $z_1=a+b\mathrm{i}, z_2=c+d\mathrm{i}\ (a,b,c,d\in\mathbf{R})$ 是任意两个复数，则

$$(a+b\mathrm{i})(c+d\mathrm{i})=ac+ad\mathrm{i}+bc\mathrm{i}+bd\mathrm{i}^2=(ac-bd)+(ad+bc)\mathrm{i}.$$

复数的乘法满足交换律、结合律以及乘法对加法的分配律：

交换律：$z_1z_2=z_2z_1$．

结合律：$(z_1z_2)z_3=z_1(z_2z_3)$．

乘法对加法的分配律：$z_1(z_2+z_3)=z_1z_2+z_1z_3$．

共轭复数

一般地，称复数 $a-b\text{i}$ 为 $z=a+b\text{i}$ 的共轭复数，用 $\overline{z}$ 表示，读作"z 的共轭复数"，即 $\overline{z}=a-b\text{i}$.

用图表示如下：

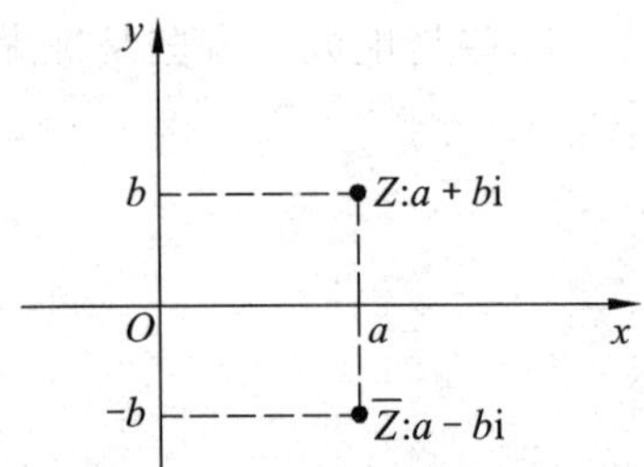

复数代数形式的除法运算

设 $z_1=a+b\text{i}, z_2=c+d\text{i}$（$a, b, c, d\in\mathbf{R}$ 且 c, d 不全为零）是任意两个复数，则

$$\frac{a+b\text{i}}{c+d\text{i}}=\frac{(a+b\text{i})(c-d\text{i})}{(c+d\text{i})(c-d\text{i})}=\frac{(ac+bd)+(bc-ad)\text{i}}{c^2+d^2}=\frac{ac+bd}{c^2+d^2}+\frac{bc-ad}{c^2+d^2}\text{i}.$$

典例剖析

例 1 计算：$(-3+5\text{i})+(2+\text{i})-(-1+2\text{i})$.

解 $(-3+5\text{i})+(2+\text{i})-(-1+2\text{i})=(-3+2+1)+(5+1-2)\text{i}=4\text{i}$.

例 2 计算：$(1-\text{i})^2$.

解 $(1-\text{i})^2=(1-\text{i})(1-\text{i})=1-2\text{i}+\text{i}^2=-2\text{i}$.

例 3 计算：$\frac{2+\text{i}}{1-\text{i}}$.

解 $\frac{2+\text{i}}{1-\text{i}}=\frac{(2+\text{i})(1+\text{i})}{(1-\text{i})(1+\text{i})}=\frac{2+2\text{i}+\text{i}+\text{i}^2}{1+\text{i}-\text{i}-\text{i}^2}=\frac{1+3\text{i}}{2}=\frac{1}{2}+\frac{3\text{i}}{2}$.

知能迁移

***理论升华　整体建构**

$\text{i}^{4n}=1$;

$\text{i}^{4n+1}=\text{i}$;

$\text{i}^{4n+2}=-1$;

$\text{i}^{4n+3}=-\text{i}$.

活页作业

***运用知识　强化练习**

练习 5.2

1. 计算：$2(3-\mathrm{i})\mathrm{i}$.
2. 计算：$(2+\mathrm{i})\mathrm{i}+(1-\mathrm{i})$.
3. 当 $2+a\mathrm{i}=3\mathrm{i}+2$ 时，计算 a 的值.
4. 设 $z=1-2\mathrm{i}$，试计算 $\dfrac{1}{z}$.

知识链接

【知识链接】**通过这次学习，我们一起来解决开头出现的问题.**

如图所示，把阻抗 Z_1 与阻抗 Z_2 并联成阻抗 $Z_{12}=\dfrac{Z_1Z_2}{Z_1+Z_2}$ ，再与阻抗 Z_3 串联，总阻抗 $Z=Z_{12}+Z_3$ ，请求总阻抗 Z .

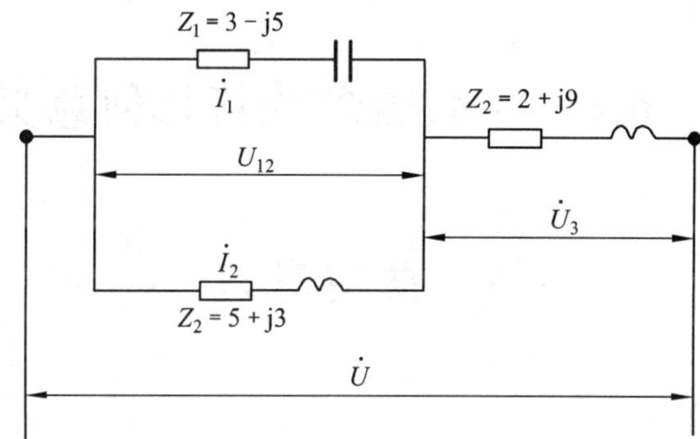

解　先求出 Z_1 和 Z_2 的并联阻抗 Z_{12} ，即

$$Z_{12}=\frac{Z_1Z_2}{Z_1+Z_2}$$

已知 $Z_1=3-\mathrm{j}5$ ，$Z_2=5+\mathrm{j}3$（复数 $z=a+b\mathrm{i}$ 中的 i 在电工学中用 j 来表示），所以

$$Z_{12}=\frac{(3-\mathrm{j}5)\times(5+\mathrm{j}3)}{(3-\mathrm{j}5)+(5+\mathrm{j}3)}=\frac{(30-\mathrm{j}16)}{(8-\mathrm{j}2)}$$
$$=\frac{(30-\mathrm{j}16)\times(8+\mathrm{j}2)}{8^2+2^2}=\frac{272-\mathrm{j}68}{68}=4-\mathrm{j}(\Omega)$$

总阻抗 $Z=Z_{12}+Z_3=(4-\mathrm{j})+(2+\mathrm{j}9)=6+\mathrm{j}8\,(\Omega)$.

第 6 章　导数及其应用

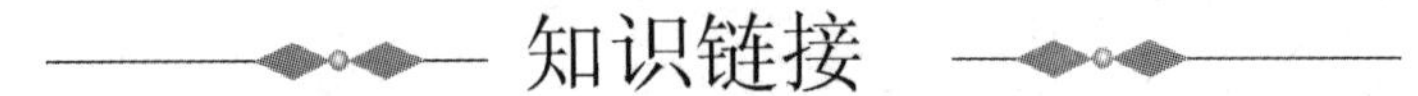

知识链接

【知识链接】**在电子技术应用中，我们时时都会遇到用数学知识来计算的问题.** 例如：

已知电容量 C 为 20×10^{-6}(F) 的电容两端所加电压 $u(t)=20\sin100t$(V)，u，i 为关联参考方向，已知 $i(t)=C\dfrac{\mathrm{d}u(t)}{\mathrm{d}t}$，试求电流 $i(t)$ 的表达式.

公式中所出现的 $\mathrm{d}u(t)$ 和 $\mathrm{d}t$ 就是数学中的“微分”，而“微分”的基础就是“导数”. 下面请跟我们一起来学习吧.

6.1　导数概念及其几何意义

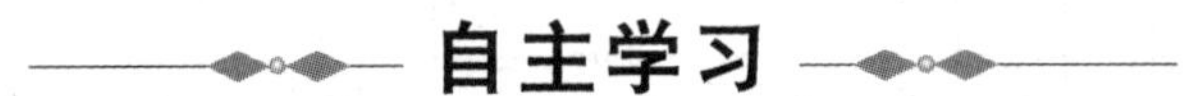

自主学习

问题情境

***创设情景　兴趣导入**

一个苹果分给 2 个人，每个人分多少？那么分给 100 个人呢？分给 100 万亿个人？分给无数个人呢？

学生活动

学生思考、讨论.

建构数学

***动脑思考　探索新知**

函数极限的概念

1. 当 x 的绝对值无限增大($x\to\infty$)时，函数 $f(x)$ 无限接近于一个确定的常数 A，则称 A

为函数 $f(x)$ 当 $x\to\infty$ 时的极限，记作 $\lim\limits_{x\to\infty}f(x)=A$（$x\to\infty$包括$x\to+\infty$和$x\to-\infty$）.

2. 当 x 无限趋近于 x_0 $(x\to x_0)$ 时，函数 $f(x)$ 无限接近于一个确定的常数 A，则称 A 为函数 $f(x)$ 当 $x\to x_0$ 时的极限，记作 $\lim\limits_{x\to x_0}f(x)=A$.

导数的概念

1. 函数的增量

设函数 $f(x)$ 的自变量 x 由 x_0 变到另一值 x_1，则 x_1-x_0 称为自变量的增量，记作 Δx，即

$$\Delta x=x_1-x_0.$$

当自变量 x 由 x_0 变到另一值 x_1 时，函数值由 y_0 变到另一值 y_1，则 y_1-y_0 称为函数的增量，记作 Δy，即

$$\Delta y=y_1-y_0=f(x_1)-f(x_0)\quad 或\quad \Delta y=f(x_0+\Delta x)-f(x_0).$$

例 已知 $y=2x^2$，求自变量 x 由 $x=2$ 变到 $x=3$ 时函数的增量.

解 $\Delta y=f(3)-f(2)=2\times3^2-2\times2^2=10$.

2. 导数的定义

设 $y=f(x)$ 在点 x_0 处的某个邻域内有定义，当自变量 x 在点 x_0 处有增量 Δx 时，函数有相应的增量 Δy，当 $\Delta x\to0$ 时，$\dfrac{\Delta y}{\Delta x}$ 的极限存在，称这个极限为函数 $y=f(x)$ 在点 x_0 处的导数，记作 $f'(x_0)$ 或 $y'\big|_{x=x_0}$，即

$$f'(x_0)=y'\big|_{x=x_0}=\lim_{\Delta x\to0}\frac{\Delta y}{\Delta x}=\lim_{\Delta x\to0}\frac{f(x_0+\Delta x)-f(x_0)}{\Delta x}$$

函数 $y=f(x)$ 在点 x_0 处的导数存在，简称函数 $f(x)$ 在点 x_0 处**可导**，否则称函数 $f(x)$ 在点 x_0 处**不可导.**

如果函数 $y=f(x)$ 在区间 (a,b) 内任一点处都可导，则称函数 $y=f(x)$ 在区间 (a,b) 内可导. 此时，对于每一个 $x\in(a,b)$，都有一个导数值 $f'(x)$ 与之对应，即 $f'(x)$ 也是 x 的函数，称它为原函数 $y=f(x)$ 的导函数，记作 y' 或 $f'(x)$.

在不致产生混淆的情况下，也把导函数简称为导数.

典例剖析

例 求函数 $y=x^2$ 的导数.

解 在点 x 处给自变量一个增量 Δx，相应的函数增量为

$$\Delta y=f(x+\Delta x)-f(x)=(x+\Delta x)^2-x^2=2x\Delta x+(\Delta x)^2,$$

则

$$y'=\lim_{\Delta x\to0}\frac{\Delta y}{\Delta x}=\lim_{\Delta x\to0}\frac{f(x+\Delta x)-f(x)}{\Delta x}=\lim_{\Delta x\to0}\frac{2x\Delta x+(\Delta x)^2}{\Delta x}=2x.$$

知能迁移

***理论升华　整体建构**

导数的几何意义 如图所示，**曲线在某点的导数 $f'(x_0)$ 表示曲线 $y=f(x)$ 在点 x_0 处的切线的斜率，即**

$$f'(x_0)=\tan\alpha,$$

其中 α 是切线的倾斜角. 曲线 $y=f(x)$ 在点 $M(x_0,y_0)$ 处的切线方程为

$$y-y_0=f'(x_0)(x-x_0).$$

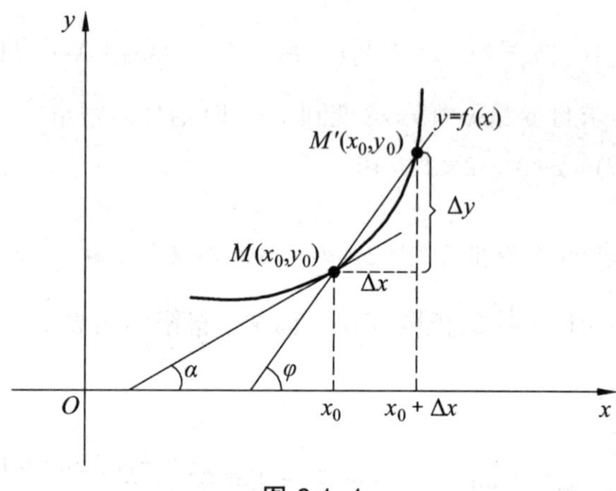

图 6.1–1

6.2　导数的运算

自主学习

问题情境

***创设景情　兴趣导入**

在某块地上种葡萄，若种 50 株，每株产葡萄 70 kg；若多种一株，每株减产 1 kg. 试问这块地种多少株葡萄才能使产量达到最大值？并求出这个最大值.

学生活动

学生思考、讨论.

建构数学

***动脑思考　探索新知**

几种基本函数的导数

1. 常数的导数：$c'=0$.

例　$3'=0$; $(\sqrt{2})'=0$.

2. 幂函数的导数：$(x^n)'=nx^{n-1}(n\in\mathbf{N}_+)$.

例　$(x^3)'=3x^{3-1}=3x^2$.

3. 多项式的导数：

$$(a_0x^n+a_1x^{n-1}+a_2x^{n-2}+\cdots)'=a_0nx^{n-1}+a_1(n-1)x^{n-2}+a_2(n-2)x^{n-3}+\cdots.$$

例　$(2x^2+3x^3-x+2)'=2\cdot 2x^{2-1}+3\cdot 3x^{3-1}-1\cdot 1x^{1-1}+0=4x+9x^2-1$.

4. $(\mathrm{e}^x)'=\mathrm{e}^x$.

5. $(\sin x)'=\cos x$.

6. $(\cos x)'=-\sin x$.

※【微分基本公式】

（1）$\mathrm{d}(c)=0$（c为常数）；　（2）$\mathrm{d}(x^\alpha)=\alpha x^{\alpha-1}\mathrm{d}x$；

（3）$\mathrm{d}(\sin x)=\cos x\mathrm{d}x$；　（4）$\mathrm{d}(\cos x)=-\sin x\mathrm{d}x$；

（5）$\mathrm{d}(\mathrm{e}^x)=\mathrm{e}^x\mathrm{d}x$.

函数的和、差、积、商的导数

1. 两个函数的和或差的导数.

两个函数的和或差的导数等于这两个函数的导数的和或差：

$$(u\pm v)'=u'\pm v'.$$

2. 两个函数的积的导数.

两个函数的积的导数等于第一个函数的导数乘以第二个函数，加上第一个函数乘以第二个函数的导数：

$$(uv)'=u'v+uv'.$$

3. 两个函数的商的导数.

两个函数的商的导数等于分子的导数与分母的积，减去分母的导数与分子的积，再除以分母的平方：

$$\left(\frac{u}{v}\right)'=\frac{u'v-v'u}{v^2}.$$

※【复合函数的求导法则】

设 $y=f[\varphi(x)]$ 是由 $y=f(u)$ 及 $u=\varphi(x)$ 复合而成的函数，且 $y'_u=\frac{\mathrm{d}y}{\mathrm{d}u}$，$u'_x=\frac{\mathrm{d}u}{\mathrm{d}x}$，则

$$\frac{\mathrm{d}y}{\mathrm{d}x}=\frac{\mathrm{d}y}{\mathrm{d}u}\cdot\frac{\mathrm{d}u}{\mathrm{d}x}\quad 或\quad y'_x=y'_u\cdot u'_x.$$

例如：$y=20\sin 100x$ 可看成由 $v=100x$，$u=\sin v$，$y=20u$ 复合而成，所以

$$\begin{aligned} y' &= y'_u \cdot u'_v \cdot v' = (20u)' \cdot (\sin v)' \cdot (100x)' \\ &= 20\times\cos v\times 100 \qquad （而 v=100x） \\ &= 20\times 100\times\cos 100x = 2000\cos 100x . \end{aligned}$$

典例剖析

例 1 求 $y=3x^3+5x^2+x+10$ 的导数.

解 $y'=9x^2+10x+1$.

例 2 设 $f(x)=x^2$，则 $\lim\limits_{h\to 0}\dfrac{f(1+2h)-f(1)}{h}=$ ________.

解 $\lim\limits_{h\to 0}\dfrac{f(1+2h)-f(1)}{h}=\lim\limits_{h\to 0}\dfrac{(1+2h)^2-1}{h}=\lim\limits_{h\to 0}\dfrac{4h+4h^2}{h}=\lim\limits_{h\to 0}(4+4h)=4$.

知能迁移

***理论升华　整体建构**

例 1 在某块地上种葡萄，若种 50 株，每株产葡萄 70 kg；若多种一株，每株减产 1 kg．试问这块地种多少株葡萄才能使产量达到最大值？并求出这个最大值.

解 设种 x ($x>50$)株葡萄时产量达到最大值 S，依题意得

$$S=\left[70-(x-50)\right]x=120x-x^2,$$

令 $S'=120-2x=0$，得 $x=60$. 则

$$S=120\times 60-60^2=3600\ \text{kg}.$$

例 2 要做一个形状为长方体的带盖箱子，其体积为 $72\,\text{cm}^3$，底面边长成 1：2 的关系，问各边长为多少时，箱子的表面积最小?

解 设箱子底面宽为 a cm，则长为 $2a$ cm，高为 $\dfrac{72}{2a^2}$ cm．又设箱子的表面积为 S，则

$$S=2\times 2a^2+(2a+a)\times 2\times\frac{72}{2a^2}=4a^2+\frac{216}{a}.$$

则

$$S'=8a-\frac{216}{a^2},$$

令 $S'=0$，即 $8a-\dfrac{216}{a^2}=0$，解得 $a=3$．又得 $2a=6$. 所以，箱子底面宽为 3 cm，长为 6 cm 时，箱子的表面积最小.

活页作业

***运用知识　强化练习**

练习 6.2

1. 求 $y=3x^3-2x^2+x-1$ 的导数.
2. 过抛物线 $y=x^2$ 上一点 P 的切线平行于直线 $y=4x-5$，求点 P 的坐标.
3. 曲线 $y=2x^4+3x$ 上一点 M 的切线平行于直线 $4x-y+1=0$，求过点 M 的切线方程.

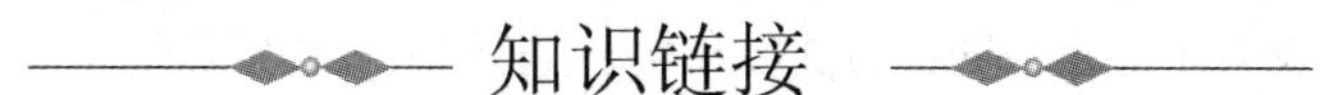

知识链接

【知识链接】**通过这次学习，我们一起来解决开头出现的问题**.

已知电容量 C 为 20×10^{-6}(F) 的电容两端所加电压 $u(t)=20\sin100t$(V)，u，i 为关联参考方向，已知 $i(t)=C\dfrac{\mathrm{d}u(t)}{\mathrm{d}t}$，试求电流 $i(t)$ 的表达式.

解　$$\begin{aligned} i(t)=C\frac{\mathrm{d}u(t)}{\mathrm{d}t}&=20\times10^{-6}\times\frac{\mathrm{d}(20\sin100t)}{\mathrm{d}t}\\ &=20\times10^{-6}\times20\times100\cos100t\\ &=0.04\cos100t\,(\mathrm{A}). \end{aligned}$$

第 7 章　概　率

知识链接

【知识链接】**在电子技术应用中，我们时时都会遇到用数学知识来计算的问题.** 例如：计算准确度等级为 1.5 级，量程为 250 V 电压表的最大绝对误差.

（注：仪表的准确度：$\pm K\% = \dfrac{\Delta_m}{A_m} \times 100\%$，其中，$K$ 表示准确度等级；Δ_m 表示最大绝对误差，Δ_m = 仪表的最大指示值 (A_m) − 被测量的实际值 (A_0)；A_m 表示仪表的最大指示值.）要解决上述问题，我们先进行 7.1 ~ 7.3 的学习.

7.1　事件与概率

自主学习

基础自测

下列事件中，哪些是必然发生的，哪些是可能发生的，哪些是不可能发生的？

（1）“抛一石块，下落”；

（2）“在标准大气压下且温度低于 0℃时，冰融化”；

（3）“某人射击一次，中靶”；

（4）“如果 $a>b$，那么 $a-b>0$”；

（5）“掷一枚硬币，出现正面”；

（6）“导体通电后，发热”；

（7）“从分别标有号数 1, 2, 3, 4, 5 的五张标签中任取一张，得到 4 号签”；

（8）“某电话机在 1 分钟内收到 2 次呼叫”；

（9）“没有水分，种子能发芽”；

（10）“在常温下，焊锡熔化”.

答案：

（1）、（4）、（6）是必然发生的；　　（2）、（9）、（10）是不可能发生的；

（3）、（5）、（7）、（8）是可能发生的.

新知学习

概念

1. 在一定条件下所出现的某种结果叫做事件.

（1）随机事件：在一定条件下可能发生也可能不发生的事件；

（2）必然事件：在一定条件下必然要发生的事件；

（3）不可能事件：在一定条件下不可能发生的事件.

2. 随机事件的概率：

事件 A 的概率：在大量重复进行同一试验时，事件 A 发生的频率 $\frac{m}{n}$ 总接近于某个常数，在它附近摆动，这时就把这个常数叫做事件 A 的概率，记作 $P(A)$.

由定义可知，$0\leqslant P(A)\leqslant 1$. 显然，必然事件的概率是 1，不可能事件的概率是 0.

3. 事件间的关系：

（1）互斥事件：不能同时发生的两个事件叫做互斥事件.

（2）对立事件：不能同时发生，但必有一个发生的两个事件叫做对立事件.

（3）包含：事件 A 发生时事件 B 一定发生，称事件 A 包含于事件 B（或事件 B 包含事件 A）.

4. 事件间的运算：

（1）并事件（和事件）. 若某事件的发生是事件 A 发生或事件 B 发生，则此事件称为事件 A 与事件 B 的并事件. 注：当 A 和 B 互斥时，事件 $A+B$ 的概率满足加法公式：

$$P(A+B)=P(A)+P(B)\ (A, B\text{ 互斥})；$$

且有

$$P(A+\overline{A})=P(A)+P(\overline{A})=1.$$

（2）交事件（积事件）. 若某事件的发生是事件 A 和事件 B 同时发生，则此事件称为事件 A 与事件 B 的交事件.

$$P(A\cdot B)=P(A)\cdot P(B)\ (A, B\text{ 同时发生}).$$

（3）独立重复事件发生概率：进行 n 次实验，有 k 次发生的概率：

$$p_n^k=\mathrm{C}_n^k p^k(1-p)^{n-k}.$$

典例剖析

例 1 如果某种彩票中奖的概率为 $\frac{1}{1000}$，那么买 1000 张彩票一定能中奖吗？请用概率的意义解释.

解析 不一定能中奖. 因为买 1000 张彩票相当于做 1000 次试验，而每次试验的结果都是随机的，即每张彩票可能中奖也可能不中奖，因此，1000 张彩票中可能没有一张中奖，也可能有一张、两张乃至多张中奖.

点评　买 1000 张彩票相当于做 1000 次试验，因为每次试验的结果都是随机的，所以做 1000 次试验的结果也是随机的，也就是说，买 1000 张彩票有可能没有一张中奖.

例 2　某种菜子在相同条件下发芽的试验结果如下表所示：(求其发芽的概率)

种子粒数	2	5	10	70	130	310	700	1500	2000	3000
发芽粒数	2	4	9	60	116	282	639	1339	1806	2715

解析　根据表格我们只能计算不同情况下种子发芽的频率，分别是：1，0.8，0.9，0.857，0.892，0.910，0.913，0.893，0.903，0.905. 随着种子粒数的增加，菜子发芽的频率越接近于 0.9，且在它附近摆动，故此种子发芽的概率为 0.9.

点评　我们可以用频率趋向的近似值表示随机事件发生的概率.

例 3　互斥事件和对立事件：

(1) 某战士在打靶中连续射击两次，事件“至少有一次中靶”的对立事件是(　　).

(A) 至多有一次中靶　　(B) 两次都中靶

(C) 两次都不中靶　　(D) 只有一次中靶

答案：C.

点评　根据实际问题分析对立事件与互斥事件间的关系.

(2) 把标号为 1, 2, 3, 4 的四个小球随机地分发给甲、乙、丙、丁四个人，每人分得一个. 事件“甲分得 1 号球”与事件“乙分得 1 号球”是(　　).

(A) 互斥但非对立事件　　(B) 对立事件

(C) 相互独立事件　　(D) 以上都不对

答案：A.

点评　一定要区分对立和互斥的定义. 互斥事件：不能同时发生的两个事件叫做互斥事件；对立事件：不能同时发生，但必有一个发生的两个事件叫做对立事件.

例 4　甲、乙两台机床相互没有影响地生产某种产品，甲机床产品的正品率是 0.9，乙机床产品的正品率是 0.95.

(Ⅰ) 从甲机床生产的产品中任取 3 件，求其中恰有 2 件正品的概率（用数字作答）；

(Ⅱ) 从甲、乙两台机床生产的产品中各任取 1 件，求其中至少有 1 件正品的概率（用数字作答）.

解　(Ⅰ) 任取甲机床的 3 件产品恰有 2 件正品的概率为

$$P_3(2) = \mathrm{C}_3^2 \times 0.9^2 \times 0.1 = 0.243 .$$

(Ⅱ)(解法一) 记“任取甲机床的 1 件产品是正品”为事件 A，“任取乙机床的 1 件产品是正品”为事件 B，则任取甲、乙两台机床的产品各 1 件，其中至少有 1 件正品的概率为

$$P(A \cdot B) + P(A \cdot \overline{B}) + P(\overline{A} \cdot B) = 0.9 \times 0.95 + 0.9 \times 0.05 + 0.1 \times 0.95 = 0.995 .$$

(解法二) 运用对立事件的概率公式，所求的概率为

$$1 - P(\overline{A} \cdot \overline{B}) = 1 - 0.1 \times 0.05 = 0.995 .$$

点评　本小题考查互斥事件、相互独立事件的概率等基础知识，以及分析和解决实际问题的能力.

知能迁移

***理论升华　探索建构**

1. 熟悉必然事件、不可能事件、随机事件的联系与区别；针对不同的问题加以区分.

2. 在应用题背景条件下，能否把一个复杂事件分解为若干个互相排斥或相互独立，且既不重复又不遗漏的简单事件是解答这类应用题的关键，也是考查学生分析问题、解决问题能力的重要环节.

活页作业

***运用知识　强化练习**

练习 7.1

1. 盒中仅有 4 只白球、5 只黑球，从中任意取出 1 只球.

(1)“取出的球是黄球”是什么事件？它的概率是多少？

(2)“取出的球是白球”是什么事件？它的概率是多少？

(3)“取出的球是白球或黑球”是什么事件？它的概率是多少？

2. 在 12 件瓷器中，有 10 件一级品，2 件二级品，从中任取 3 件.

(1)“3 件都是二级品”是什么事件？

(2)“3 件都是一级品”是什么事件？

(3)“至少有一件是一级品”是什么事件？

3. 从一堆产品（其中正品与次品都多于 2 件）中任取 2 件，观察正品件数与次品件数，判断下列每件事件是不是互斥事件；如果是，再判断它们是不是对立事件.

(1) 恰好有 1 件次品和恰好有 2 件次品；

(2) 至少有 1 件次品和全是次品；

(3) 至少有 1 件正品和至少有 1 件次品；

(4) 至少有 1 件次品和全是正品.

4. 9 粒种子分别种在甲、乙、丙 3 个坑内，每坑 3 粒，每粒种子发芽的概率为 0.5，若一个坑内至少有 1 粒种子发芽，则这个坑不需要补种；若一个坑内的种子都没发芽，则这个坑需要补种.

(Ⅰ) 求甲坑不需要补种的概率；

(Ⅱ) 求 3 个坑中恰有 1 个坑不需要补种的概率；

(Ⅲ) 求有坑需要补种的概率.

5. 某射击运动员在同一条件下进行练习，结果如表所示：

射击次数 n	10	20	50	100	200	500
击中 10 环次数 m	8	19	44	93	178	453
击中 10 环频率 $\frac{m}{n}$						

（1）计算表中击中 10 环的各个频率；

（2）这位射击运动员射击一次，击中 10 环的概率为多少？

6. 在一个袋子中装有分别标注数字 1, 2, 3, 4, 5 的五个小球，这些小球除标注的数字外完全相同.现从中随机取出 2 个小球，则取出的小球标注的数字之和为 3 或 6 的概率是______________.

7.2　古典概型

自主学习

基础自测

连续掷 3 枚硬币，观察落地后这三门硬币是出现正面还是反面.

（1）写出这个实验的基本事件空间.

答案：Ω = {(正，正，正), (正，正，反), (正，反，正), (正，反，反), (反，正，正), (反，正，反), (反，反，正), (反，反，反)}.

（2）求这个实验的基本事件的总数；

答案：8 个.

（3）"恰有两枚正面朝上"这一事件包含哪几个基本事件？

答案：3 个，如下：（正，正，反），（正，反，正），（反，正，正）.

新知学习

***动脑思考　探索新知**

1. 古典概型的定义是什么？

结论：（1）试验中所有可能出现的基本事件只有有限个；

（2）每个基本事件出现的可能性相等. 我们把具有这两个特点的概率模型称为古典概率模型，简称古典概型.

2. 我们怎样理解古典概型？

结论：一个实验是否为古典概型，关键要看这个实验是否具有古典概型的两个特征：有限性和等可能性. 并不是所有的实验都是古典概型. 如从规格直径为 200 ± 0.4 mm 的一批合格产品中任意抽出一根，测量其直径 d，测量值可能是从 199.6 mm 到 200.4 mm 之间的任何一个值，所有可能的结果有无限多个，这个实验就不是古典概型.

3. 在古典概型下，基本事件出现的概率是多少？需要注意什么问题？

结论：(1)基本事件概率：一般地，对于古典概型，如果实验的 n 个基本事件为 $A_1, A_2, \cdots A_n$，由于基本事件是两两互斥的，所以有

$$P(A_1)+P(A_2)+\cdots+P(A_n)=P(A_1\cup A_2\cup\cdots\cup A_n)=P(\text{必然事件})=1.$$

又因为每个基本事件发生的可能性相等，所以每个基本事件发生的概率为 $1/n$.

（2）需要注意的是，在计算基本事件的概率时要明确基本事件与基本事件总数之间的关系，如掷骰子的试验中，

$$P(\text{“1 点”})=P(\text{“2 点”})=\cdots=P(\text{“6 点”})=1/6.$$

而如果将事件看成是偶数点或奇数点，则事件的总数就不再是 6，而是 2，即

$$P(\text{偶数点})=P(\text{奇数点})=1/2.$$

4. 古典概型的概率公式是什么？

结论：如果随机事件 A 包含的基本事件数是 m，由互斥事件的概率加法公式可得

$$P(A)=1/n+1/n+\cdots+1/n\ (m\ \text{个})=m/n.$$

所以古典概型中，

$$P(A)=(A\ \text{包含的基本事件的个数})/(\text{基本事件的总数}).$$

5. 用集合的观点看古典概型的概率.

结论：在一次试验中，等可能出现的 n 个结果组成一个集合 I，这 n 个结果就是集合 I 的 n 个元素，各基本事件均对应于集合 I 含有的 1 个元素的子集，而包含 m 个结果的事件 A 对应于 I 的含有 m 个元素的子集 A. 因此从集合角度看，事件 A 的概率是子集 A 的元素个数（记作 $\text{card}(A)$）与集合 I 的元素个数（记作 $\text{card}(I)$）之比. 即

$$P(A)=\text{card}(A)/\text{card}(I)=m/n.$$

典例剖析

例 1 在 40 根纤维中，有 12 根的长度超过 30 mm. 从中任取 1 根，取到长度超过 30 mm 的纤维的概率是（　　）.

A. $\dfrac{30}{40}$　　B. $\dfrac{12}{40}$　　C. $\dfrac{12}{30}$　　D. 以上都不对

例 2 盒中有 10 个铁钉，其中 8 个是合格的，2 个是不合格的，从中任取 1 个且恰为合格铁钉的概率是（　　）.

A. $\dfrac{1}{5}$　　B. $\dfrac{1}{4}$　　C. $\dfrac{4}{5}$　　D. $\dfrac{1}{10}$

例 3 设集合 $A=\{1,2\}$，$B=\{1,2,3\}$，分别从集合 A 和 B 中随机取一个数 a 和 b，确定平面上的一个点 $P(a,b)$，记“点 $P(a,b)$ 落在直线 $x+y=n$ 上”为事件 $C_n(2\leqslant n\leqslant 5, n\in\mathbf{N})$. 若事件 C_n 的概率最大，则 n 的所有可能值为（　　）.

A. 3　　　　B. 4　　　　C. 2 和 5　　　　D. 3 和 4

例 4　在正方体上任意选择两条棱，则这两条棱相互平行的概率为__________.

答案：

1. B.　在 40 根纤维中，有 12 根的长度超过 30 mm，即基本事件总数为 40，且它们是等可能发生的，而所求事件包含 12 个基本事件，故所求事件的概率为 $\frac{12}{40}$，因此选 B.

2. C.（方法一）从盒中任取一个铁钉包含基本事件总数为 10，其中抽到合格铁钉（记为事件 A）包含 8 个基本事件，所以，所求概率为 $P(A)=\frac{8}{10}=\frac{4}{5}$.

（方法二）本题还可以用对立事件的概率公式求解. 因为从盒中任取 1 个铁钉，取到合格品（记为事件 A）与取到不合格品（记为事件 B）恰为对立事件，因此，$P(A)=1-P(B)=1-\frac{2}{10}=\frac{4}{5}$.

3. 事件 C_n 的总事件数为 6，只要求出当 $n=2,3,4,5$ 时的基本事件个数即可.

当 $n=2$ 时，落在直线 $x+y=2$ 上的点为 $(1, 1)$；

当 $n=3$ 时，落在直线 $x+y=3$ 上的点为 $(1, 2), (2, 1)$；

当 $n=4$ 时，落在直线 $x+y=4$ 上的点为 $(1, 3), (2, 2)$；

当 $n=5$ 时，落在直线 $x+y=5$ 上的点为 $(2, 3)$；

显然，当 $n=3, 4$ 时，事件 C_n 的概率最大，为 $\frac{1}{3}$.

4. **解析**：在正方体上任意选择两条棱，有 $C_{12}^2=66$ 种可能. 这两条棱相互平行的选法有 $3C_4^2=18$ 种，所以概率 $p=\frac{18}{66}=\frac{3}{11}$.

知能迁移

***理论升华　整体建构**

1. 如何判断一个试验是不是古典概型，要分清在一个古典概型中某随机事件包含的基本事件的个数和试验中基本事件的总数.

2. 古典概型的两个特征：有限性和等可能性.

活页作业

***运用知识　强化练习**

练习 7.2

1. 把一枚骰子抛 6 次，设正面出现的点数是 x，

（1）求 x 可能出现的取值情况.

（2）下列事件是由哪些基本事件组成：

① x 的取值为 2 的倍数，记为事件 A；

② x 的取值大于 3，记为事件 B；

③ x 的取值不超过 2，记为事件 C；

④ x 的取值是质数，记为事件 D.

（3）判断上述事件是否为古典概型，并求其概率.

2. 判断下列实验是否是古典概型.

（1）在适宜的条件下，种一粒种子，观察它是否发芽；

（2）口袋内有 2 个白球和 2 个黑球，这 4 个球除颜色外完全相同，从中任取 1 球；

（3）向一圆内随机地投一点，该点落在圆内任意一点都是可能的；

（4）射击运动员向一靶心进行射击，实验结果为命中 10 环、命中 9 环…，命中 0 环.

3. 袋中 6 个球，其中 4 个白球，2 个红球，从袋中任意取出两球，求下列事件的概率:

（1）取出的两球都是白球；

（2）取出的两球一个是白球，一个是红球.

4. 一个骰子连续投 2 次，点数和为 4 的概率为多少？

5. 在五个数字 1, 2, 3, 4, 5 中，若随机地取出 3 个数字，则剩下的 2 个数字都是奇数的概率是多少？

6. 一次硬币连续掷 2 次，恰好出现 1 次正面的概率是多少？

7. 从分别写有 A, B, C, D, E 的 5 张卡片中任意取出 2 张，这 2 张卡片上的字母恰好是按字母相邻顺序排序的概率是多少？

8. 在 40 根纤维中，有 12 根的长度超过 30 mm，从中任取 1 根，取到长度超过 30 mm 的纤维的概率是多少？

9. 盒中有 10 个铁钉，8 个合格，2 个不合格，从中任取 1 个恰为合格铁钉的概率是多少？

10. 在大小相同的 5 个球中，2 个是红球，3 个是白球，若从中任取 2 个，则所取 2 个球中至少有一个是红球的概率是多少？

11. 抛掷 2 颗质地均匀的骰子，求点数和是 8 的概率是多少？

12. 豆的高矮性状的遗传由其一对基因确定，其中决定高的基因记为 D，决定矮的基因记为 d，则子二代中高茎的概率是多少？

13. 判断下列命题是否正确：

（1）掷两枚硬币，基本事件有三个：两正，两反，一正一反；

（2）某袋中装有大小均匀的 3 个红球、2 个黑球、1 个白球，任取 1 个球，那么每种颜色的球被摸到的可能性相同；

（3）从 $-4, -3, -2, -1, 0, 1, 2$ 中任取 1 个数，取到的数小于 0 与不小于 0 的概率相同；

（4）分别从 3 名男同学、4 名女同学中各选 1 名代表，男、女同学当选的可能性相同；

（5）5 人抽签，甲先抽，乙后抽，那么乙与甲抽到某号中奖签的可能性不同.

7.3 随机数与几何概型

自主学习

基础自测

袋中 6 个球，其中 4 个白球，2 个红球，从袋中任意取出两球，求下列事件的概率：

（1）取出的两球都是白球；

（2）取出的两球一个是白球，一个是红球.

答案：(2/5), (8/15).

新知学习

***动脑思考　探索新知**

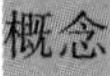

概念

随机函数：RAND(a,b)产生从整数 a 到整数 b 的取整数值的随机数.

例　某篮球爱好者做投篮练习，假设其每次投篮命中的概率是 40%，那么在连续三次投篮中，恰有两次投中的概率是多少？

分析　其投篮的可能结果有有限个，但是每个结果的出现不是等可能的，所以不能用古典概型的概率公式计算，我们用计算机或计算器做模拟试验可以模拟投篮命中的概率为 40%.

解　我们通过设计模拟试验的方法来解决问题，利用计算机或计算器可以产生 0 到 9 之间的取整数值的随机数.

我们用 1, 2, 3, 4 表示投中，用 5, 6, 7, 8, 9, 0 表示未投中，这样可以体现投中的概率是 40%. 因为是投篮三次，所以每三个随机数作为一组.

例如：产生 20 组随机数：

812，932，569，683，271，989，730，537，925，

907，113，966，191，431，257，393，027，556.

这就相当于做了 20 次试验. 在这组数中，如果恰有两个数在 1, 2, 3, 4 中，则表示恰有两次投中，它们分别是 812, 932, 271, 191, 393, 即共有 5 个数，我们得到了三次投篮中恰有两次投中的概率近似为 $\frac{5}{20}=25\%$.

几何概型

1. 几何概型的定义.

如果每个事件发生的概率只与构成该事件区域的长度（面积或体积）成比例，则称这样的概率模型为几何概率模型，简称为几何概型.

2. 几何概型的特点.

（1）试验中所有可能出现的结果有无限多个.

（2）实验中每个可能的结果出现的可能性相等.

3. 几何概率计算公式.

在几何概型中，事件 A 的概率的计算公式如下：

$$P(A)=\frac{\text{构成事件}A\text{的区域长度(面积或体积)}}{\text{试验的全部结果所构成的区域长度(面积或体积)}}$$

典例剖析

例 1 在区间(0, 1)中随机地取出两个数，则两数之和小于 $\frac{5}{6}$ 的概率是__________.

解析 在区间(0, 1)内的数有无数个，因此，从中随机地取出两个数，有无数个等可能的结果，而这两个数之和相当于它们分别与 0 的距离之和，但与这两个数所在的具体位置无关，所以概率为 $\frac{\frac{5}{6}}{2}=\frac{5}{12}$.

评注 在运用几何概型求解概率时，要注意样本空间的选定. 本题的概率空间是线段的长度.

例 2 一个游戏转盘上有四种颜色：红、黄、蓝、黑，并且它们所占面积的比为 6 : 2 : 1 : 4，则指针停在红色或蓝色区域的概率为（　　）.

A. $\frac{6}{13}$　　B. $\frac{7}{13}$　　C. $\frac{4}{13}$　　D. $\frac{10}{13}$

解析 指针可以停留在转盘的任何一个位置，因此结果有无数个；又因为指针停留在转盘的任何一个位置是等可能的，所以它属于几何概率概型，可以通过面积比计算概率.

评注 在运用概率模型公式求解概率时必须判断所求的概率是属于哪一个概率模型.

例 3 在 1 升高产小麦种子中混入了一种带麦诱病的种子，现从中随机地取出 10 毫升，则取出的种子中含有麦诱病的种子的概率是多少?

分析 病种子在这 1 升中的分布可以看作是随机的，取得的 10 毫克种子可视作构成事件的区域，1 升种子可视做试验的所有结果构成的区域，可用“体积比”公式计算其概率.

解 取出 10 毫升种子，其中“含有病种子”这一事件记为 A，则

$$P(A)=\frac{\text{取出的种子体积}}{\text{所有种子的体积}}=\frac{10}{1000}=0.01 .$$

答： 取出的种子中含有麦诱病的种子的概率是 0.01.

知能迁移

***理论升华　整体建构**

1. 利用计算机或计算器做随机模拟试验，可以解决非古典概型的概率的求解问题.

2. 对于上述试验，如果亲手做大量的重复试验，花费的时间太多，因此利用计算机或计算器做随机模拟试验可以大大节省时间.

3. 随机函数 RANDBETWEEN(a, b)产生从整数 a 到整数 b 的取整数值的随机数.

4. 要掌握几何概型的两个基本特征：① 无限性；② 等可能性.

5. 理解在几何概型的试验中，事件 A 的概率 $P(A)$只与子区域 A 的几何度量（长度、面积、体积、角度等）成正比，而与 A 的位置形状无关.

活页作业

***运用知识　强化练习**

练习 7.3

1. 设关于 x 的一元二次方程为 $x^2+2ax+b^2=0$.

（1）若 a 是从 0, 1, 2, 3 四个数中任取的一个数，b 是从 0, 1, 2 三个数中任取的一个数，求上述方程有实根的概率.

（2）若 a 是从区间[0, 3]任取的一个数，b 是从区间[0, 2]任取的一个数，求上述方程有实根的概率.

2. 平面上画了一些彼此相距 $2a$ 的平行线，把一枚半径 $r<a$ 的硬币任意掷在这个平面上，求硬币不与任何一条平行线相碰的概率.

3. 某路公共汽车 5 min 一班准时到达某车站，求任一人在该车站等车时间少于 3 min 的概率（假定车到来后每人都能上）.

知识链接

【知识链接】**通过对 7.1 ~ 7.3 的学习，我们一起来解决本章开头提出的问题.**

计算准确度等级为 1.5 级，量程为 250 V 电压表的最大绝对误差.

（注：仪表的准确度：$\pm K\%=\dfrac{\Delta_m}{A_m}\times 100\%$，其中，$K$ 表示准确度等级；Δ_m 表示最大绝对误差，$\Delta_m=$ 仪表的最大指示值 (A_m) − 被测量的实际值 (A_0)；A_m 表示仪表的最大指示值.）

解　由 $\pm K\%=\dfrac{\Delta_m}{A_m}\times 100\%$，得

$$\Delta_m=\frac{\pm K\times A_m}{100}=\frac{\pm 1.5\times 250}{100}=\pm 3.75\ \text{V}.$$

7.4 随机抽样

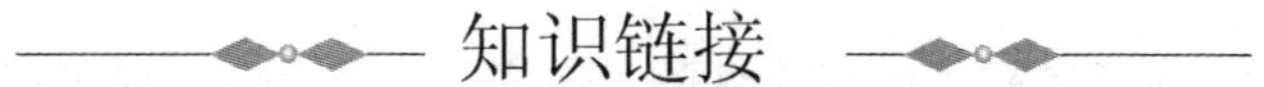

知识链接

【知识链接】**在电子技术应用中，我们时时都会遇到用数学知识来计算的问题.** 例如：

电力公司某天对一小区照明供电电压进行监测，监测数据如下：

时间	2:00	4:00	6:00	8:00	10:00	12:00	14:00	16:00	18:00	20:00	22:00	24:00
电压	217 V	218 V	222 V	220 V	215 V	218 V	224 V	400 V	225 V	221 V	219 V	220 V

问这一天小区的照明电压实际值为多少？

带着以上问题，我们先对 7.4 ~ 7.5 的内容进行仔细地学习.

自主学习

基础自测

某市为了了解本市 13850 名高中毕业生的数学毕业会考情况，现从中抽取 500 份试卷进行数据分析，这次考察对象的总数（总体）为_______，被抽取的考察对象数量（样本容量）是____________.

答案：13850，500.

新知学习

***创设情景　兴趣导入**

问题

1. 统计学中，什么叫做总体？什么叫做个体？什么叫做总体的一个样本？

2. 为了了解全校 240 名学生的身高情况，现从中抽取 40 名学生进行测量，下列说法正确的是（　　）.

A. 总体是 240　　　　B. 个体是每一个学生

C. 样本是 40 名学生　　　　D. 样本容量是 40

***动脑思考　探索新知**

概念

在统计学中，所有考察对象的全体叫做总体，其中每一个考察对象叫做个体，从总体中抽取的一部分个体叫做总体的一个样本，样本中个体的数目叫做样本容量，总体中的个数叫做总体数.

探究

假设作为一名食品卫生工作人员，你要对某食品店内的一批小包装饼干进行卫生达标检验，你准备怎样做？显然，只能从中抽取一定数量的饼干作为检验的样本.（为什么？）那么，你应当怎样获取？

设计抽样方法时，在考虑样本的代表性的前提下，应努力使抽样过程简便易行.

得到样本饼干的一个方法是，将这批小包装饼干放入一个不透明的袋子中，搅拌均匀，然后不放回地摸取（这样可以保证每一袋饼干被抽中的机会相等），这样就可以得到一个简单随机样本，相应的抽样方法就是简单随机抽样.

1. 简单随机抽样：

一般地，设一个总体含有 N 个个体，从中逐个不放回地抽取 n 个个体作为样本（$n \leqslant N$），如果每次抽取时总体内的各个个体被抽到的机会都相等，就把这种抽样方法叫做简单随机抽样.这样抽取的样本，叫做简单随机样本.

说明 简单随机抽样必须具备下列特点：

（1）简单随机抽样要求被抽取的样本的总体个数 N 是有限的.

（2）简单随机样本数 n 小于等于样本总体个数 N.

（3）简单随机样本是从总体中逐个抽取的.

（4）简单随机抽样是一种不放回的抽样.

（5）简单随机抽样的每个个体入样的可能性均为 n/N.

2. 系统抽样：

当总体中的个数较多时，可将总体分成均衡的几个部分，然后按照预先定出的规则，从每一部分抽取 1 个个体，得到所需要的样本，这种抽样叫做系统抽样（也称为机械抽样）.

说明 系统抽样的步骤可概括为：

（1）将总体中的个体编号. 采用随机方式将总体中的个体编号.

（2）对整个编号进行分段. 为了对整个编号进行分段，需要确定分段间隔 k. 当 $\frac{N}{n}$ 是整数时，$k=\frac{N}{n}$；当 $\frac{N}{n}$ 不是整数时，通过从总体中剔除一些个体使剩下的个体数 N' 能被 n 整除，这时 $k=\frac{N'}{n}$.

（3）确定起始个体编号. 在第 1 段用简单随机抽样确定起始个体边号 l.

（4）抽取样本. 按照已确定的规则（常将 l 加上间隔 k）抽取样本：

$$l,\ l+k,\ l+2k,\ \cdots,\ l+(n-1)k\ .$$

3. 分层抽样：

当已知总体是由差异明显的几部分组成时，常将总体分成几部分，然后按照各部分所占的比进行抽样，这种抽样叫做分层抽样，其中所分成的各部分叫做层.

说明 （1）分层抽样是等概率抽样，它也是公平的. 用分层抽样从个体数为 N 的总体中抽取一个容量为 n 的样本时，在整个抽样过程中每个个体被抽到的概率相等，都等于 $\frac{n}{N}$；

（2）分层抽样是建立在简单随机抽样或系统抽样的基础上的，由于它充分利用了已知信息，因此利用它获取的样本更具有代表性，在实践中的应用更为广泛.

典例剖析

题型 1：统计概念及简单随机抽样

例 1 为调查参加运动会的 1000 名运动员的年龄情况，从中抽查了 100 名运动员的年龄. 就这个问题来说，下列说法正确的是（　　）.

A. 1000 名运动员是总体　　B. 每个运动员是个体

C. 抽取的 100 名运动员是样本　　D. 样本容量是 100

解析 关于这个问题，我们研究的是运动员的年龄情况，因此应选 D.

答案： D

点评 该题属于易错题，一定要区分开总体与总体容量、样本与样本容量等概念.

例 2 现用简单随机抽样从含有 6 个个体的总体中抽取一个容量为 2 的样本. 问：（1）总体中的某一个体 a 在第一次抽取时被抽到的概率是多少？（2）个体 a 不是在第 1 次被抽到，而是在第 2 次被抽到的概率是多少？（3）在整个抽样过程中，个体 a 被抽到的概率是多少？

解析 （1）$\frac{1}{3}$，（2）$\frac{1}{3}$，（3）$\frac{1}{3}$.

点评 由问题（1）的解答引出简单随机抽样的定义，而问题（2）则是本讲的难点. 基于此，简单随机抽样体现了抽样的客观性与公平性.

题型 2：系统抽样

例 3 为了了解参加某种知识竞赛的 1003 名学生的成绩，请用系统抽样抽取一个容量为 50 的样本.

解析 （1）随机地将这 1003 个个体编号为 1, 2, 3, …, 1003.

（2）利用简单随机抽样，先从总体中剔除 3 个个体（可利用随机数表），剩下的个体数 1000 能被样本容量 50 整除，然后再按系统抽样的方法进行.

点评 总体中的每个个体被剔除的概率相等是$\left(\frac{3}{1003}\right)$，也就是每个个体不被剔除的概率相等是$\left(\frac{1000}{1003}\right)$. 采用系统抽样时每个个体被抽取的概率都是$\left(\frac{50}{1000}\right)$，所以在整个抽样过程中每个个体被抽取的概率仍然相等，都是$\frac{1000}{1003}\times\frac{50}{1000}=\frac{50}{1003}$.

例 4 （2004 年福建，15）一个总体中有 100 个个体，随机编号为 0, 1, 2, …, 99，依编号顺序平均分成 10 个小组，组号依次为 1, 2, 3, …, 10. 现用系统抽样方法抽取一个容量为 10 的样本，规定如果在第 1 组随机抽取的号码为 m，那么在第 k 小组中抽取的号码个位数字与 $m+k$ 的个位数字相同. 若 $m=6$，则在第 7 组中抽取的号码是__________.

剖析 此问题的总体中个体的个数较多，因此采用系统抽样. 按题目中要求的规则抽取即可.

因为 $m=6$，$k=7$，$m+k=13$，所以在第 7 小组中抽取的号码是 63.

答案：63.

点评　当总体中个体个数较多而差异又不大时可采用系统抽样. 采用系统抽样在每小组内抽取时应按规则进行.

题型 3：分层抽样

例 5　（2006 湖北文，19）某单位最近组织了一次健身活动，活动分为登山组和游泳组，且每个职工至多参加其中的一组. 在参加活动的职工中，青年人占 42.5%，中年人占 47.5%，老年人占 10%. 登山组的职工占参加活动总人数的 $\frac{1}{4}$，且该组中，青年人占 50%，中年人占 40%，老年人占 10%. 为了了解各组不同年龄层次的职工对本次活动的满意程度，现用分层抽样的方法从参加活动的全体职工中抽取一个容量为 200 的样本. 试确定

（1）游泳组中，青年人、中年人、老年人分别所占的比例；

（2）游泳组中，青年人、中年人、老年人分别应抽取的人数.

解析（1）设登山组人数为 x，游泳组中，青年人、中年人、老年人所占比例分别为 a, b, c，则有

$$\frac{x\cdot 40\%+3xb}{4x}=47.5\%,\qquad \frac{x\cdot 10\%+3xc}{4x}=10\%,$$

解得 $b=50\%, c=10\%$. 故 $a=100\%-50\%-10\%=40\%$，即游泳组中，青年人、中年人、老年人所占比例分别为 40%, 50%, 10%.

（2）游泳组中，抽取的青年人数为 $200\times\frac{3}{4}\times 40\%=60$ 人；

抽取的中年人数为 $200\times\frac{3}{4}\times 50\%=75$ 人；

抽取的老年人数为 $200\times\frac{3}{4}\times 10\%=15$ 人.

点评　本小题主要考查分层抽样的概念和运算，以及运用统计知识解决实际问题的能力.

知能迁移

***理论升华　整体建构**

常用的抽样方法以及它们之间的联系和区别：

类别	共同点	各自特点	相互联系	适用范围
简单随机抽样	抽样过程中每个个体被抽取的概率是相同的	从总体中逐个抽取		总体中的个数比较少
系统抽样		将总体均匀分成几个部分，按照事先确定的规则在各部分抽取	在起始部分抽样时采用简单随机抽样	总体中的个数比较多
分层抽样		将总体分成几层，分层进行抽取	各层抽样时采用简单抽样或者相同抽样	总体由差异明显的几部分组成

不放回抽样和放回抽样：在抽样中，如果每次抽出个体后不再将它放回总体，称这样的抽样为不放回抽样；如果每次抽出个体后再将它放回总体，称这样的抽样为放回抽样.

随机抽样、系统抽样、分层抽样都是不放回抽样.

活页作业

***运用知识　强化练习**

练习 7.4

1. 甲校有 3600 名学生，乙校有 5400 名学生，丙校有 1800 名学生. 为统计三校学生某方面的情况，计划采用分层抽样法抽取一个样本容量为 90 人的样本，那么应在这三校分别抽取学生（　　）.

A. 30 人，30 人，30 人　　B. 30 人，45 人，15 人

C. 20 人，30 人，10 人　　D. 30 人，50 人，10 人

2.（1）某公司在甲、乙、丙、丁四个地区分别有 150 个、120 个、180 个、150 个销售点. 公司为了调查产品销售情况，需从这 600 个销售点中抽取一个容量为 100 的样本，记这项调查为①；在丙地区中有 20 个特大型销售点，要从中抽取 7 个调查其销售收入和售后服务情况，记这项调查为②. 那么完成①、②这两项调查宜采用的抽样方法依次是（　　）.

A. 分层抽样法，系统抽样法　　B. 分层抽样法，简单随机抽样法

C. 系统抽样法，分层抽样法　　D. 简单随机抽样法，分层抽样法

（2）某初级中学有学生 270 人，其中一年级 108 人，二、三年级各 81 人. 现要利用抽样方法抽取 10 人参加某项调查，考虑选用简单随机抽样、分层抽样和系统抽样三种方案. 使用简单随机抽样和分层抽样时，将学生按一、二、三年级依次统一编号为 1, 2, ⋯, 270；使用系统抽样时，将学生统一随机编号 1, 2, ⋯, 270，并将整个编号依次分为 10 段.如果抽得号码有下列四种情况：

① 7，34，61，88，115，142，169，196，223，250；

② 5，9，100，107，111，121，180，195，200，265；

③ 11，38，65，92，119，146，173，200，227，254；

④ 30，57，84，111，138，165，192，219，246，270.

关于上述样本的下列结论中，正确的是（　　）.

A. ②、③都不能为系统抽样　　B. ②、④都不能为分层抽样

C. ①、④都可能为系统抽样　　D. ①、③都可能为分层抽样

3. 下列抽样方法是简单随机抽样的是（　　）

A. 某工厂从老年、中年、青年职工中按 2:5:3 比例选取职工代表

B. 用抽签方法产生随机数表

C. 福利彩票用摇奖机摇奖

D. 规定明信片后四位 6637 获奖

4. 从 10 个篮球中任取 1 个，检验其质量，则抽样为（　　）.

A. 简单随机抽样　　B. 不放回或放回抽样

C. 随机数表法　　　　　　　　　　　D. 有放回抽样

5. 假设一个总体有 5 个个体，分别记为 a, b, c, d, e. 现采用不重复抽取样本的方法，从中抽取一个容量为 2 的样本，可能的样本共有多少个？写出全部可能样本.

6. 从某班的 60 名学生中抽取一个容量为 10 的样本，选择合适的抽样方法.

7.5 用样本估计总体

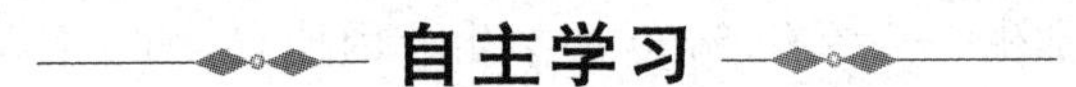

自主学习

基础自测

某中学一位高三数学教师对其所教的两个文科班（每班各 50 名学生）学生的一次数学成绩进行了统计，高中三年级文科数学平均分是 100 分，两个班数学成绩的频率分布直方图如下图所示（总分：150 分）：

（1）文科 1 班数学平均分是否超过校平均分？

（2）从文科 1 班中任取一人，其数学成绩达到或超过校平均分的概率是多少？

（3）文科 1 班一名学生对文科 2 班一名学生说："我的数学成绩在我班是中位数，从你们班任抽一人的数学成绩不低于我的成绩的概率是 0.60"，则文科 2 班数学成绩在[100,110）范围内的人数是多少？

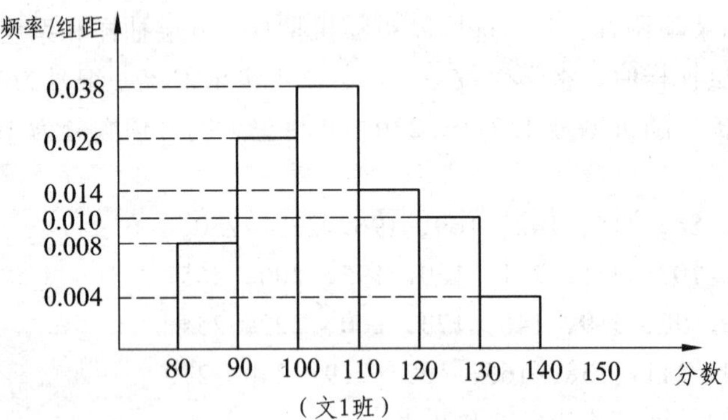

（文1班）

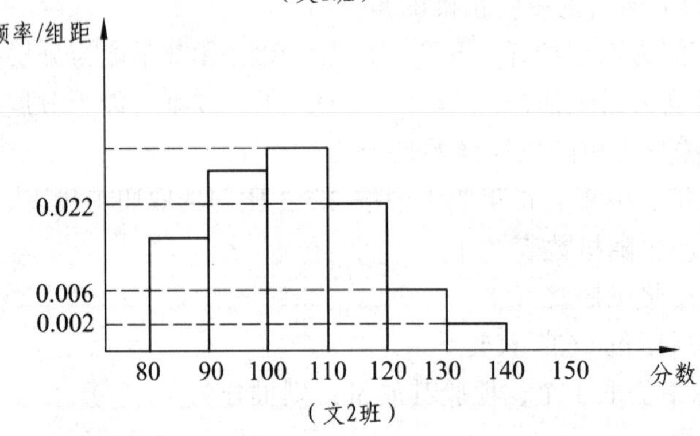

（文2班）

答案：

（1）文科 1 班数学平均分至少是

$$\frac{80\times4+90\times13+100\times19+110\times7+120\times5+130\times2}{50}=100.4.$$

文科 1 班数学平均分超过校平均分.

（2）文科 1 班在[100,110)，[110,120)，[120,130)，[130,140)，[140,150)分数段共有人数是 33，从文科 1 班中任取一人，其数学成绩达到或超过校平均分的概率是 $p=0.66$.

（3）设文科 1 班这个学生的数学成绩是 x，则 $x\in[100,110)$. 文科 2 班数学成绩在[80,90), [90,100), [100,110)范围内的人数分别是 b, c, y.

如果 $x=100$，则

$$\frac{y+11+3+1}{50}=0.60,$$

即 $y=15$，即文 2 班数学成绩在[100,110)范围内的人数至少是 15 人. 又因为

$$\begin{cases}b+c+y=35 & ①\\3<b<11<c<y & ②\end{cases}$$

所以由②得

$$\begin{cases}4\leqslant b\leqslant 10\\12\leqslant c\leqslant y-1\end{cases}.$$

所以

$$4+12+y\leqslant 35=b+c+y\leqslant 10+y-1+y\Rightarrow 13\leqslant y\leqslant 19.$$

则文科 2 班数学成绩在[100,110)范围内的人数是 15 或 16 或 17 或 18 或 19 人.

新知学习

***创设情景　兴趣导入**

问题

矩形的长为 a，宽为 b，其比满足 $b:a=\frac{\sqrt{5}-1}{2}\approx 0.618$，这种矩形给人以美感，称为黄金矩形. 黄金矩形常应用于工艺品设计中. 下面是某工艺厂随机抽取两个批次的初加工矩形宽度与长度的比值样本：

甲批次：0.598　0.625　0.628　0.595　0.639

乙批次：0.618　0.613　0.592　0.622　0.620

根据上述两个样本来估计两个批次的总体平均数. 与标准值 0.618 比较，正确结论是（　　）.

A. 甲批次的总体平均数与标准值更接近

B. 乙批次的总体平均数与标准值更接近

C. 两个批次的总体平均数与标准值接近程度相同

D. 两个批次的总体平均数与标准值接近程度不能确定

解决

1. **解析**

$$\overline{x}_{甲}=\frac{0.598+0.625+0.628+0.595+0.639}{5}=0.617;$$

$$\overline{x}_{乙}=\frac{0.618+0.613+0.592+0.622+0.620}{5}=0.613,$$

所以 $\overline{x}_{甲}$ 与 0.618 更接近，故选 A.

答案：A

***动脑思考　探索新知**

概念

1. 用样本的频率分布去估计总体分布.

样本频率是指样本在某一范围内的个数 m（频数）与样本总体 N 的比值 $\frac{m}{N}$，样本的频率分布常用频率分布表、频率分布直方图、频率分布折线图、总体密度曲线、茎叶图等来表示.

（1）频率分布表、频率分布直方图：指在用样本估计总体时，通过各个小组数据在样本容量中所占比例大小来表示频率分布的规律，它可以使我们看到整个样本数据的频率分布. 其具体操作步骤是：

① 求极差，即求出一组数据中最大值与最小值的差；

② 决定组距与组数，组数应力求合适，一般分成 10 组左右；

③ 将数据分组；

④ 列频率分布表，将上述分组、频数累计、频数、频率列成表格；

⑤ 画频率分布直方图，图中各小长方形的面积等于相应各组的频率，这个图形面积的形式反映了数据落在各个小组的频率的大小，且图中各小矩形的面积和等于 1.

需要指出的是：

① 在反映样本的频率分布方面，频率分布表在数量表示上比较确切，而频率分布直方图及初中学过的频率分布条形图则比较直观，两者相互补充，这使我们对数据的频率分布情况了解得更加清楚.

② 当总体中的个体取不同数值很少时，其频率分布表由所取样本的不同数值及其相应的频率来表示，其几何表示就是相应的条形图；当总体中的个体取不同数值较多甚至无限时，对其频率分布的研究要用到初中学过的整理样本数据的知识，将样本数据恰当地分组，用各组的频率来描绘总体的分布，其几何表示就是相应的直方图.

③ 频率分布条形图和直方图的不同之处在于：前者用其高度来表示取各个值的频率，而后者是用图形面积的大小来表示在各个区间内取值的频率.

（2）频率分布折线图：顺次连接频率分布直方图中各小长方形上端的中点，就得到频率分布折线图.

（3）总体密度曲线：样本容量越大，所分组数越多，各组的频率就越接近于总体在相应各组取值的概率. 设想样本容量无限增大，分组的组距无限缩小，那么频率分布直方图和频率分布折线图就会无限接近于一条光滑曲线，这条曲线叫做总体密度曲线.

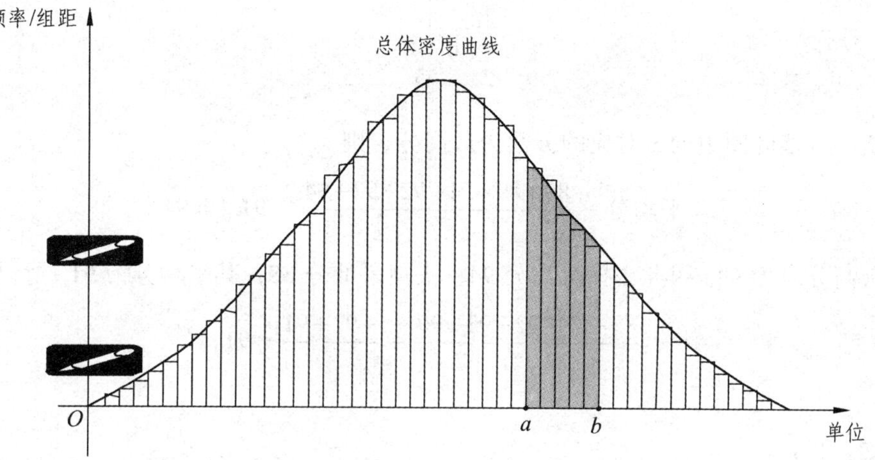

（4）茎叶图：与前面提到的图、表类似，茎叶图也可以用来表示样本数据的分布情况，“茎”是指中间的一列数，“叶”就是从“茎”的旁边生长出来的数.

用茎叶图表示有两个突出优点：其一，从统计图上看没有信息的损失，所有的信息都可以从茎叶图中得到；其二，茎叶图可以随时记录与表示，但茎叶图一般只能表示两位整数.

2. 用样本的数字特征估计总体的数字特征

样本的数字特征有平均数、众数、中位数、标准差、方差等. 平均数、中位数、众数都是描述数据集中趋势的重要特征数，它们既有联系又有区别，应用时可根据具体情况进行选择.

（1）平均数：一组数据的平均值.

（2）众数：一组数据中出现次数最多的那个数据.

（3）中位数：一组数据按从小到大（或从大到小）的次序排列后，位于中间的那个数据（当数据个数为奇数时），或者是位于中间的两个数的平均数（当数据个数为偶数时）.

（4）总体方差与总体标准差是描述一个总体的波动大小的特征量，可以通过计算样本方差与标准差对总体方差与标准差进行估计.

① 样本方差公式：$s^2=\dfrac{1}{n}[(x_1-\overline{x})^2+(x_2-\overline{x})^2+\cdots+(x_n-\overline{x})^2]$；

② 样本标准差公式：$S=\sqrt{\dfrac{1}{n}[(x_1-\overline{x})^2+(x_2-\overline{x})^2+\cdots+(x_n-\overline{x})^2]}$；

其中 $x_1,x_2,\cdots,x_n$ 分别是样本中的个体取值，$\overline{x}$ 是样本的平均数.

典例剖析

例 1 某校开展“爱我海西、爱我家乡”摄影比赛，9 位评委为参赛作品 A 给出的分数如茎叶图所示. 记分员在去掉一个最高分和一个最低分后，算得平均分为 91. 复核员在复核时，发现有一个数字（茎叶图中的 x）无法看清. 若记分员计算无误，则数字 x 应该是________.

作品 A

$$\begin{array}{c|cccccc} 8 & 8 & 9 & 9 & & & \\ 9 & 2 & 3 & x & 2 & 1 & 4 \end{array}$$

解析 若茎叶图中的 x 对应的分数为最高分，则

$$平均分=\frac{89+89+91+92+93+94}{7}\approx 91.4\neq 91.$$

所以故最高分应为 94. 因此去掉最高分 94，去掉最低分 88，其平均分为 91, 所以

$$\frac{89+89+92+93+90+x+92+91}{7}=91,$$

解得 $x=1$.

答案：1

例 2 某校甲、乙两个班级各有 5 名编号为 1,2,3,4,5 的学生进行投篮练习，每人投 10 次，投中的次数如下表所示：

学生	1 号	2 号	3 号	4 号	5 号
甲班	6	7	7	8	7
乙班	6	7	6	7	9

则以上两组数据的方差中较小的一个为 $s^2=$ ________.

解析 由题中表格得：

甲班：$\bar{x}_甲=7$，$S_甲^2=\frac{1}{5}(1^2+0^2+0^2+1^2+0^2)=\frac{2}{5}$；

乙班：$\bar{x}_乙=7$，$S_乙^2=\frac{1}{5}(1^2+0^2+1^2+0^2+2^2)=\frac{6}{5}$.

因为 $S_甲^2<S_乙^2$，所以两组数据中方差较小的为 $s^2=S_甲^2=\frac{2}{5}$.

答案：$\frac{2}{5}$

例 3 某样本数据的频率分布直方图的部分图形如下图所示，则数据在[55,65）的频率约为（　　）.

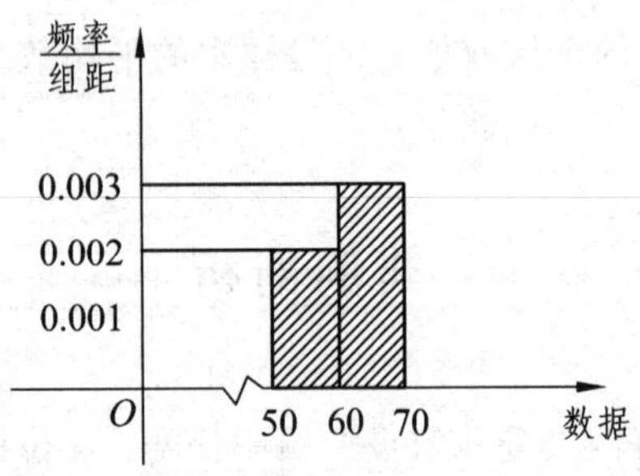

A. 0.25　　B. 0.025　　C. 0.5　　D. 0.05

解析 在图形中并没有明确的数据分布在区间[55,65），但是有[50,60），[60,70）段上的频率分布，据此估计样本在[55,65）的频率应该在[50,60），[60,70）频率分布之间.

答案：B

例 4 甲、乙两位学生参加数学竞赛培训，现分别从他们在培训期间参加的若干次预赛成绩中随机抽取 8 次，记录如下：

甲	82	81	79	78	95	88	93	84
乙	92	95	80	75	83	80	90	85

（1）用茎叶图表示这两组数据；

（2）现从中选派一人参加数学竞赛，从统计学的角度考虑，你认为选派哪位学生参加合适？请说明理由.

解析 （1）作出茎叶图如下：

甲	·	乙
9 8	7	5
8 4 2 1	8	0 0 3 5
5 3	9	0 2 5

（2）派甲参赛比较合适. 理由如下：

$$\bar{x}_{甲}=\frac{1}{8}(70\times2+80\times4+90\times2+8+9+1+2+4+8+3+5)=85,$$

$$\bar{x}_{乙}=\frac{1}{8}(70\times1+80\times4+90\times3+5+0+0+3+5+0+2+5)=85,$$

$$S_{甲}^2=\frac{1}{8}[(78-85)^2+(79-85)^2+(81-85)^2+(82-85)^2+(84-85)^2+(88-85)^2+(93-85)^2+(95-85)^2]=35.5,$$

$$S_{乙}^2=\frac{1}{8}[(75-85)^2+(70-85)^2+(80-85)^2+(83-85)^2+(85-85)^2+(90-85)^2+(92-85)^2+(95-85)^2]=41.$$

因为 $\bar{x}_{甲}=\bar{x}_{乙}$，$S_{甲}^2<S_{乙}^2$，所以甲的成绩较稳定，派甲参赛比较合适.

注：本小题的结论及理由均不唯一，如果考生能从统计学的角度分析，给出其他合理回答，同样正确. 如派乙参赛比较合适. 理由如下：

从统计学的角度看，甲获得 85 分以上（含 85 分）的概率 $p_1=\frac{3}{8}$；而乙获得 85 分以上（含 85 分）的概率 $p_2=\frac{4}{8}=\frac{1}{2}$. 因为 $p_2>p_1$，所以派乙参赛比较合适.

知能迁移

***理论升华　整体建构**

1. 平均数虽然常可帮助我们了解一组数据的平均水平，但有时因受到该组数据中特别大或特别小的数据的影响，不容易把数据的集中趋势与特征表示出来，所以有时我们用中位数或众数来代替平均数比较合理.

2. （1）由于方差和标准差的计算量一般较大，所以通常要借助科学计算器.

（2）方差和标准差的大小反映了总体或者样本的波动程度，可以对诸如均衡性、稳定性、差异性等作出描述；

（3）在分别利用方差和标准差对不同总体和样本进行比较时，其效果是等价的.

活页作业

***运用知识　强化练习**

练习 7.5

1. 为了了解某校高三学生的视力情况，随机地抽查了该校 100 名高三学生，得到的频率分布直方图如下图. 由于不慎将部分数据丢失，但知道后 5 组频数和为 62，设视力在 4.6 到 4.8 之间的学生数为 a，最大频率为 0.32，则 a 的值为（　　）.

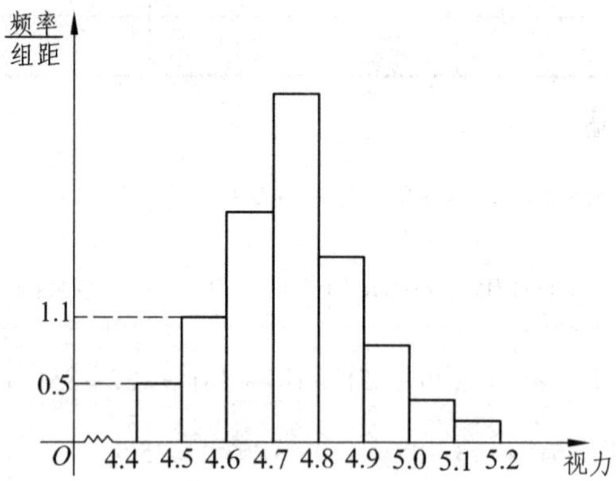

A. 64　　B. 54　　C. 48　　D. 27

2. 甲、乙、丙三名射箭运动员在某次测试中各射箭 20 次，三人的测试成绩如下表所示：

甲的成绩				
环数	7	8	9	10
频数	5	5	5	5

乙的成绩				
环数	7	8	9	10
频数	6	4	4	6

丙的成绩				
环数	7	8	9	10
频数	4	6	6	4

s_1, s_2, s_3分别表示甲、乙、丙三名运动员这次测试成绩的标准差，则有（　　）.

A. $s_3 > s_1 > s_2$　　　　B. $s_2 > s_1 > s_3$

C. $s_1 > s_2 > s_3$　　　　D. $s_2 > s_3 > s_1$

3. 在发生某公共卫生事件期间，有专业机构认为该事件在一段时间内没有大规模群体感染的标志为“连续 10 天，每天新增疑似病例不超过 7 人”. 根据过去 10 天甲、乙、丙、丁四地新增疑似病例数据，一定符合该标志的是（　　）.

A. 甲地：总体均值为 3，中位数为 4

B. 乙地：总体均值为 1，总体方差大于 0

C. 丙地：中位数为 2，众数为 3

D. 丁地：总体均值为 2，总体方差为 3

4. 一组数据的平均数是 2.8，方差是 3.6，若将这组数据中的每一个数据都加上 60，得到一组新数据，则所得新数据的平均数和方差分别是（　　）.

A. 57.2, 3.6　　B. 57.2, 56.4　　C. 62.8, 63.6　　D. 62.8, 3.6

5. 某校甲、乙两个班级各有 5 名编号为 1,2,3,4,5 的学生进行投篮练习，每人投 10 次，投中的次数如下表所示：

学生	1 号	2 号	3 号	4 号	5 号
甲班	6	7	7	8	7
乙班	6	7	6	7	9

则以上两组数据的方差中较小的一个为 $s^2 =$ ________.

6. 为了了解初三学生女生身高情况，某中学对初三女生身高进行了一次测量，所得数据整理后列出了频率分布表：

组别	频数	频率
145.5 ~ 149.5	1	0.02
149.5 ~ 153.5	4	0.08
153.5 ~ 157.5	20	0.40
157.5 ~ 161.5	15	0.30
161.5 ~ 165.5	8	0.16
165.5 ~ 169.5	m	n
合　计	M	N

（1）求出表中 m, n, M, N 所表示的数分别是多少？

（2）画出频率分布直方图.

（3）全体女生中身高在哪组范围内的人数最多？

知识链接

【知识链接】**通过对 7.4 ~ 7.5 的学习，我们一起来解决 7.4 开头提出的问题**.

电力公司某天对一小区照明供电电压进行监测，监测数据如下：

时间	2:00	4:00	6:00	8:00	10:00	12:00	14:00	16:00	18:00	20:00	22:00	24:00
电压	217 V	218 V	222 V	220 V	215 V	218 V	224 V	400 V	225 V	221 V	219 V	220 V

问这一天小区的照明电压实际值为多少？（精确到小数点后两位）

解　从数据分析表可知，“400 V”为粗大误差（有可能是测量仪器出问题），应剔除，所以

$$\text{实际电压}=\frac{217+218+222+220+215+218+224+225+221+219+220}{11}$$

$$=219.90909\approx 219.91.$$

第 8 章　统计案例

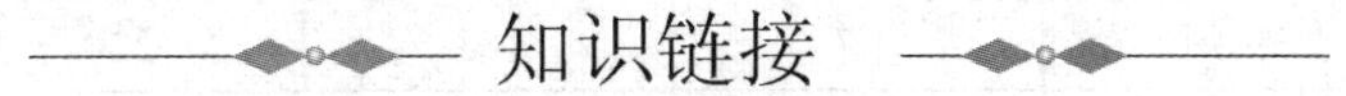

知识链接

【知识链接】**在电子技术应用中，我们时时都会遇到用数学知识来计算的问题.** 例如：

对某电子元件进行寿命追踪调查，情况如下：

寿命（h）	[100，200)	[200，300)	[300，400)	[400，500)	[500，600)
个数（个）	20	30	80	40	30

（1）列出频率分布表；

（2）画出频率分布直方图；

（3）估计电子元件寿命在[100, 400) h 以内的概率；

（4）估计电子元件寿命在 400 h 以上的概率.

这个题就要用到数学当中“统计案例”的知识，下面请跟我们一起来学习吧.

8.1　独立性检验

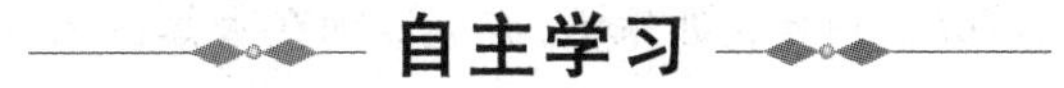

自主学习

问题情境

***创设情景　兴趣导入**

5 月 31 日是世界无烟日. 有关医学研究表明，许多疾病，例如：心脏病、癌症、脑血管病、慢性阻塞性肺病等都与吸烟有关，吸烟已成为继高血压之后的第二号全球杀手. 这些疾病与吸烟有关的结论是怎样得出的呢？我们看一下问题：

某医疗机构为了了解呼吸道疾病与吸烟是否有关，进行了一次抽样调查，共调查了 515 个成年人，其中吸烟者 220 人，不吸烟者 295 人. 调查结果是：吸烟的 220 人中有 37 人患呼吸道疾病（简称患病），183 人未患呼吸道疾病（简称未患病）；不吸烟的 295 人中有 21 人患病，274 人未患病.

问题

根据这些数据能否断定“患呼吸道疾病与吸烟有关”？

学生活动

为了研究这个问题，

（1）引导学生将上述数据用表来表示：

	患病	未患病	合计
吸烟	37	183	220
不吸烟	21	274	295
合计	58	457	515

（2）估计吸烟者与不吸烟者患病的可能性差异：

在吸烟的人中，有 $\frac{37}{220}\approx 16.82\%$ 的人患病；在不吸烟的人中，有 $\frac{21}{295}\approx 7.12\%$ 的人患病.

问题：由上述结论能否得出患病与吸烟有关？把握有多大？

建构数学

***动脑思考　探索新知**

独立性检验

1. 假设 H_0：患病与吸烟没有关系.

若将表中“观测值”用字母表示，则有表：

	患病	未患病	合计
吸烟	a	b	$a+b$
不吸烟	c	d	$c+d$
合计	$a+c$	$b+d$	$a+b+c+d$

（近似的判断方法：设 $n=a+b+c+d$，如果 H_0 成立，则在吸烟的人中患病的比例与不吸烟的人中患病的比例应差不多，由此可得

$$\frac{a}{a+b}\approx\frac{c}{c+d},$$

即

$$a(c+d)\approx c(a+b)\Rightarrow ad-bc\approx 0.$$

因此，$|ad-bc|$ 越小，患病与吸烟之间的关系越弱，否则，关系越强.）

设 $n=a+b+c+d$，则在假设 H_0 成立的条件下，可以通过求“吸烟且患病”、“吸烟但未患病”、“不吸烟但患病”、“不吸烟且未患病”的概率（观测频率），将各种人群的估计人数用 a, b, c, d, n 表示出来.

例如：“吸烟且患病”的估计人数为 $n\times P(AB)\approx n\times\frac{a+b}{n}\times\frac{a+c}{n}$；

"吸烟但未患病" 的估计人数为 $n\times P(A\overline{B})\approx n\times\frac{a+b}{n}\times\frac{b+d}{n}$；

"不吸烟但患病"的估计人数为 $n\times P(\overline{A}B)\approx n\times\frac{c+d}{n}\times\frac{a+c}{n}$；

"不吸烟且未患病"的估计人数为 $n\times P(\overline{A}\overline{B})\approx n\times\frac{c+d}{n}\times\frac{b+d}{n}$.

如果实际观测值与假设求得的估计值相差不大，就可以认为所给数据（观测值）不能否定假设 H_0；否则，应认为假设 H_0 不能接受，即可作出与假设 H_0 相反的结论.

2. 卡方统计量：

为了消除样本对上式的影响，通常用卡方统计量（$\chi^2=\sum\frac{(\text{观测值}-\text{预期值})^2}{\text{预期值}}$）来进行估计.

卡方 χ^2 统计量公式：

$$\chi^2=\frac{\left(a-n\times\frac{a+b}{n}\times\frac{a+c}{n}\right)^2}{n\times\frac{a+b}{n}\times\frac{a+c}{n}}+\frac{\left(b-n\times\frac{a+b}{n}\times\frac{b+d}{n}\right)^2}{n\times\frac{a+b}{n}\times\frac{b+d}{n}}$$

$$+\frac{\left(c-n\times\frac{c+d}{n}\times\frac{a+c}{n}\right)^2}{n\times\frac{c+d}{n}\times\frac{a+c}{n}}+\frac{\left(d-n\times\frac{c+d}{n}\times\frac{b+d}{n}\right)^2}{n\times\frac{c+d}{n}\times\frac{b+d}{n}}$$

$$=\frac{n(ad-bc)^2}{(a+b)(c+d)(a+c)(b+d)}\quad（其中 n=a+b+c+d），$$

由此若 H_0 成立，即患病与吸烟没有关系，则 χ^2 的值应该很小．把 $a=37$，$b=183$，$c=21$，$d=274$ 代入计算得 $\chi^2=11.8634$. 统计学中有明确的结论，在 H_0 成立的情况下，随机事件"$\chi^2\geqslant 6.635$"发生的概率约为 0.01，即 $P(\chi^2\geqslant 6.635)\approx 0.01$. 也就是说，在 H_0 成立的情况下，对统计量 χ^2 进行多次观测，观测值超过 6.635 的频率约为 0.01. 由此，我们有 99%的把握认为 H_0 不成立，即有 99%的把握认为"患病与吸烟有关系".

像上面这种用 χ^2 统计量研究吸烟与患呼吸道疾病是否有关等问题的方法称为独立性检验.

说明

1. 估计吸烟者与不吸烟者患病的可能性差异是用频率估计概率，利用 χ^2 进行独立性检验，可以对推断的正确性的概率作出估计，观测数据 a, b, c, d 取值越大，效果越好. 但在实际应用中，当 a, b, c, d 均不小于 5，近似的效果才可接受.

2. 这里所说的"呼吸道疾病与吸烟有关系"是一种统计关系，这种关系是指"抽烟的人患呼吸道疾病的可能性（风险）更大"，而不是说"抽烟的人一定患呼吸道疾病".

3. 在假设 H_0 下统计量 χ^2 应该很小，如果由观测数据计算得到 χ^2 的观测值很大，则在一定程度上说明假设不合理（即统计量 χ^2 越大，"两个分类变量有关系"的可能性就越大）.

独立性检验的一般步骤

一般地，对于两个研究对象Ⅰ和Ⅱ，Ⅰ有两类取值：类 A 和类 B（如吸烟与不吸烟），Ⅱ

也有两类取值：类 1 和类 2（如患呼吸道疾病与不患呼吸道疾病），得到下表：

		Ⅱ		
		类 1	类 2	合计
Ⅰ	类 A	a	b	$a+b$
	类 B	c	d	$c+d$
	合　计	$a+c$	$b+d$	$a+b+c+d$

推断“Ⅰ和Ⅱ有关系”的步骤为：

第一步，提出假设 H_0：两个分类变量Ⅰ和Ⅱ没有关系；

第二步，根据 2×2 列联表和公式计算 χ^2 统计量；

第三步，查对课本中临界值表，作出判断.

独立性检验与反证法

反证法原理：在一个已知假设下，如果推出一个矛盾，就证明了这个假设不成立；

独立性检验（假设检验）原理：在一个已知假设下，如果一个与该假设矛盾的小概率事件发生，就推断这个假设不成立.

典例剖析

例 1　在 500 人身上试验某种血清预防感冒的作用，把他们一年中的感冒记录与另外 500 名未用血清的人的感冒记录作比较，结果如表所示. 问：该种血清能否起到预防感冒的作用？

	未感冒	感冒	合计
使用血清	258	242	500
未使用血清	216	284	500
合计	474	526	1000

分析　在使用该种血清的人中，有 $\frac{242}{500}=48.4\%$ 的人患过感冒；在没有使用该种血清的人中，有 $\frac{284}{500}=56.8\%$ 的人患过感冒，使用过血清的人与没有使用过血清的人的患病率相差较大. 从直观上来看，使用过血清的人与没有使用过血清的人的患感冒的可能性存在差异.

解　提出假设 H_0：感冒与是否使用该种血清没有关系. 由列联表中的数据求得

$$\chi^2=\frac{1000\times(258\times284-242\times216)^2}{474\times526\times500\times500}\approx7.075\ .$$

因为当 H_0 成立时，$\chi\geqslant6.635$ 的概率约为 0.01，所以我们有 99%的把握认为：该种血清能起到预防感冒的作用.

例 2　为研究不同的给药方式（口服或注射）和药的效果（有效与无效）是否有关，进行了相应的抽样调查，调查结果如下表所示．根据所选择的 193 个病人的数据，能否作出药的效果与给药方式有关的结论？

	有效	无效	合计
口服	58	40	98
注射	64	31	95
合计	122	71	193

分析　在口服病人中，有 $\frac{58}{98}\approx 59\%$ 的人有效；在注射病人中，有 $\frac{64}{95}\approx 67\%$ 的人有效．从直观上来看，口服与注射的病人的用药效果的有效率有一定差异，能否认为用药效果与用药方式一定有关呢？下面用独立性检验方法加以说明．

解　提出假设 H_0：药的效果与给药方式没有关系．由列联表中的数据求得

$$\chi^2=\frac{193\times(58\times 31-40\times 64)^2}{122\times 71\times 98\times 95}\approx 1.3896<2.072\,.$$

所以当 H_0 成立时，$\chi^2\geqslant 1.3896$ 的概率大于 15%，这个概率比较大，所以根据目前的调查数据，不能否定假设 H_0，即不能作出药的效果与给药方式有关的结论．

说明：如果观测值 $\chi^2\leqslant 2.706$，则认为没有充分的证据显示“Ⅰ与Ⅱ有关系”，但也不能作出结论“H_0 成立”，即Ⅰ与Ⅱ没有关系．

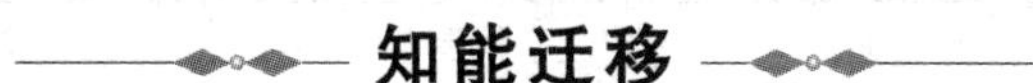

知能迁移

***理论升华　整体建构**

1. 某大学在研究性别与职称（分正教授、副教授）之间是否有关系，你认为应该收集哪些数据？____________________．

2. 某高校“统计初步”课程的教师随机调查了选该课的一些学生情况，具体数据如表所示：

专业 / 性别	非统计专业	统计专业
男	13	10
女	7	20

为了判断主修统计专业是否与性别有关系，根据表中的数据得到

$$\chi^2=\frac{50\times(13\times 20-10\times 7)^2}{23\times 27\times 20\times 30}\approx 4.844\,.$$

因为 $\chi^2\geqslant 3.841$，所以判定主修统计专业与性别有关系，那么这种判断出错的可能性为______．（答案：5%）

附：临界值表（部分）：

$P(\chi^2\geqslant x_0)$	0.10	0.05	0.025	0.010
x_0	2.706	3.841	5.024	6.635

活页作业

***运用知识　强化练习**

练习 8.1

1. 在对人们休闲方式的一次调查中，共调查了 124 人，其中女性 70 人，男性 54 人. 女性中有 43 人主要的休闲方式是看电视，另外 27 人主要的休闲方式是运动；男性中有 21 人主要的休闲方式是看电视，另外 33 人主要的休闲方式是运动.

（1）根据以上数据建立一个 2× 2 列联表；

（2）判断性别与休闲方式是否有关系.

2. 气管炎是一种常见的呼吸道疾病，医药研究人员对两种中草药治疗慢性气管炎的疗效进行对比，所得数据如下表所示. 问它们的疗效有无差异（可靠性不低于 99%）?

	有效	无效	合　计
复方江剪刀草	184	61	245
胆黄片	91	9	100
合计	275	70	345

8.2　回归分析（1）

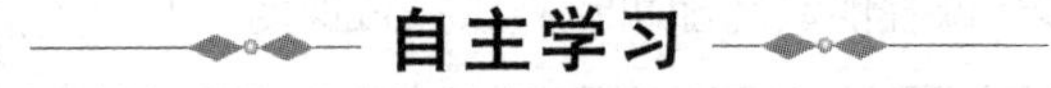

自主学习

问题情境

***创设情景　兴趣导入**

情境

对一作直线运动的质点的运动过程观测了 8 次，得到如表所示的数据，试估计当 $x=9$ 时位置 y 的值.

时刻 x/s	1	2	3	4	5	6	7	8
位置观测值 y/cm	5.54	7.52	10.02	11.73	15.69	16.12	16.98	21.06

根据《数学 3（必修）》中的有关内容，解决这个问题的方法是：

先作散点图，如图所示：

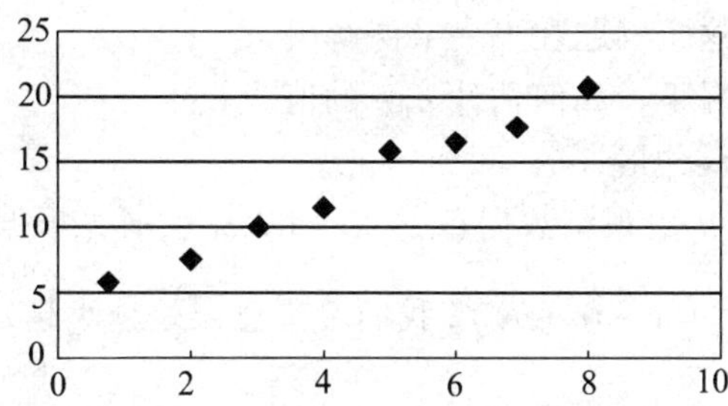

从散点图可以看出，样本点呈直线趋势，时间 x 与位置观测值 y 之间有着较好的线性关系．因此可以用线性回归方程来刻画它们之间的关系．根据线性回归的系数公式：

$$\begin{cases} b=\dfrac{\sum\limits_{i=1}^{n}x_iy_i-n\overline{x}\,\overline{y}}{\sum\limits_{i=1}^{n}x_i^2-n(\overline{x})^2} \\ a=\overline{y}-b\overline{x} \end{cases}.$$

可以得到线性回归方程

$$\hat{y}=3.5361+2.1214x.$$

所以当 $x=9$ 时，由线性回归方程可以估计其位置值为 $\hat{y}=22.6287$．

问题

在时刻 $x=9$ 时，质点的运动位置一定是 22.6287 cm 吗？

学生活动

思考，讨论：这些点并不都在同一条直线上，上述直线并不能精确地反映 x 与 y 之间的关系，y 的值不能由 x 完全确定，它们之间是统计相关关系，y 的实际值与估计值之间存在着误差．

建构数学

***动脑思考　探索新知**

线性回归模型的定义

将用于估计 y 值的线性函数 $a+bx$ 作为确定性函数；

y 的实际值与估计值之间的误差记为 ε，称之为随机误差；

将 $y=a+bx+\varepsilon$ 称为线性回归模型．

说明

1．产生随机误差的主要原因有：

（1）所用的确定性函数不恰当引起的误差；

（2）忽略了某些因素的影响；

（3）存在观测误差．

2. 对于线性回归模型，我们应该考虑下面两个问题：

（1）模型是否合理（这个问题在下一节课解决）；

（2）在模型合理的情况下，如何估计 a, b 的值？

探求线性回归系数的最佳估计值

对于问题（2），设有 n 对观测数据 $(x_i, y_i)(i=1,2,3,\cdots,n)$，根据线性回归模型，对于每一个 x_i，对应的随机误差项 $\varepsilon_i = y_i - (a+bx_i)$，我们希望总误差越小越好，即使 $\sum\limits_{i=1}^{n}\varepsilon_i^2$ 越小越好. 所以，只要求出使

$$Q(\alpha,\beta)=\sum_{i=1}^{n}(y_i-\beta x_i-\alpha)^2$$

取得最小值时的 α, β 值即可作为 a, b 的估计值，记为 $\hat{a}, \hat{b}$.

注：这里的 $|\varepsilon_i|$ 就是拟合直线上的点 $(x_i, a+bx_i)$ 到点 $P_i(x_i, y_i)$ 的距离.

那么用什么方法求 $\hat{a}, \hat{b}$？

回忆《数学 3（必修）》“2.4 线性回归方程” P71 “热茶问题” 中求 a, b 的方法：最小二乘法. 利用最小二乘法可以得到 $\hat{a}, \hat{b}$ 的计算公式：

$$\begin{cases}\hat{b}=\dfrac{\sum\limits_{i=1}^{n}(x_i-\overline{x})(y_i-\overline{y})}{\sum\limits_{i=1}^{n}(x_i-\overline{x})^2}=\dfrac{\sum\limits_{i=1}^{n}x_iy_i-n\overline{x}\,\overline{y}}{\sum\limits_{i=1}^{n}x_i^2-n(\overline{x})^2},\\ \hat{a}=\overline{y}-\hat{b}\overline{x}\end{cases}$$

其中 $\overline{x}=\dfrac{1}{n}\sum\limits_{i=1}^{n}x_i$，$\overline{y}=\dfrac{1}{n}\sum\limits_{i=1}^{n}y_i$.

由此得到的直线 $\hat{y}=\hat{a}+\hat{b}x$ 称为这 n 对数据的回归直线，此直线方程即为线性回归方程. 其中 $\hat{a}, \hat{b}$ 分别为 a, b 的估计值，$\hat{a}$ 称为回归截距，$\hat{b}$ 称为回归系数，$\hat{y}$ 称为回归值.

在前面质点运动的线性回归方程 $\hat{y}=3.5361+2.1214x$ 中，$\hat{a}=3.5361$，$\hat{b}=2.1214$.

线性回归方程 $\hat{y}=\hat{a}+\hat{b}x$ 中 $\hat{a}$, $\hat{b}$ 的意义

以 $\hat{a}$ 为基数，x 每增加 1 个单位，y 相应地平均增加 $\hat{b}$ 个单位.

典例剖析

例 某地区对本地企业进行了一次抽样调查，下表是这次抽查中所得到的各企业的人均资本 x（万元）与人均产出 y（万元）的数据：

人均资本 x/万元	3	4	5.5	6.5	7	8	9	10.5	11.5	14
人均产出 y/万元	4.12	4.67	8.68	11.01	13.04	14.43	17.50	25.46	26.66	45.20

（1）设 y 与 x 之间具有近似关系 $y \approx ax^b$（a, b 为常数），试根据表中数据估计 a 和 b 的值；

（2）估计企业人均资本为 16 万元时的人均产出（精确到 0.01）.

分析 根据 x, y 所具有的关系可知，此问题不是线性回归问题，不能直接用线性回归方程处理. 但由对数运算的性质可知，只要对 $y \approx ax^b$ 的两边取对数，就能将其转化为线性关系.

解 （1）在 $y \approx ax^b$ 的两边取常用对数，可得

$$\lg y \approx \lg a + b\lg x .$$

设 $\lg y = z$, $\lg a = A$，$\lg x = X$，则

$$z \approx A + bX .$$

相关数据计算如表所示.

	A	B	C	D	E	F	G	H	I	J	K
1	人均资本 x/万元	3	4	5.5	6.5	7	8	9	10.5	11.5	14
2	人均产出 y/万元	4.12	4.67	8.68	11.01	13.04	14.43	17.5	25.46	26.66	45.2
3	$X = \lg x$	0.47712	0.60206	0.74036	0.81291	0.8451	0.90309	0.95424	1.02119	1.0607	1.14613
4	$z = \lg y$	0.6149	0.66932	0.93852	1.04179	1.11528	1.15927	1.24304	1.40586	1.42586	1.65514

仿照问题情境可得 A, b 的估计值 $\hat{A}, \hat{b}$ 分别为 $\begin{cases}\hat{A} = -0.2155 \\ \hat{b} = 1.5677\end{cases}$. 由 $\lg \hat{a} = -0.2155$ 可得 $\hat{a} \approx 0.6088$，即 a, b 的估计值分别为 0.6088 和 1.5677.

（2）由（1）知 $\hat{y} = 0.6088x^{1.5677}$. 样本数据及回归曲线的图形如书本 102 页的图 3.2.8 所示.

当 $x = 16$ 时，$\hat{y} = 0.6088 \times 16^{1.5677} \approx 47.01$ (万元)，故当企业人均资本为 16 万元时，人均产值约为 47.01 万元.

知能迁移

***理论升华　整体建构**

化归思想（转化思想）.

在实际问题中，有时两个变量之间的关系并不是线性关系，这就需要根据专业知识或散点图，对某些特殊的非线性关系，选择适当的变量代换，把非线性方程转化为线性回归方程，从而确定未知参数. 下面列举一些常见曲线方程，并给出相应的化为线性回归方程的换元公式.

1. $y = a + \frac{b}{x}$. 令 $y' = y$，$x' = \frac{1}{x}$，则有 $y' = a + bx'$.

2. $y = ax^b$. 令 $y' = \ln y$，$x' = \ln x$，$a' = \ln a$，则有 $y' = a' + bx'$.

3. $y=ae^{bx}$. 令 $y'=\ln y$， $x'=x$， $a'=\ln a$，则有 $y'=a'+bx'$.

4. $y=ae^{\frac{b}{x}}$. 令 $y'=\ln y$， $x'=\frac{1}{x}$， $a'=\ln a$，则有 $y'=a'+bx'$.

5. $y=a+b\ln x$. 令 $y'=y$， $x'=\ln x$，则有 $y'=a+bx'$.

活页作业

***运用知识　强化练习**

练习 8.2

1. 下表给出了我国从 1949 年至 1999 年人口数据资料，试根据表中数据估计我国 2014 年的人口数.

年份	1949	1954	1959	1964	1969	1974	1979	1984	1989	1994	1999
人口数/百万	542	603	672	705	807	909	975	1035	1107	1177	1246

8.3　回归分析（2）

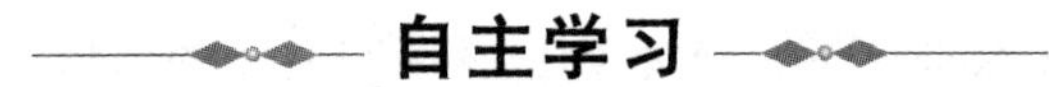

自主学习

问题情境

***创设情景　兴趣导入**

情境

下图是一组数据的散点图，若求出相应的线性回归方程，求出的线性回归方程可以用作预测和估计吗？

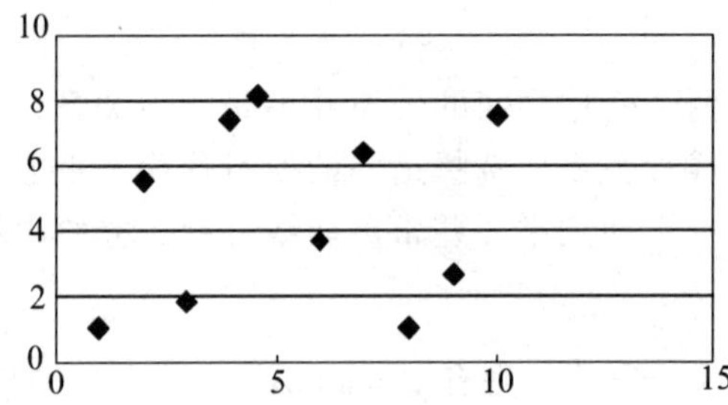

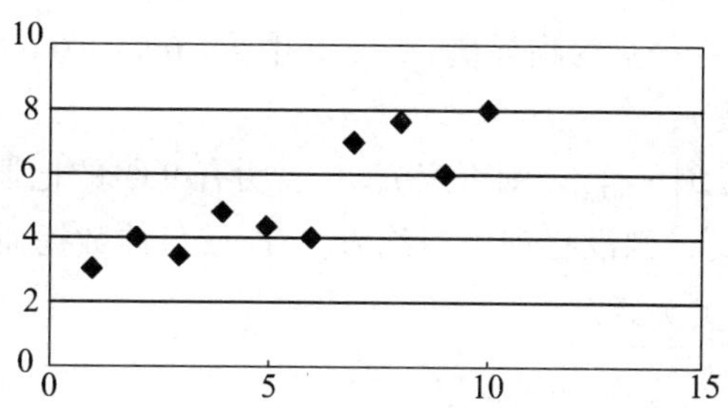

问题

思考、讨论：求得的线性回归方程是否有实际意义.

学生活动

对任意给定的样本数据，由计算公式都可以求出相应的线性回归方程，但求得的线性回归方程未必有实际意义. 左图中的散点明显不在一条直线附近，不能进行线性拟合，求得的线性回归方程是没有实际意义的；右图中的散点基本上在一条直线附近，我们可以粗略地估计两个变量间有线性相关关系，但它们线性相关的程度如何，又如何较精确地刻画线性相关关系呢?

这就是上节课提到的问题（1），即模型的合理性问题. 为了回答这个问题，需要对变量 x 与 y 的线性相关性进行检验（简称相关性检验）.

建构数学

***动脑思考　探索新知**

相关系数的计算公式

对于随机取到的 n 对数据 $(x_i, y_i)\ (i=1,2,3,\cdots,n)$，样本相关系数 r 的计算公式为

$$r=\frac{\sum_{i=1}^{n}(x_i-\overline{x})(y_i-\overline{y})}{\sqrt{\sum_{i=1}^{n}(x_i-\overline{x})^2\cdot\sum_{i=1}^{n}(y_i-\overline{y})^2}}=\frac{\sum_{i=1}^{n}x_iy_i-n\overline{x}\,\overline{y}}{\sqrt{\left(\sum_{i=1}^{n}x_i^2-n(\overline{x})^2\right)\left(\sum_{i=1}^{n}y_i^2-n(\overline{y})^2\right)}}.$$

相关系数 r 的性质

（1）$|r|\leqslant 1$；

（2）$|r|$ 越接近于 1，x, y 的线性相关程度越强；

（3）$|r|$ 越接近于 0，x, y 的线性相关程度越弱.

可见，一条回归直线有多大的预测功能，和变量间的相关系数密切相关.

对相关系数 r 进行显著性检验的步骤

相关系数 r 的绝对值与 1 接近到什么程度才表明利用线性回归模型比较合理呢？这需要对相关系数 r 进行显著性检验. 对此，在统计上有明确的检验方法，基本步骤是：

1. 提出统计假设 H_0：变量 x, y 不具有线性相关关系；

2. 如果以 95%的把握作出推断，可以根据 $1-0.95=0.05$ 与 $n-2$（n 是样本容量）在附

录 2（教材 P111）中查出一个 r 的临界值 $r_{0.05}$（其中 1 – 0.95 = 0.05 称为检验水平）；

3. 计算样本相关系数 r；

4. 作出统计推断：若 $|r|>r_{0.05}$，则否定 H_0，表明有 95%的把握认为变量 y 与 x 之间具有线性相关关系；若 $|r|\leqslant r_{0.05}$，则没有理由拒绝 H_0，即就目前数据而言，没有充分理由认为变量 y 与 x 之间具有线性相关关系.

说明

1. 对相关系数 r 进行显著性检验，一般取检验水平 $\alpha=0.05$，即可靠程度为 95%.

2. 这里 r 指的是线性相关系数，r 的绝对值很小，说明线性相关程度低，但不一定不相关，可能是非线性相关的某种关系.

3. 这里 r 是对抽样数据而言的，有时即使 $|r|=1$，两者也不一定是线性相关的. 因此在统计分析时，不能就数据论数据，要结合实际情况进行合理解释.

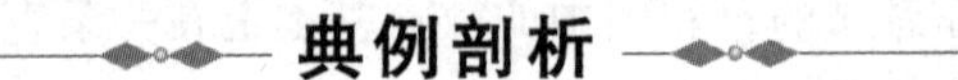

典例剖析

例 下表是随机抽取的 8 对母女的身高数据，试根据这些数据探讨 y 与 x 之间的关系.

母亲身高 x/cm	154	157	158	159	160	161	162	163
女儿身高 y/cm	155	156	159	162	161	164	165	166

解 所给数据的散点图如图所示，由图可以看出，这些点在一条直线附近，

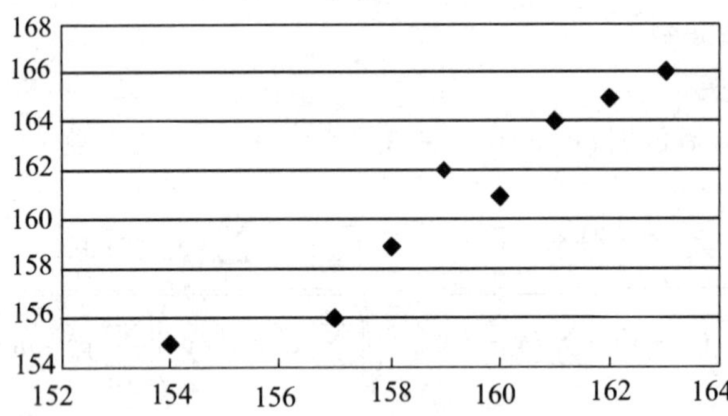

因为

$$\overline{x}=(154+157+\cdots+163)\div 8=159.25,$$

$$\overline{y}=(155+156+\cdots+166)\div 8=161,$$

$$\sum_{i=1}^{8}x_i^2-8(\overline{x})^2=(154^2+\cdots+163^2)-8\times 159.25^2=59.5,$$

$$\sum_{i=1}^{8}y_i^2-8(\overline{y})^2=(155^2+\cdots+166^2)-8\times 161^2=116,$$

$$\sum_{i=1}^{8}x_iy_i-8\overline{x}\,\overline{y}=(154\times155+\cdots+163\times166)-8\times159.25\times161=80,$$

所以 $r=\dfrac{80}{\sqrt{59.5\times116}}\approx0.963$. 由检验水平 0.05 及 $n-2=6$，在附录 2 中查得 $r_{0.05}=0.707$. 因为 $0.963>0.707$, 所以可认为 x 与 y 之间具有较强的线性相关关系. 线性回归模型 $y=a+bx+\varepsilon$ 中 a, b 的估计值 $\hat{a},\hat{b}$ 分别为

$$\hat{b}=\frac{\sum_{i=1}^{8}x_iy_i-8\overline{x}\,\overline{y}}{\sum_{i=1}^{8}x_i^2-8(\overline{x})^2}\approx1.345,\quad \hat{a}=\overline{y}-\hat{b}\overline{x}\approx-53.191,$$

故 y 对 x 的线性回归方程为

$$\hat{y}=-53.191+1.345x.$$

知能迁移

***理论升华　整体建构**

对上节课的例 1, 可按下面的过程进行检验：

1. 作统计假设 H_0： x 与 y 不具有线性相关关系；
2. 由检验水平 0.05 与 $n-2=9$ 在附录 2 中查得 $r_{0.05}=0.602$；
3. 根据公式（2）得相关系数 $r=0.998$；
4. 因为 $|r|=0.998>0.602$，即 $|r|>r_{0.05}$，所以有 95%的把握认为 x 与 y 之间具有线性相关关系，线性回归方程 $\hat{y}=527.591+14.453x$ 是有意义的.

活页作业

***运用知识　强化练习**

练习 8.3

要分析学生高中入学的数学成绩对高中一年级数学学习的影响，在高中一年级学生中随机抽取 10 名学生，分析他们入学的数学成绩和高中一年级期末数学考试成绩如表所示：

学生编号	1	2	3	4	5	6	7	8	9	10
入学成绩 x	63	67	45	88	81	71	52	99	58	76
高一期末成绩 y	65	78	52	82	92	89	73	98	56	75

（1）计算入学成绩 x 与高一期末成绩 y 的相关系数；

（2）如果 x 与 y 之间具有线性相关关系，试求线性回归方程；

（3）若某学生入学数学成绩为 80 分，试估计他高一期末数学考试成绩.

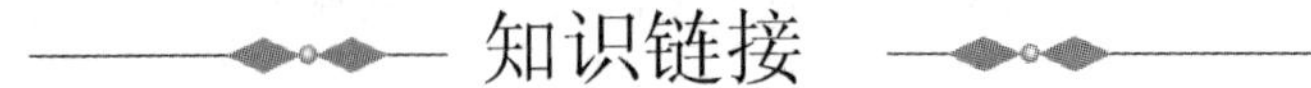

知识链接

【知识链接】**通过这次学习，我们一起来解决开头出现的问题**.

对某电子元件进行寿命追踪调查，情况如下：

寿命（h）	[100, 200)	[200, 300)	[300, 400)	[400, 500)	[500, 600)
个数（个）	20	30	80	40	30

（1）列出频率分布表；

（2）画出频率分布直方图；

（3）估计电子元件寿命在[100, 400) h 内的概率；

（4）估计电子元件寿命在 400 h 以上的概率.

解析（1）样本频率分布表如下：

寿命（h）	频数	频率
[100, 200)	20	0.10
[200, 300)	30	0.15
[300, 400)	80	0.40
[400, 500)	40	0.20
[500, 600)	30	0.15
合计	200	1.00

（2）频率分布直方图如图所示.

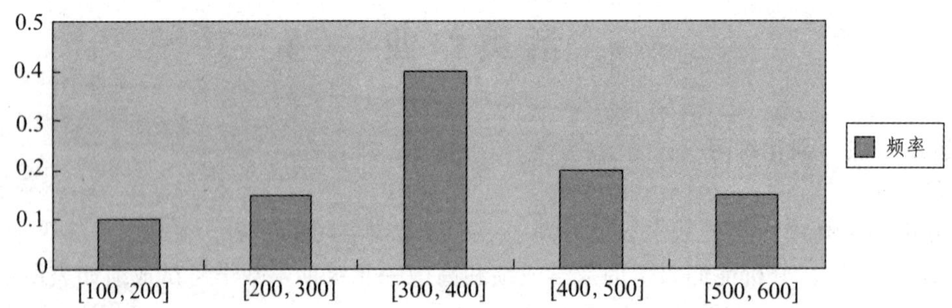

（3）由频率分布表可以看出，寿命在[100, 400) h 内的电子元件出现的频率为 0.65，所以我们估计电子元件寿命在[100, 400) h 内的概率为 0.65.

（4）由频率分布表可知，寿命在 400 h 以上的电子元件出现的频率为 $0.20 + 0.15 = 0.35$，故我们估计电子元件寿命在 400 h 以上的概率为 0.35.

第 9 章　常用逻辑用语

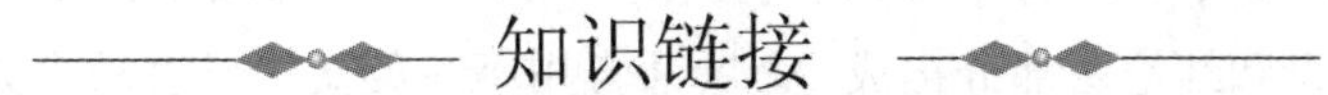

知识链接

【知识链接】**在电子技术应用中，我们时时都会遇到用数学知识来计算的问题.** 例如：将以下真值表转换成电路功能表和电路真值表.

p	q	非 p	p 或 q	p 且 q
真	真	假	真	真
真	假	假	真	假
假	真	真	真	假
假	假	真	假	假

（注：p，q 代表两个命题）

要解决以上问题，首先进行下列知识的学习.

9.1　命题及其关系

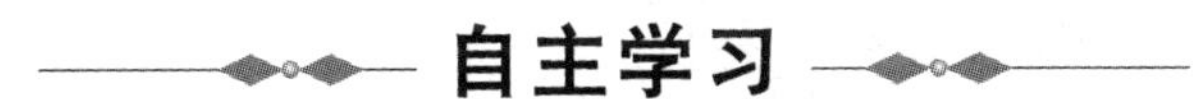

自主学习

基础自测

甲：$x^2+4x-12=0$.

乙：$x=-6$ 或 $x=2$.

问：甲能否推出乙，乙能否推出甲？

答案： 甲能推出乙，乙也能推出甲.

新知学习

***创设情景　兴趣导入**

问题

1. 三条边都相等的三角形是等边三角形；

2. 三个角都为 60°的三角形是等边三角形；

3. 两直线平行，同位角相等；

4. x 不一定等于 5；

5. 明天可能要下雨.

以上几种说法正确与否？4, 5 有没有明确的结论？

定义

一般地，我们把用语言、符号或式子表达的，可以判断真假的陈述语句叫做命题.

（1）命题由题设和结论两部分构成. 命题通常用小写英文字母表示，如 p, q, r, m, n 等.

（2）命题有真假之分，正确的命题叫做真命题，错误的命题叫做假命题. 数学中的定义、公理、定理等都是真命题.

（3）命题“$p \to q$”的真假判定方式：

① 若要判断命题“$p \to q$”是一个真命题，需要严格的逻辑推理. 有时在推导时加上语气词“一定”能帮助判断. 如：p 一定推出 q.

② 若要判断命题“$p \to q$”是一个假命题，只需要找到一个反例即可.

例 “p 等于 3”是否为命题？

解析 不能判定真假，它不是命题.

四种命题

1. 四种命题的形式

用 p 和 q 分别表示原命题的条件和结论，用 $\neg p$ 和 $\neg q$ 分别表示 p 和 q 的否定，则四种命题的形式为：

原命题：若 p 则 q；

逆命题：若 q 则 p；

否命题：若 $\neg p$ 则 $\neg q$；

逆否命题：若 $\neg q$ 则 $\neg p$.

2. 四种命题的关系

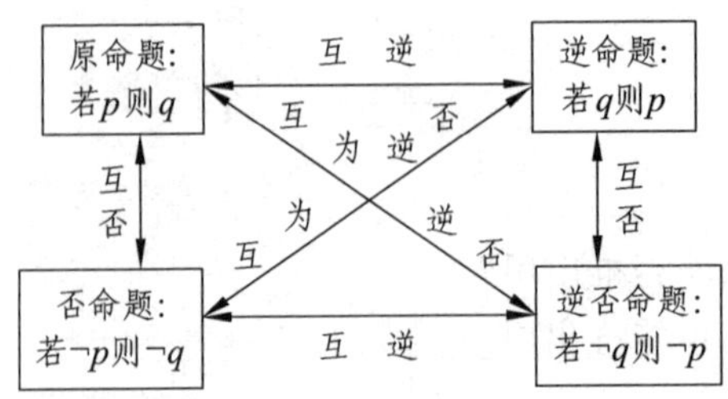

（1）原命题 ⇔ 逆否命题. 它们具有相同的真假性，是命题转化的依据和途径之一.

（2）逆命题 ⇔ 否命题，它们之间互为逆否关系，具有相同的真假性，是命题转化的另一依据和途径.

除（1）、（2）之外，四种命题中其他两个命题的真伪无必然联系.

典例剖析

例 1 已知下列各组命题，写出满足条件的复合形式命题，并判断真假.

（1）p: $x=2$是方程$x^2-5x+6=0$的根，q: $x=3$是方程$x^2-5x+6=0$的根；p或q.

（2）p: $\pi>3$，q: π是有理数；p且q.

（3）p: 若$x=2$，则$x\in\mathbf{N}$或$x<0$；非p.

解析 （1）p或q: $x=2$或$x=3$是方程$x^2-5x+6=0$的根，真命题.

（2）p且q: π是大于3的有理数，假命题.

（3）非p: 若$x=2$，则$x\notin\mathbf{N}$且$x\geqslant 0$，假命题.

例 2 写出命题“已知a, b是实数，若$ab=0$，则$a=0$或$b=0$”的逆命题、否命题、逆否命题，并判断其真假.

解析 逆命题：已知a, b是实数，若$a=0$或$b=0$，则$ab=0$，真命题；

否命题：已知a, b是实数，若$ab\neq 0$，则$a\neq 0$且$b\neq 0$，真命题；

逆否命题：已知a, b是实数，若$a\neq 0$且$b\neq 0$，则$ab\neq 0$，真命题.

知能迁移

***理论升华　整体建构**

1. 判断复合命题真假的步骤：

（1）确定复合命题的构成形式；

（2）判断其中简单命题p和q的真假；

（3）根据规定（或真假表）判断复合命题的真假.

2. 条件“$x\in\mathbf{N}$或$x<0$”是“或”的关系，否定时要注意.

3. “已知a, b是实数”为命题的大前提，写命题时不应该忽略.

4. 互为逆否命题的两个命题同真假.

5. 注意区分命题的否定和否命题.

活页作业

***运用知识　强华练习**

练习 9.1

1. 指出下列复合命题的形式及其构成.

（1）若α是一个三角形的最小内角，则α不大于60°.

（2）一个内角为90°，另一个内角为45°的三角形是等腰直角三角形.

（3）有一个内角为60°的三角形是正三角形或直角三角形.

（4）若命题 p：$x\in A\cup B$，则命题“非 p”是（　　）.

A. $x\notin A$ 且 $x\notin B$　　B. $x\notin A$ 或 $x\notin B$

C. $x\notin A\cap B$　　D. $x\in A\cap B$

2. 写出下列命题的逆命题、否命题、逆否命题，并判断其真假.

（1）若 $q<1$，则方程 $x^2+2x+q=0$ 有实根；

（2）若 $x^2+y^2=0$，则 x, y 全为零.

9.2　简单的逻辑联结词

自主学习

基础自测

求解：1. $x^2-5x+6=0$.

2. $x^2-5x+6>0$.

3. 写出 a 的取值范围：$y=\log_a x\ (x>0)$.

答案：1. $\{x|x=2$ 或 $x=3\}$；2. $\{x|x>3$ 或 $x<2\}$；3. $\{a|a>0$ 且 $a\neq 1\}$.

新知学习

***创设情景　兴趣导入**

问题

1. 今天你去或他去都可以.

2. 明天的会你一定要参加，并且作好详细的会议记录.

3. 这次选举，除了被剥夺政治权利的人员外，其余的全部参与选举.

从以上三个句子中，我们读明白了什么？

***动脑思考　探索新知**

逻辑联结词

“或”、“且”、“非”这些词叫做逻辑联结词.

1. 不含逻辑联结词的命题叫做简单命题，由简单命题与逻辑联结词构成的命题叫做复合命题.

2. 复合命题的构成形式：

① p 或 q；② p 且 q；③ 非 p（即命题 p 的否定）.

3. 复合命题的真假判断（利用真值表）：

p	q	非 p	p 或 q	p 且 q
真	真	假	真	真
真	假	假	真	假
假	真	真	真	假
假	假	真	假	假

（1）当 p,q 同时为假时，“p 或 q”为假，其他情况时为真，可简称为“一真必真”；

（2）当 p,q 同时为真时，“p 且 q”为真，其他情况时为假，可简称为“一假必假”.

（3）“非 p”与 p 的真假相反.

注意

1. 逻辑联结词“或”的理解是难点，它有三层含义，下面以“p 或 q”为例：

一是 p 成立但 q 不成立；二是 p 不成立但 q 成立；三是 p 成立且 q 也成立. 可以类比于集合中“$x\in A$ 或 $x\in B$”.

2. “或”、“且”联结的命题的否定形式：

“p 或 q”的否定是“$\neg p$ 且 $\neg q$”；“p 且 q”的否定是“$\neg p$ 或 $\neg q$”.

（3）对命题的否定只是否定命题的结论；否命题，既否定题设，又否定结论.

充分条件与必要条件

1. 定义：

对于“若 p 则 q”形式的命题：

（1）若 $p\Rightarrow q$，则 p 是 q 的充分条件，q 是 p 的必要条件；

（2）若 $p\Rightarrow q$，但 $q\nRightarrow p$，则 p 是 q 的充分不必要条件，q 是 p 的必要不充分条件；

（3）若既有 $p\Rightarrow q$，又有 $q\Rightarrow p$，记作 $p\Leftrightarrow q$，则 p 是 q 的充分必要条件（充要条件）.

2. 理解认知：

（1）在判断充分条件与必要条件时，首先要分清哪是条件，哪是结论；然后用条件推结论，再用结论推条件，最后进行判断.

（2）充要条件即等价条件，也是完成命题转化的理论依据.“当且仅当”，“有且仅有”，“必须且只需”，“等价于”，“…反过来也成立”等均为充要条件的同义词语.

3. 判断命题充要条件的三种方法：

（1）定义法.

（2）等价法：由于原命题与它的逆否命题等价，否命题与逆命题等价，因此，如果原命题与逆命题的真假不好判断时，可以转化为逆否命题与否命题来判断. 即利用 $A\Rightarrow B$ 与 $\neg B\Rightarrow\neg A$；$B\Rightarrow A$ 与 $\neg A\Rightarrow\neg B$；$A\Leftrightarrow B$ 与 $\neg B\Leftrightarrow\neg A$ 的等价关系来判断. 对于条件或结论是不等关系（或否定式）的命题，一般运用等价法.

（3）利用集合间的包含关系判断. 比如 $A\subseteq B$ 可判断为 $A\Rightarrow B$；$A=B$ 可判断为 $A\Rightarrow B$，且 $B\Rightarrow A$，即 $A\Leftrightarrow B$.

如图所示：

①“$A\subsetneqq B$”$\Leftrightarrow$“$x\in A\Rightarrow x\in B$，且 $x\in B\nRightarrow x\in A$”$\Leftrightarrow$ $x\in A$ 是 $x\in B$ 的充分不必要条件.

②“$A=B$”$\Leftrightarrow$“$x\in A\Leftrightarrow x\in B$”$\Leftrightarrow$ $x\in A$ 是 $x\in B$ 的充分必要条件.

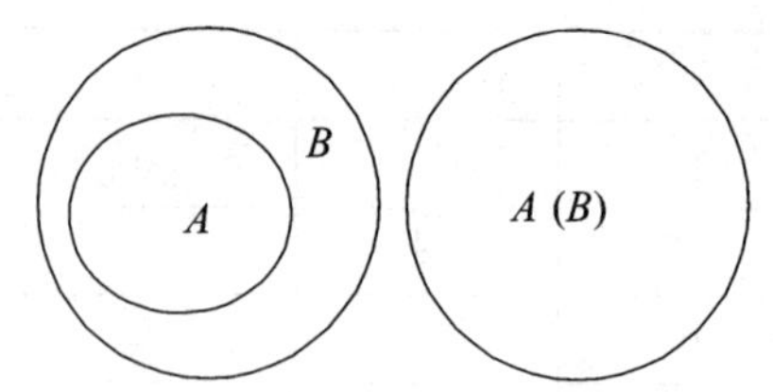

典例剖析

例 1 指出下列各组命题中，A 是 B 的什么条件.

（1）A: $|p|\geqslant 2, p\in \mathbf{R}$；$B$: 方程 $x^2+px+p+3=0$ 有实根.

（2）A: $|2x-3|>1$；B: $\dfrac{1}{x^2+x-6}>0$.

（3）A: 圆 $x^2+y^2=r^2$ 与直线 $ax+by+c=0$ 相切；B: $c^2=(a^2+b^2)r^2$.

答案：要判断 A 是 B 的什么条件，只要判断由 A 能否推出 B 和由 B 能否推出 A 即可.

（1）必要非充分条件.

解析 因为

$$|p|\geqslant 2, p\in \mathbf{R} \Leftrightarrow \{p\geqslant 2 \text{ 或 } p\leqslant -2\},$$

方程 $x^2+px+p+3=0$ 有实根 $\Leftrightarrow \Delta\geqslant 0 \Leftrightarrow p^2-4(p+3)\geqslant 0 \Leftrightarrow \{p\leqslant -2$ 或 $p\geqslant 6\}$，

所以

$$A=\{p\mid p\geqslant 2 \text{ 或 } p\leqslant -2\} \overset{\not\Rightarrow}{\Leftarrow} B=\{p|p\geqslant 6 \text{或} p\leqslant -2\},$$

即 $x\in A \overset{\not\Rightarrow}{\Leftarrow} x\in B$. 所以 A 是 B 的必要非充分条件.

（2）必要非充分条件.

解析 因为

$$|2x-3|>1 \Leftrightarrow \{x|x<1 \text{或} x>2\}；\quad \frac{1}{x^2+x-6}>0 \Leftrightarrow \{x|x<-3 \text{或} x>2\},$$

所以 A 推不出 B，但 B 可以推出 A，故 A 是 B 的必要非充分条件.

（3）充要条件.

解析

直线 $ax+by+c=0$ 与圆 $x^2+y^2=r^2$ 相切 $\Leftrightarrow$ 点$(0, 0)$到直线的距离 $d=r$，

即
$$\frac{|c|}{\sqrt{a^2+b^2}}=r \Leftrightarrow c^2=(a^2+b^2)r^2.$$

所以 A 是 B 的充要条件.

例 2 填空（在“充分而不必要条件”，“必要而不充分条件”，“充要条件”，“既不充分也不必要条件”中选一种）.

（1）已知：$p: m>0$；q: 方程 $x^2+x-m=0$ 有实根. 则 p 是 q 的__________条件.

（2）已知：$p:|x+1|\leqslant 4$；$q:x^2<5x-6$，则 $\neg p$ 是 $\neg q$ 的______________条件.

解析（1）（方法一：定义法）因为

$$m>0\Rightarrow \text{方程 } x^2+x-m=0 \text{有实根；}$$

但是

$$\text{方程 } x^2+x-m=0 \text{有实根} \Leftrightarrow \Delta\geqslant 0\Leftrightarrow 1+4m\geqslant 0 \nRightarrow m>0.$$

所以 p 是 q 的充分而不必要条件.

（方法二：从集合的观点入手）

$$p:m\in A=\{m|m>0\};$$

$$q:m\in B=\left\{m\middle|\text{方程}x^2+x-m=0\text{有实根}\right\}=\left\{m\middle|m\geqslant -\frac{1}{4}\right\},$$

因为 $A\subsetneqq B$，所以 p 是 q 的充分而不必要条件.

（2）

$$p:|x+1|\leqslant 4\Leftrightarrow \{x\mid -5\leqslant x\leqslant 3\};$$

$$q:x^2<5x-6\Leftrightarrow x^2-5x+6<0\Leftrightarrow \{x|2<x<3\}.$$

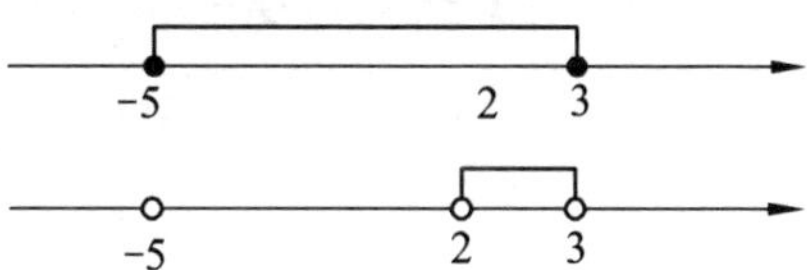

由图可知：$q\Rightarrow p$ 但 $p\nRightarrow q$，故 q 是 p 的充分不必要条件，故 $\neg p$ 是 $\neg q$ 的充分不必要条件.

知能迁移

***理论升华　整体建构**

1. 要判断一个全称命题是真命题，必须对限定的集合 M 中每一个元素 x，验证 $p(x)$ 成立；要判断全称命题是假命题，只要能举出集合 M 中的一个 $x=x_0$，使 $p(x_0)$ 不成立即可

2. 要判断一个特称命题真假的依据：只要在限定集合 M 中，至少能找到一个 $x=x_0$，使 $p(x_0)$ 成立，则这个特称命题就是真命题，否则就是假命题.

3. 处理充分、必要条件问题时，首先要分清条件与结论.

4. 正确使用判定充要条件的三种方法，要重视等价关系的转换，特别是 $\neg p$ 与 $\neg q$ 的关系.

活页作业

***运用知识　强化练习**

练习 9.2

1. 写出下列命题的否定，并判断真假.

（1）$\forall x\in \mathbf{R},\ x^2-x+\frac{1}{4}\geqslant 0$；　　（2）所有的正方形都是矩形；

（3）$\exists x_0 \in \mathbf{R}$, $x_0^2+2x_0+2\leqslant 0$；（4）至少有一个实数 x_0，使得 $x_0^2+2=0$.

2. “已知 a, b, c, d 是实数，若 $a>c$ ，$b>d$ ，则 $a+b>c+d$”，写出下面相应的命题，并判断真假.

上述命题的逆命题为：______________，______________；

上述命题的否命题为：______________，______________；

上述命题的否定为：______________，______________.

3. 条件 $p: |x|>1$，条件 $q: x<-2$，则 $\neg p$ 是 $\neg q$ 的（　　）.

A. 充分而不必要条件　　B. 必要而不充分条件

C. 充要条件　　D. 既不充分又不必要条件

9.3　全称量词与存在量词

自主学习

基础自测

1. 所有的中职学生，都应该考取技能等级证；
2. 任意一个技师学子，必须遵守技师校规校纪；
3. 每个三年级学生都可以参加招聘会.

找出表示全体的词语.

答案：所有，任意，每个

新知学习

***创设情景　兴趣导入**

问题

1. 三年级一班有一个学生考取了技能等级证 ；
2. 我们几个至少有一个去参加会议；
3. 在今天下午的课堂上，有些学生不遵守纪律.

找出表示部分的词语.

答案：有一个，至少有一个，有些

***动脑思考　探索新知**

全称量词与存在量词

1. 全称量词与存在量词.

（1）全称量词及表示：表示全体的量词称为全称量词. 表示形式为“所有”、“任意”、“每一个”等，通常用符号“$\forall$”表示，读作“对任意”. 含有全称量词的命题，叫做全称命题.

全称命题“对 M 中任意一个 x，有 $p(x)$成立”可表示为“$\forall x\in M, p(x)$”，其中 M 为给定的集合，$p(x)$是关于 x 的命题.

（2）存在量词及表示：表示部分的量词称为存在量词. 表示形式为“有一个”、“存在一个”、“至少有一个”、“有点儿”、“有些”等，通常用符号“∃”表示，读作“存在”. 含有存在量词的命题，叫做特称命题. 特称命题“存在 M 中的一个 x，使 $p(x)$成立”可表示为“$\exists x\in M, p(x)$”，其中 M 为给定的集合，$p(x)$是关于 x 的命题.

2. 对含有一个量词的命题进行否定.

（1）对含有一个量词的全称命题的否定

全称命题 p：$\forall x\in M, p(x)$，其否定命题 $\neg p$：$\exists x\in M, \neg p(x)$. 全称命题的否定是特称命题.

（2）对含有一个量词的特称命题的否定

特称命题 p：$\exists x\in M, p(x)$，其否定命题 $\neg p$：$\forall x\in M, \neg p(x)$. 特称命题的否定是全称命题.

注意

（1）命题的否定与命题的否命题是不同的. 命题的否定只对命题的结论进行否定（否定一次），而命题的否命题则需要对命题的条件和结论同时进行否定（否定二次）.

（2）一些常见词的否定：

正面词	等于	大于	小于	是	都是	一定是	至少一个	至多一个
否定词	不等于	不大于	不小于	不是	不都是	一定不是	一个也没有	至少两个

规律方法指导

1. 解答命题及其真假判断问题时，首先要理解命题及相关概念，特别是互为逆否命题的真假性一致.

2. 要注意区分命题的否定与否命题.

3. 要注意逻辑联结词“或”、“且”、“非”与集合中的“并”、“交”、“补”是相关的，将二者相互对照可加深认识和理解.

4. 处理充要条件问题时，首先要分清条件和结论. 对于充要条件的证明，必须证明充分性，又要证明必要性. 判断充要条件一般有三种方法：用集合的观点、用定义以及利用命题的等价性. 求充要条件的思路是：先求必要条件，再证明这个必要条件是充分条件.

5. 特别重视数形结合思想与分类讨论思想的运用.

典例剖析

例 1 判断下列命题的真假，写出它们的否定并判断真假.

（1）$p:\forall x\in \mathbf{R},\ x^2+2>0$；　　（2）$p:\exists x_0\in \mathbf{R},\ x_0^2+1=0$；

（3）$p:\forall x\in \mathbf{R},\ x^2-3x+2=0$；　　（4）$p:\exists x_0\in \mathbf{Q},\ x_0^2=4$.

解析　（1）由于 $\forall x\in \mathbf{R}$ 都有 $x^2\geqslant 0$，故 $x^2+2\geqslant 2>0$，p 为真命题.

$\neg p:\exists x_0\in \mathbf{R}, x_0^2+2\leqslant 0$，$\neg p$ 为假命题.

（2）因为不存在一个实数 x，使 $x^2+1=0$ 成立，p 为假命题.

$\neg p: \forall x \in \mathbf{R}, x^2+1 \neq 0$，$\neg p$ 为真命题.

（3）因为只有 $x=2$ 或 $x=1$ 满足方程，p 为假命题.

$\neg p: \exists x_0 \in \mathbf{R}, x_0^2-3x_0+2 \neq 0$，$\neg p$ 为真命题.

（4）由于使 $x^2=4$ 成立的数有 ± 2，且它们是有理数，p 为真命题.

$\neg p: \forall x \in \mathbf{Q}, x^2 \neq 4$，$\neg p$ 为假命题.

例 2　求证：关于 x 的方程 $ax^2+bx+c=0$ 有一根为 1 的充分必要条件是 $a+b+c=0$.

证明（1）必要性，即证“$x=1$ 是方程 $ax^2+bx+c=0$ 的根 $\Rightarrow a+b+c=0$”.

因为 $x=1$ 是方程的根，所以将 $x=1$ 代入方程，得

$$a \cdot 1^2+b \cdot 1+c=0,$$

即 $a+b+c=0$ 成立.

（2）充分性，即证“$a+b+c=0 \Rightarrow x=1$ 是方程 $ax^2+bx+c=0$ 的根”.

把 $x=1$ 代入方程的左边，得

$$a \cdot 1^2+b \cdot 1+c=a+b+c.$$

因为 $a+b+c=0$，所以

$$a \cdot 1^2+b \cdot 1+c=0.$$

所以 $x=1$ 是方程的根成立.

综合（1）（2）知命题成立.

知能迁移

***理论升华　整体建构**

1. 要判断一个全称命题是真命题，必须对限定的集合 M 中的每一个元素 x，验证 $p(x)$ 成立；要判断全称命题是假命题，只要能举出集合 M 中的一个 $x=x_0$，使 $p(x_0)$ 不成立即可.

2. 要判断一个特称命题是真命题：只要在限定集合 M 中，至少能找到一个 $x=x_0$，使 $p(x_0)$ 成立，这个特称命题就是真命题，否则就是假命题.

活页作业

***运用知识　强化练习**

练习 9.3

1. 判断下列命题的真假：

（1）$\forall x \in \mathbf{N}, x^4 \geqslant 1$；　　（2）$\exists x_0 \in \mathbf{Z}, x_0^3<1$.

2. 写出下列命题的否定，并判断真假.

（1）$\forall x \in \mathbf{R}, x^2-x+\dfrac{1}{4} \geqslant 0$；　　（2）所有的正方形都是矩形；

（3）$\exists x_0 \in \mathbf{R}, x_0^2+2x_0+2 \leqslant 0$；（4）至少有一个实数 x，使得 $x_0^2+2=0$.

3. 设 $m\in \mathbf{Z}, n\in \mathbf{Z}$，有下列四个命题：

① $\forall n, n^2 \geqslant n$　② $\forall n, n^2 < n$；

③ $\forall n, \exists m, m^2 < n$　④ $\exists n, \forall m, mn = m$

其中真命题的序号是________.（把你认为符合的命题序号都填上）

4. 给定下列命题：

①“若 $m\leqslant 1$，则方程 $x^2-2x+m=0$ 有实根”的逆否命题；

②“若 $a>b$，则 $a+c>b+c$”的否命题；

③“若 $xy=0$，则 x, y 中至少有一个为 0”的否命题；

④“若 $ac^2>bc^2$，则 $a>b$”的逆命题.

其中真命题的序号是________.

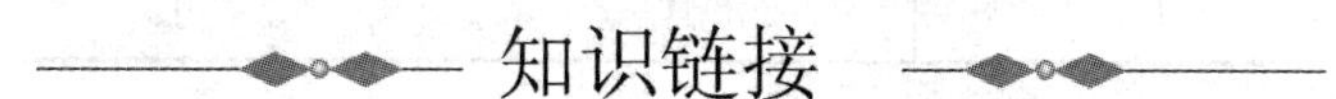

知识链接

【知识链接】**通过对第 9 章的学习，我们一起来解决本章开头提出的问题.**

将以下真值表转换成电路功能表和电路真值表.

p	q	非 p	p 或 q	p 且 q
真	真	假	真	真
真	假	假	真	假
假	真	真	真	假
假	假	真	假	假

（注：p,q 代表两个命题）

解　绘制电路图及逻辑符号：

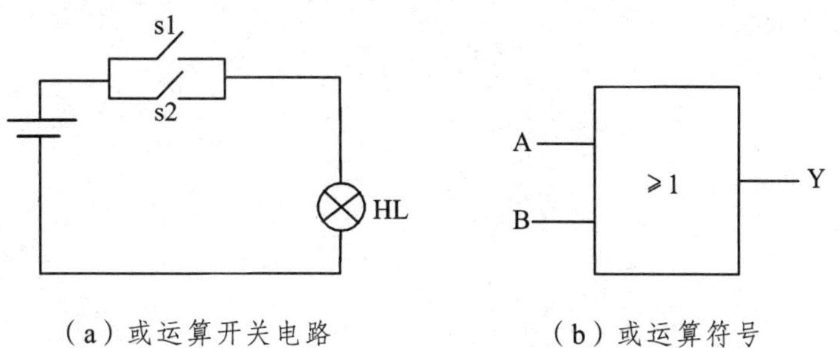

（a）或运算开关电路　（b）或运算符号

其中 s1, s2 表示开关，HL 表示电灯；A 代表 s1，B 代表 s2，Y 代表 HL.

电路功能表:

开关 s1	开关 s2	灯 HL
断开	断开	灭
断开	闭合	亮
闭合	断开	亮
闭合	闭合	亮

电路真值表：

A	B	Y
0	0	0
0	1	1
1	0	1
1	1	1

第 10 章　推理与证明

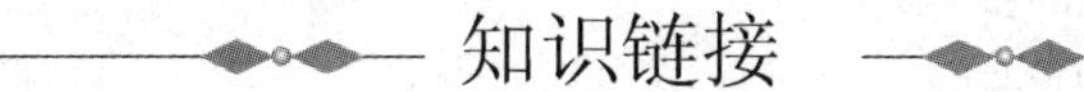

知识链接

【知识链接】**在电子技术应用中，我们时时都会遇到用数学知识来计算的问题.** 例如：

想象一下您自己身在一个有三个电开关的房间里. 在与之毗邻的房间里有三个灯泡（或者说放在普通桌子上的台灯），它们是不亮的，而且每一个开关控制一盏台灯，您是不可能从一个房间看到另一个房间的. 如果你只可以开着电灯进入房间一次，你怎样才能知道哪个开关配哪个灯呢？

这个问题就要涉及我们数学中的“推理与证明”，下面请跟我们一起来学习吧.

10.1-1　合理推理

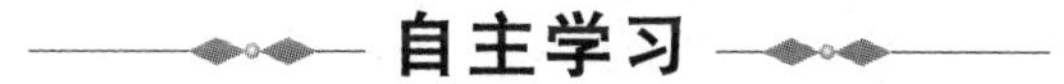

自主学习

问题情境

***创设情景　兴趣导入**

问题情境

哥德巴赫猜想：观察分析：

$$4=2+2,\ 6=3+3,\ 8=5+3,\ 10=5+5,\ 12=5+7,\ 14=7+7,\ 16=13+3,$$
$$18=11+7,\ 20=13+7,\ \cdots,\ 50=13+37,\ \cdots,\ 100=3+97,$$

猜测：任一偶数（除去 2，它本身是一素数）可以表示成两个素数之和.

德国数学家哥德巴赫在 1742 年提出此猜想，由于自己无法证明，便写信给欧拉请求帮忙，但欧拉及以后的数学家也无人证明，这成为数学史上举世闻名的猜想. 1973 年，我国数学家陈景润证明了：充分大的偶数可表示为一个素数与至多两个素数乘积之和，数学上把它称为“1 + 2”.

学生活动

学生思考、讨论.

建构数学

***动脑思考　探索新知**

概念

1. 概念：由某类事物的部分对象具有某些特征，推出该类事物的全部对象都具有这些特征的推理，或者由个别事实概括出一般结论的推理，称为归纳推理. 简言之，归纳推理是由部分到整体、由个别到一般的推理.

2. 归纳推理的几个特点：

（1）归纳是依据特殊现象推断一般现象，因而由归纳所得的结论超越了前提所包容的范围.

（2）归纳是依据若干已知的、没有穷尽的现象推断尚属未知的现象，因而结论具有猜测性.

（3）归纳的前提是特殊情况，因而归纳应立足于观察、经验和实验基础之上.

3. 归纳推理的一般步骤：

（1）对有限的资料进行观察、分析、归纳、整理；

（2）提出带有规律性的结论，即猜想；

（3）检验猜想.

4. 归纳练习：

（1）由铜、铁、铝、金、银能导电，能归纳出什么结论？

（2）由直角三角形、等腰三角形、等边三角形的内角和为 180°，能归纳出什么结论？

（3）观察等式：

$$1+3=4=2^2,\ 1+3+5=9=3^2,\ 1+3+5+7=16^2=4^2,$$

能得出怎样的结论？

5. 讨论：

（1）统计学中，从总体中抽取样本，然后用样本估计总体，是否属归纳推理？

（2）归纳推理有何作用？（发现新事实，获得新结论，是做出科学发现的重要手段）

（3）归纳推理的结果是否正确？（不一定）

典例剖析

例 1　观察下式，可以发现：

$$1=1^2,\ 1+3=4=2^2,\ 1+3+5=9=3^2,\ 1+3+5+7=16=4^2,$$

$$1+3+5+7+9=25=5^2,\ \cdots$$

由上述具体事实能得出怎样的结论？

例 2　已知数列 $\{a_n\}$ 的第 1 项 $a_1=2$，且 $a_{n+1}=\dfrac{a_n}{1+a_n}\ (n=1,2,\cdots)$，试归纳出通项公式.

（分析思路：试值 $n=1, 2, 3, 4$→猜想 a_n→如何证明：将递推公式变形，再构造新数列）

例 3 数一数图中凸多面体的面数 F、顶点数 V 和棱数 E，然后用归纳法推理得出它们之间的关系.

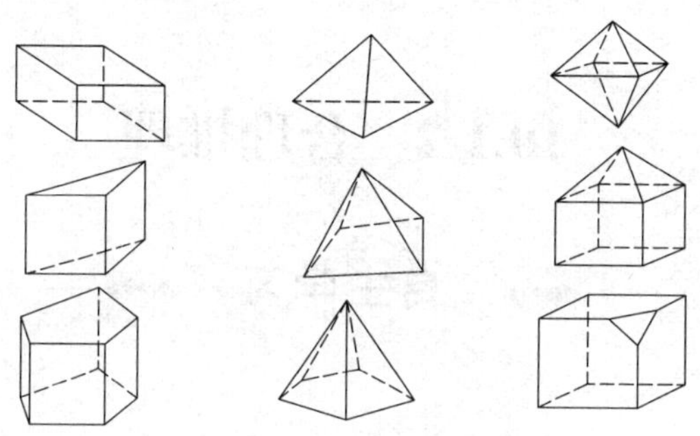

知能迁移

***理论升华 整体建构**

猜想：$F+V-E=2$——欧拉公式.

多面体	面数（F）	顶点数（V）	棱数（E）
三棱锥	4	4	6
四棱锥	5	5	8
三棱柱	5	6	9
五棱锥	6	6	10
立方体	6	8	12
正八面体	8	6	12
五棱柱	7	10	15
截角正方体	7	10	15
尖顶塔	9	9	16

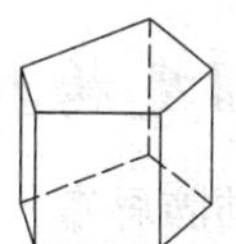

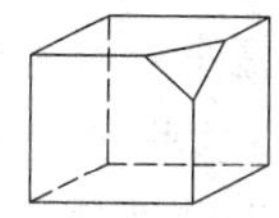

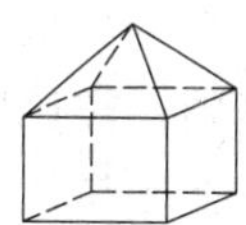

（1）归纳推理的方法：由部分到整体、由个别到一般.

（2）典型例子：哥德巴赫猜想的提出；数列通项公式的归纳.

活页作业

***运用知识 强化练习**

练习 10.1-1

1. 观察：

$$5^2-1=24,\ 7^2-1=48,\ 11^2-1=120,\ 13^2-1=168,\ \cdots$$

所得结果都是 24 的倍数. 继续试验，你能得到什么猜想？

2. 在数列 $\{a_n\}$ 中，$a_1=1$，$a_{n+1}=\frac{2a_n}{2+a_n}(n\in \mathbf{N}^*)$，试猜想这个数列的通项公式.

3. 对于任意正整数 n，猜想 2^{n-1} 与 $(n+1)^2$ 的大小关系.

10.1-2　合理推理

自主学习

问题情境

***创设情景　兴趣导入**

导入

鲁班由带齿的草发明锯；人类仿照鱼类外形及沉浮原理发明潜水艇；地球上有生命，火星与地球有许多相似点，如都是绕太阳运行、绕轴自转的行星，有大气层，也有季节变更，温度也适合生物生存，科学家猜测：火星上有生命存在. 以上都是类比思维，即类比推理.

建构数学

***动脑思考　探索新知**

概念

1. 概念：由两类对象具有某些类似特征和其中一类对象的某些已知特征，推出另一类对象也具有这些特征的推理. 简言之，类比推理是由特殊到特殊的推理.

2. 类比推理的几个特点：

（1）类比是从人们已经掌握了的事物的属性，推测正在研究的事物的属性，是以旧有的认识为基础，类比出新的结果.

（2）类比是从一种事物的特殊属性推测另一种事物的特殊属性.

（3）类比的结果是猜测性的，不一定可靠，但它有发现功能.

利用圆的性质类比出球的性质：

圆的概念和性质	球的概念和性质
圆的周长 $S=2\pi R$	球的表面积 $S=4\pi R^2$
圆的面积 $S=\pi R^2$	球的体积 $V=\frac{4}{3}\pi R^3$
圆心与弦（非直径）中点的连线垂直于弦	球心与不过球心的截面（圆面）圆点的连线垂直于截面
与圆心距离相等的两弦相等	与球心距离相等的两截面面积相等
与圆心距离不相等的两弦不相等，距圆心较近的弦较长	与球心距离不相等的两截面面积不相等，距球心较近的面积较大
以点 (x_0,y_0) 为圆心，r 为半径的圆的方程为 $(x-x_0)^2+(y-y_0)^2=r^2$	以点 (x_0,y_0,z_0) 为球心，r 为半径的球的方程为 $(x-x_0)^2+(y-y_0)^2+(z-z_0)^2=r^2$

典例剖析

例 1 类比实数的加法和乘法，列出它们相似的运算性质：

类比角度	实数的加法	实数的乘法
运算结果	若 $a,b\in\mathbf{R}$, 则 $a+b\in\mathbf{R}$	若 $a,b\in\mathbf{R}$, 则 $ab\in\mathbf{R}$
运算律	$a+b=b+a$ $(a+b)+c=a+(b+c)$	$ab=ba$ $(ab)c=a(bc)$
逆运算	加法的逆运算是减法，使得方程 $a+x=0$ 有唯一解 $x=-a$	乘法的逆运算是除法，使得方程 $ax=1$ 有唯一解 $x=\dfrac{1}{a}$
单位元	$a+0=a$	$a\cdot 1=1$

例 2 类比平面内直角三角形的勾股定理，试给出空间中四面体性质的猜想.

思维 直角三角形中，$\angle C=90^\circ$，3 条边的长度 a,b,c，2 条直角边 a,b 和 1 条斜边 c.→3 个面两两垂直的四面体中，$\angle PDF=\angle PDE=\angle EDF=90^\circ$，4 个面的面积 S_1,S_2,S_3 和 S，3 个“直角面” S_1,S_2,S_3 和 1 个“斜面” S. →拓展：三角形到四面体的类比.

知能迁移

***理论升华　整体建构**

类比推理的一般步骤：

1. 找出两类对象之间可以确切表述的相似特征.
2. 用一类对象的已知特征去推测另一类对象的特征，从而得出一个猜想.
3. 检测猜想.

小结

归纳推理和类比推理的过程：

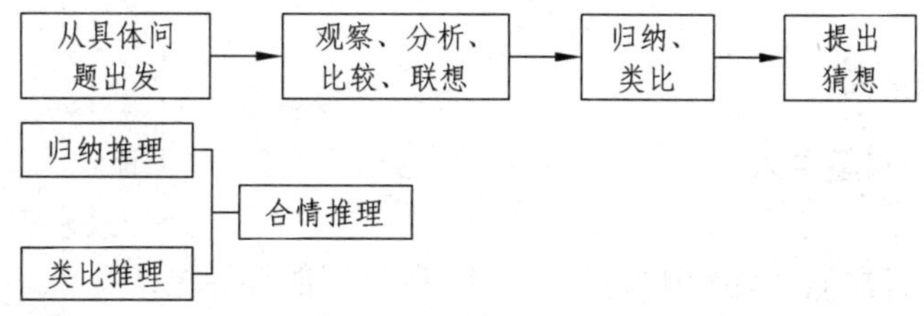

通俗地说，合情推理是指“合乎情理”的推理.

活页作业

***运用知识　强化练习**

课堂练习 10.1-2

1. 如图所示，若射线 OM, ON 上分别存在点 M_1, M_2 与点 N_1, N_2，则三角形面积之比

$$\frac{S_{\triangle OM_1N_1}}{S_{\triangle OM_2N_2}}=\frac{OM_1}{OM_2}\cdot\frac{ON_1}{ON_2}.$$

若不在同一平面内的射线 OP, OQ 和 OR 上分别存在点线 P_1, P_2 点 Q_1, Q_2 和点 R_1, R_2，则类似的结论是什么？

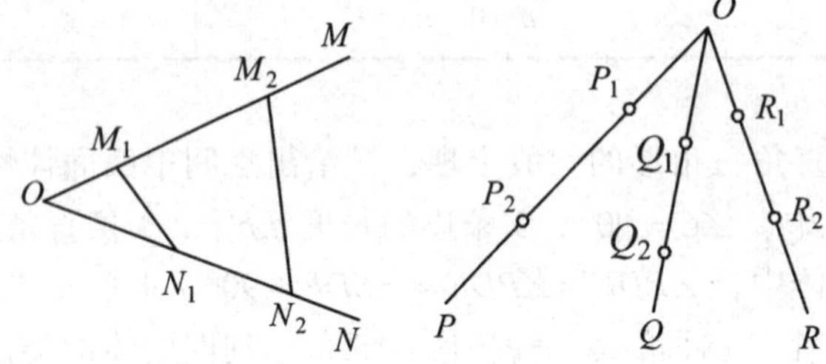

2. 在等差数列 $\{a_n\}$ 中，若 $a_{10}=0$，则有

$$a_1+a_2+\cdots+a_n=a_1+a_2+\cdots+a_{19-n}(n<19且n\in\mathbf{N^*})$$

成立. 类比上述性质，在等比数列 $\{b_n\}$ 中，若 $b_9=1$，则存在怎样的等式？

10.2　演绎推理

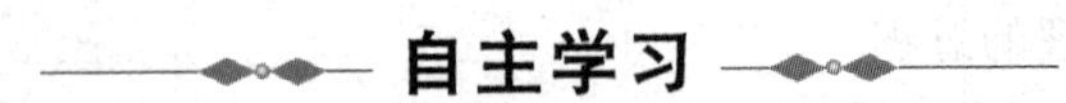

自主学习

问题情境

***创设情景　兴趣导入**

观察与思考

1. 所有的金属都能导电. 因为铜是金属，所以铜能够导电.
2. 一切奇数都不能被 2 整除. 因为(2100 + 1)是奇数，所以(2100 + 1)不能被 2 整除.
3. 三角函数都是周期函数. 因为 $\tan\alpha$ 是三角函数，所以是 $\tan\alpha$ 是周期函数.

学生活动

学生思考、讨论.

建构数学

***动脑思考　探索新知**

概念

1. 概念：从一般性的原理出发，推出某个特殊情况下的结论，我们把这种推理称为**演绎推理**.

要点：由**一般**到**特殊**的推理.

2. 讨论：演绎推理与合情推理有什么区别？

合情推理 $\begin{cases}\text{归纳推理：由特殊到一般}\\ \text{类比推理：由特殊到特殊}\end{cases}$；

演绎推理：由一般到特殊.

“三段论”是演绎推理的一般模式：

第一段：大前提——已知的一般原理；

第二段：小前提——所研究的特殊情况；

第三段：结论——根据一般原理，对特殊情况做出判断.

例如：菱形是平行四边形　　　　　　（大前提）

　　　四边形 $ABCD$ 是菱形　　　　　（小前提）

　　　四边形 $ABCD$ 是平行四边形　　（结论）（加上一个例子）

3. 举例：举出一些用“三段论”推理的例子.

典例剖析

例 1　如图所示：在锐角三角形 ABC 中，$AD\perp BC$，$BE\perp AC$，D,E 是垂足，求证 AB 的中点 M 到 D,E 的距离相等.

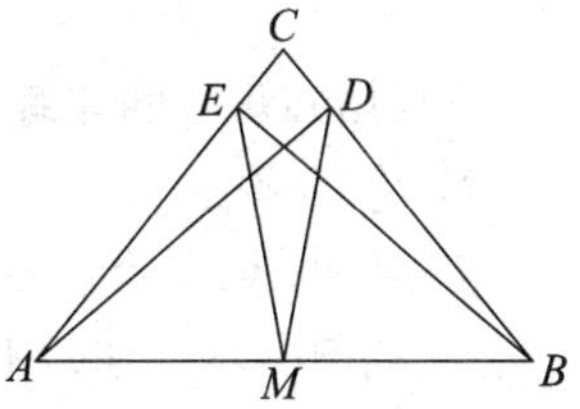

证明　（1）因为有一个内角是直角的三角形是直角三角形，（大前提）.

在 $\triangle ABC$ 中，$AD\perp BC$，即 $\angle ADB=90°$，（小前提）

所以 $\triangle ABD$ 是直角三角形.（结论）

同理 $\triangle ABE$ 是直角三角形.

（2）因为直角三角形斜边上的中线等于斜边的一半，（大前提）

M 是 $Rt\triangle ABD$ 斜边 AB 的中点，DM 是斜边上的中线，（小前提）

所以 $DM=\frac{1}{2}AB$.（结论）

同理 $EM=\frac{1}{2}AB$.

所以 $DM = EM$.

例 2 证明函数 $f(x)=-x^2+2x$ 在 $(-\infty,1]$ 上是增函数.

证明 满足对于任意 $x_1,x_2\in D$, 若 $x_1<x_2$, 有 $f(x_1)<f(x_2)$ 成立的函数 $f(x)$, 是区间 D 上的增函数（大前提）

任取 $x_1,x_2\in(-\infty,1]$ 且 $x_1<x_2$,

$$f(x_1)-f(x_2)=(-x_1^2+2x_1)-(x_2^2+2x_2)=(x_2-x_1)(x_1+x_2-2),$$

因为 $x_1<x_2$, 所以 $x_2-x_1>0$.

因为 $x_1,x_2\leqslant 1$, 所以 $x_1+x_2-2<0$.

因此 $f(x_1)-f(x_2)<0$, 即 $f(x_1)<f(x_2)$.（小前提）

所以函数 $f(x)=-x^2+2x$ 在 $(-\infty,1]$ 上是增函数.（结论）

知能迁移

***理论升华　整体建构**

比较

合情推理与演绎推理的区别与联系？（从推理形式、结论正确性等角度进行比较：演绎推理可以验证合情推理的结论，合情推理为演绎推理提供方向和思路.）

1. ① 归纳是由特殊到一般的推理；② 类比是由特殊到特殊的推理；③ 演绎推理是由一般到特殊的推理.

2. 从推理的结论来看, 合情推理的结论不一定正确, 有待证明; 演绎推理得到的结论一定正确.

演绎推理是证明数学结论、建立数学体系的重要思维过程.

活页作业

***运用知识　强化练习**

练习 10.2

1. 证明：通项公式为 $a_n=cq^n(cq\neq 0)$ 的数列 $\{a_n\}$ 是等比数列, 并分析证明过程中的三段论.

2. 如图所示, 在 $\triangle ABC$ 中, $AC>BC$, CD 是 AB 边上的高, 求证: $\angle ACD>\angle BCD$.

证明 在 $\triangle ABC$ 中, 因为 $CD\perp AB$, $AC>BC$, 所以

$$AD>BD.$$

于是

$$\angle ACD>\angle BCD.$$

指出上面证明过程中的错误.

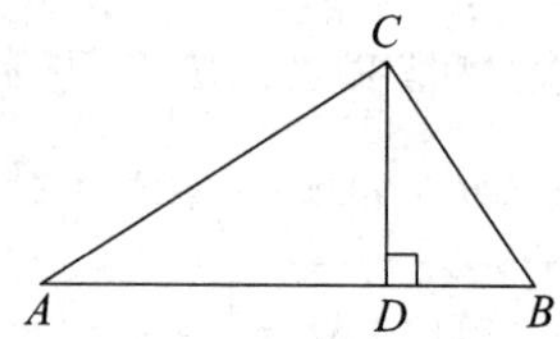

10.3-1 综合法和分析法

自主学习

问题情境

***创设情景　兴趣导入**

1. 已知 “若 $a_1,a_2\in\mathbf{R}^+$，且 $a_1+a_2=1$，则 $\frac{1}{a_1}+\frac{1}{a_2}\geqslant 4$”，试根据此结论推广猜想.

（**答案**：若 $a_1,a_2,\cdots,a_n\in\mathbf{R}^+$，且 $a_1+a_2+\cdots+a_n=1$，则 $\frac{1}{a_1}+\frac{1}{a_2}+\cdots+\frac{1}{a_n}\geqslant n^2$ ）

2. 已知 $a,b,c\in\mathbf{R}^+$，$a+b+c=1$，求证：$\frac{1}{a}+\frac{1}{b}+\frac{1}{c}\geqslant 9$.

（先完成证明→讨论：证明过程有什么特点？）

学生活动

学生思考、讨论.

建构数学

例 1　已知 a, b, c 是不全相等的正数，求证：$a(b^2+c^2)+b(c^2+a^2)\geqslant 4abc$.

提出综合法：利用已知条件和某些数学定义、公理、定理等，经过一系列的推理论证，最后推导出所要证明的结论成立.

框图表示：$(P\Rightarrow Q_1)\to(Q_1\Rightarrow Q_2)\to(Q_2\Rightarrow Q_3)\to\cdots\to(Q_n\Rightarrow Q)$

要点：顺推证法：由因导果.

例 2　设 $\overrightarrow{CB}=\vec{a}$, $\overrightarrow{CA}=\vec{b}$，求证 $S_{\triangle ABC}=\frac{1}{2}\sqrt{|\vec{a}|^2|\vec{b}|^2-(\vec{a}\cdot\vec{b})^2}$

例 3　在$\triangle ABC$中，三个内角 A, B, C 的对边分别为 a, b, c，且 A, B, C 成等差数列，a, b, c 成等比数列. 求证：$\triangle ABC$ 为等边三角形.

知能迁移

1. 已知 a, b, c 是全不相等的正实数，求证：$\frac{b+c-a}{a}+\frac{a+c-b}{b}+\frac{a+b-c}{c}>3$.

2. A,B 为锐角，且 $\tan A+\tan B+\sqrt{3}\tan A\tan B=\sqrt{3}$，求证：$A+B=60°$.（提示：算 $\tan(A+B)$ ）

3. 小结：综合法是从已知的 P 出发，得到一系列的结论 $Q_1,Q_2,\cdots$，直到最后的结论 Q. 运用综合法可以解决不等式、数列、三角、几何、数论等相关证明问题.

活页作业

***运用知识　强化练习**

练习 10.3-1

1. 求证：对于任意角 θ，$\cos^4\theta-\sin^4\theta=\cos 2\theta$.（教材 P44 练习 1 题）

2. $\triangle ABC$ 的三个内角 A,B,C 成等差数列，求证：$\dfrac{1}{a+b}+\dfrac{1}{b+c}=\dfrac{3}{a+b+c}$.

10.3-2　综合法和分析法

自主学习

问题情境

***创设情景　兴趣导入**

提问

基本不等式的形式？

讨论

如何证明基本不等式 $\dfrac{a+b}{2}\geqslant\sqrt{ab}\ (a>0,b>0)$.

（讨论→板演→分析思维特点：从结论出发，一步步探求结论成立的充分条件）

典例剖析

例 1　求证：$\sqrt{3}+\sqrt{5}>\sqrt{2}+\sqrt{6}$.

（1）讨论：能用综合法证明吗？→如何从结论出发，寻找结论成立的充分条件？→板演证明过程（注意格式）→再讨论：能用综合法证明吗？→比较：两种证法.

（2）提出分析法：从要证明的结论出发，逐步寻找使它成立的充分条件，直至最后，把要证明的结论归结为判定一个明显成立的条件（已知条件、定理、定义、公理等）为止.

框图表示：$(Q\Leftarrow P_1)$ → $(P_1\Leftarrow P_2)$ → $(P_2\Leftarrow P_3)$ → … → （得到一个明显成立的条件）

（3）要点：逆推证法：执果索因.

例 2　已知 $a>b>0$，求证：$\dfrac{(a-b)^2}{8a}<\dfrac{a+b}{2}-\sqrt{ab}<\dfrac{(a-b)^2}{8b}$.

例 3　已知 $SA\perp$ 平面 ABC, $AB\perp BC$, 过 A 作 SB 的垂线, 垂足为 E, 过 E 作 SC 的垂线,垂足为 F, 求证 $AF\perp SC$.

例 4　已知 $\alpha,\beta\neq k\pi+\dfrac{\pi}{2}(k\in\mathbf{Z})$，且

$$\sin\theta+\cos\theta=2\sin\alpha\text{，}\qquad (1)$$

$$\sin\theta\cdot\cos\theta=\sin^2\beta\text{，}\qquad (2)$$

求证：$\dfrac{1-\tan^2\alpha}{1+\tan^2\alpha}=\dfrac{1-\tan^2\beta}{2(1+\tan^2\beta)}$.

练习：设 $x>0$，$y>0$，证明不等式：$(x^2+y^2)^{\frac{1}{2}}>(x^3+y^3)^{\frac{1}{3}}$.

（先讨论方法 → 分别运用分析法、综合法证明.）

知能迁移

1. 设 a, b, c 是 $\triangle ABC$ 的三边，S 是 $\triangle ABC$ 的面积，求证：$c^2-a^2-b^2+4ab\geqslant4\sqrt{3}S$.

略证　正弦、余弦定理代入得：

$$-2ab\cos C+4ab\geqslant2\sqrt{3}ab\sin C\text{，}$$

即证

$$2-\cos C\geqslant\sqrt{3}\sin C\text{，}$$

即

$$\sqrt{3}\sin C+\cos C\leqslant2\text{，}$$

即证

$$\sin\left(C+\frac{\pi}{6}\right)\leqslant1$$

成立.

2. **小结**：分析法由要证明的结论 Q 思考，一步步探求得到 Q 所需要的已知 $P_1,P_2,\cdots$，直到所有的已知 P 都成立.

比较好的证法是：用分析法去思考和寻找证题途径，用综合法进行书写；或者联合使用分析法与综合法，即从“欲知”向“需知”（分析），从“已知”推“可知”（综合），双管齐下，两面夹击，逐步缩小条件与结论之间的距离，找到沟通已知条件和结论的途径.

活页作业

***运用知识　强化练习**

练习 10.3-2

1. 求证：$\sqrt{6}+\sqrt{7}>2\sqrt{2}+\sqrt{5}$.

2. 设 a,b,c 为一个三角形的三边，且 $S^2=2ab$, $S=\dfrac{1}{2}(a+b+c)$，试证：$S<2a$.

3. 已知 $\tan\alpha+\sin\alpha=a$, $\tan\alpha-\sin\alpha=b$，求证：$(a^2-b^2)^2=16ab$.

10.4 反证法

自主学习

问题情境

***创设情景　兴趣导入**

A, B, C 三个人，A 说 B 撒谎，B 说 C 撒谎，C 说 A, B 都撒谎，则 C 必定是在撒谎. 为什么？

分析　假设 C 没有撒谎，则 C 真. $\Rightarrow A$ 假且 B 假.

由 A 假，知 B 真, 这与 B 假矛盾. $\Rightarrow$ 假设 C 没有撒谎不成立，$\Rightarrow C$ 必定在撒谎.

学生活动

学生思考、讨论.

建构数学

***动脑思考　探索新知**

教学反证法概念及步骤

提出反证法：一般地，假设原命题不成立，经过正确的推理，最后得出矛盾，因此说明假设错误，从而证明了原命题成立.

证明的基本步骤：假设原命题的结论不成立→从假设出发，经推理论证得到矛盾→矛盾的原因是假设不成立，从而原命题的结论成立.

应用的关键：在正确的推理下得出矛盾（与已知条件矛盾，或与假设矛盾，或与定义、公理、定理、事实矛盾等）.

方法的实质：反证法是利用互为逆否的命题具有等价性来进行证明的，即由一个命题与其逆否命题同真假，通过证明一个命题的逆否命题的正确，从而肯定原命题真实.

注：结合准备题分析以上知识.

典例剖析

例 1　已知 $p^3+q^3=2$，求证：$p+q\leqslant 2$.

例 2　已知 $a\neq 0$，证明关于 x 的方程 $ax=b$ 有且只有一个根.

例 3　求证：圆的两条不是直径的相交弦不能互相平分.

分析　如何否定结论？→如何从假设出发进行推理？→得到怎样的矛盾？

与教材不同的证法：反设 AB, CD 被 P 平分，因为 P 不是圆心，连结 OP，则由垂径定理：$OP\perp AB$，$OP\perp CD$，则过 P 有两条直线与 OP 垂直（矛盾），所以不被 P 平分.

例 4 若 a, b, c 均为实数，且 $a=x^2-2y+\frac{\pi}{2}$，$b=y^2-2z+\frac{\pi}{3}$，$c=z^2-2x+\frac{\pi}{6}$，实证：a, b, c 中至少有一个大于 0.

知能迁移

***理论升华　整体建构**

小结

反证法是从否定结论入手，经过一系列的逻辑推理，导出矛盾，从而说明原结论正确. 注意证明步骤和适应范围（“至多”、“至少”、“均是”、“不都”、“任何”、“唯一”等特征的问题）

活页作业

***运用知识　强化练习**

练习 10.4

1. 求证：$\sqrt{2},\sqrt{3},\sqrt{5}$ 不可能成等差数列.

2. $\triangle ABC$ 的三边 a, b, c 的倒数成等差数列，求证 $B<\frac{\pi}{2}$.

知识链接

【知识链接】**通过本章的学习，我们一起来解决开头出现的问题**.

想象一下您自己身在一个有三个电开关的房间里. 在与之因毗邻的房间里有三个灯泡（或者说放在普通桌子上的台灯），它们是不亮的，而且每一个开关控制一盏台灯，您是不可能从一个房间看到另一个房间的. 如果你只可以开着电灯进入房间一次，你怎样才能知道哪个开关配哪个灯呢？

分析　把第一盏灯泡开亮几分钟. 它会慢慢变热，对吧？然后你只需要把它关掉，再开亮另一盏. 走进房间，摸摸哪一盏灯是暖的，这就是之前先开的那盏. 其他的就可以很容易地区分开了.

第 11 章　算法初步

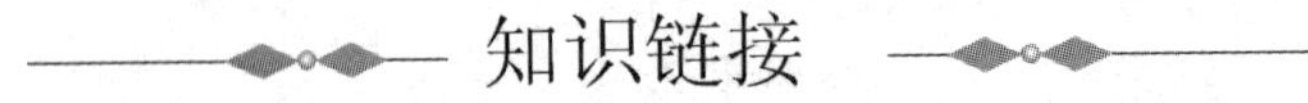

【知识链接】**在计算机程序设计中，我们常常需要用相应的数学知识来解决问题.** 例如：

电信部门规定：拨打市内电话时，如果通话时间不超过 3 分钟，则收取通话费 0.2 元；如果通话时间超过 3 分钟，则超过部分以每分钟 0.1 元收取通话费（通话不足 1 分钟时按 1 分钟计）. 试设计一个计算通话费用的算法. 要求写出算法，画出程序框图，编写程序.

我们会发现，题目中出现了“算法”、“程序框图（流程图）”、“程序（由语句组成）”，本章将对以上知识作有序、详细的讲解.

11.1　算法的含义

自主学习

基础自测

解二元一次方程组：$\begin{cases} x-2y=-1 & ① \\ 2x+y=1 & ② \end{cases}$，写出解题思路步骤.

答案： 解二元一次方程组的主要思想是消元，有代入消元和加减消元两种消元方法. 下面用加减消元法写出它的求解过程.

解　第一步：② - ① × 2，得：　$5y=3$；③

第二步：解③得　$y=\frac{3}{5}$；

第三步：将 $y=\frac{3}{5}$ 代入①，得 $x=\frac{1}{5}$.

新知学习

***创设情景　兴趣导入**

问题

写出求方程组 $\begin{cases} a_1x+b_1y=c_1 & ① \\ a_2x+b_2y=c_2 & ② \end{cases}$ $(a_1b_2-a_2b_1\neq 0)$ 的解.

解 第一步：②×a_1－①×a_2，得$(a_1b_2-a_2b_1)y=a_1c_2-a_2c_1$. ③

第二步：解③得$y=\dfrac{a_1c_2-a_2c_1}{a_1b_2-a_2b_1}$.

第三步：将$y=\dfrac{a_1c_2-a_2c_1}{a_1b_2-a_2b_1}$代入①，得$x=\dfrac{b_2c_1-b_1c_2}{a_1b_2-a_2b_1}$.

归纳

问题展示给我们完成某件事的方法和步骤.

***动脑思考 探索新知**

概念

在数学上，现代意义上的"算法"通常是指可以用计算机来解决的某一类问题的程序或步骤，这些程序或步骤必须是明确且有效的，而且能够在有限步之内完成.

说明

1. "算法"没有一个精确化的定义，教科书只对它作了描述性的说明.

2. 算法的特点:

（1）有限性:

一个算法的步骤序列是有限的，必须在有限步操作之后停止，不能是无限的.

（2）确定性:

算法中的每一步应该是确定的，并且能够有效地执行且得到确定的结果，而不应当是模棱两可.

（3）顺序性与正确性:

算法从初始步骤开始，分为若干明确的步骤；每一个步骤只能有一个确定的后继步骤，前一步是后一步的前提，只有执行完前一步才能进行下一步，并且每一步都准确无误，才能完成问题.

（4）不唯一性:

求解某一个问题的解法不一定是唯一的，对于一个问题可以有不同的算法.

（5）普遍性:

很多具体的问题，都可以设计合理的算法去解决，如心算、计算器计算都要经过有限、事先设计好的步骤加以解决.

典例剖析

例1 任意给定一个大于1的整数n，试设计一个程序或步骤对n是否为质数做出判断.

分析 （1）质数是只能被1和自身整除的大于1的整数.

（2）要判断一个大于1的整数n是否为质数，只要根据质数的定义，用比这个整数小的数去除n，如果它只能被1和本身整除，而不能被其他整数整除，则这个数便是质数.

解 算法:

第一步：判断n是否等于2. 若$n=2$，则n是质数；若$n>2$，则执行第二步.

第二步：依次从 $2 \sim (n-1)$检验是不是 n 的因数，即整除 n 的数. 若有这样的数，则 n 不是质数；若没有这样的数，则 n 是质数.

说明 本算法是用自然语言的形式描述的. 设计算法一定要做到以下要求：

（1）写出的算法必须能解决一类问题，并且能够重复使用.

（2）要使算法尽量简单、步骤尽量少.

（3）要保证算法正确，且计算机能够执行.

例 2 写出解方程 $x^2-2x-3=0$ 的一个算法.

解 （算法一）：

第一步：移项，得

$$x^2-2x=3; \qquad ①$$

第二步：①式两边同时加 1 并配方，得

$$(x-1)^2=4; \qquad ②$$

第三步：②式两边开方，得

$$x-1=\pm 2; \qquad ③$$

第四步：解③得 $x=3$ 或 $x=-1$.

（算法二）：

第一步：计算方程的判别式，判断其符号$\Delta=2^2+4\times 3=16>0$；

第二步：将 $a=1$，$b=-2$，$c=-3$ 代入求根公式 $x=\dfrac{-b\pm\sqrt{b^2-4ac}}{2a}$，得 $x_1=3$，$x_2=-1$.

评析 比较两种算法，算法二更简单，步骤少，所以利用公式解决问题是最理想、合算的算法. 因此在寻求算法的过程中，首先是利用公式.

下面设计一个求一般的一元二次方程 $ax^2+bx+c=0$ 的根的算法：

第一步：计算$\Delta=b^2+4ac$；

第二步：若$\Delta<0$；

第三步：输出方程无实根；

第四步：若$\Delta\geqslant 0$；

第五步：计算并输出方程的根 $x=\dfrac{-b\pm\sqrt{b^2-4ac}}{2a}$.

知能迁移

***理论升华　整体建构**

1. 算法概念和算法的基本思想：

（1）算法与一般意义上具体问题的解法的联系与区别；

（2）算法的五个特征.

2. 利用算法的思想和方法解决实际问题，能写出一些简单问题的算法.

3. 两类算法问题：

（1）数值性计算问题. 如：解方程（或方程组）、解不等式（或不等式组）、套用公式判断性的问题、累加、累乘等一类问题的算法描述，可通过相应的数学模型借助一般数学计算方法，分解成清晰的步骤，使之条理化即可.

（2）非数值性计算问题. 如：排序、查找、变量变换、文字处理等需先建立过程模型，通过模型进行算法设计与描述.

活页作业

***运用知识　强化练习**

练习 11.1

1. 求 $1\times3\times5\times7\times9\times11$ 的值，写出其算法.

2. 有蓝和黑两个墨水瓶，但现在却错把蓝墨水装在黑墨水瓶中，黑墨水错装在蓝墨水瓶中，要求将其互换，请你设计一个算法解决这个问题.

3. 任意给定一个正实数，试设计一个算法求以这个数为半径的圆的面积.

4. 任意给定一个大于 1 的正整数 n，试设计一个算法求出 n 的所有因数.

11.2　程序框图

自主学习

基础自测

写出方程组 $\begin{cases} x-2y=-1 & ① \\ 2x+y=1 & ② \end{cases}$ 的解题步骤，并用带箭头的线段来表示它们的先后顺序.

解　第一步：② − ① × 2，得 $5y=3$.③

↓

第二步：解③得 $y=\dfrac{3}{5}$；

↓

第三步：将 $y=\dfrac{3}{5}$ 代入①，得 $x=\dfrac{1}{5}$

新知学习

***创设情景　兴趣导入**

问题

我们都喜欢外出旅游，优美的风景美不胜收. 如果迷了路就不好玩了，而且问路有时还听不明白，真是急死人. 该怎样办呢？

解决

有的同学说买张旅游图不就好了吗，所以外出旅游先要准备好旅游图. 旅游图看起来直观、准确，本节将探究使算法表达得更加直观、准确的方法. 今天我们开始学习程序框图.

***动脑思考　探索新知**

概念

程序框图又称流程图，是一种用程序框、流程线及文字说明来表示算法的图形.

说明

在程序框图中，一个或几个程序框的组合表示算法中的一个步骤；带有方向箭头的流程线将程序框连接起来，表示算法步骤的执行顺序.

流程图的组成

1. 椭圆形框：▭ 表示程序的开始和结束，称为终端框（起止框）. 表示开始时只有一个出口；表示结束时只有一个入口.

2. 平行四边形框：▱ 表示一个算法输入和输出的信息，又称为输入、输出框，它有一个入口和一个出口.

3. 矩形框：▭ 表示计算、赋值等处理操作，又称为处理框（执行框），它有一个入口和一个出口.

4. 菱形框：◇ 是用来判断给出的条件是否成立，根据判断结果来决定程序的流向，称为判断框. 它有一个入口和两个出口.

5. 流程线：→ 表示程序的流向.

6. 圆圈：○ 连接点. 表示相关两框的连接处，圆圈内的数字相同的含义表示相连接在一起.

7. 总结如下表：

图形符号	名称	功能
▭	终端框（起止框）	表示一个算法的起始和结束
▱	输入、输出框	表示一个算法输入和输出的信息
▭	处理框（执行框）	赋值、计算
◇	判断框	判断某一条件是否成立，成立时在出口处标明“是”或“Y”；不成立时标明“否”或“N”
↓	流程线	连接程序框
○	连接点	连接程序框图的两部分

8. 很明显，顺序结构是由若干个依次执行的步骤组成的，这是任何一个算法都离不开的基本结构.

拓展

算法的三种逻辑结构可以用如下程序框图表示：

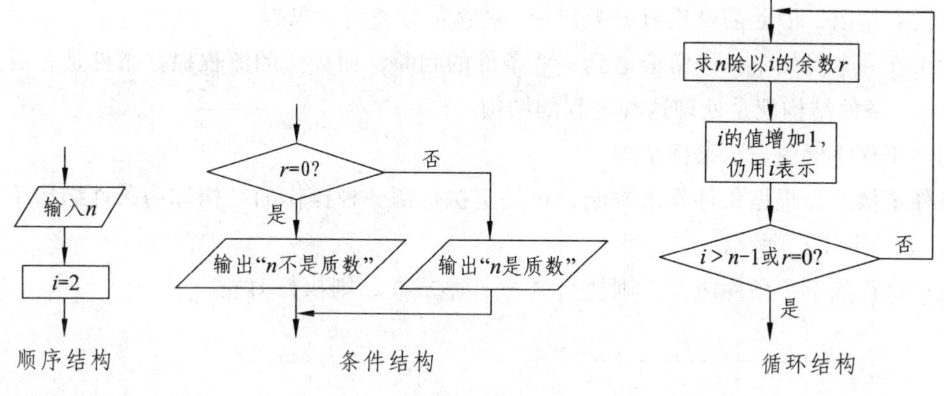

1. 顺序结构.

问题 1　写出通过尺轨作图确定线段 AB 的一个 5 等分点的程序框图.

解　利用我们学过的顺序结构得程序框图：

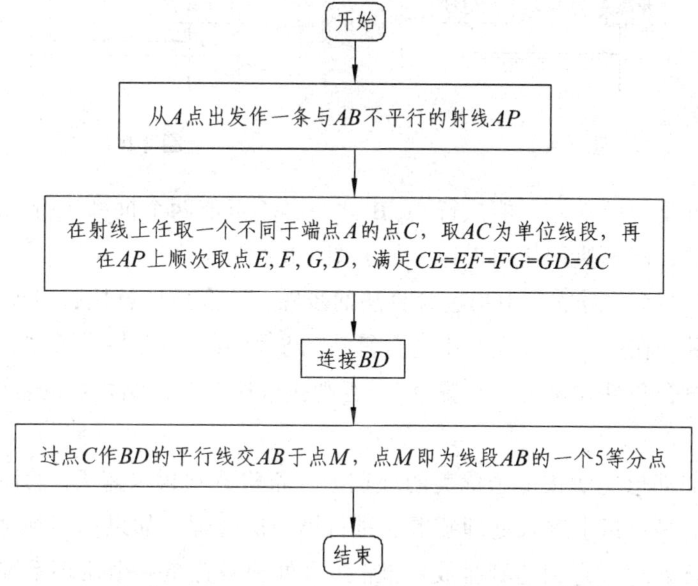

总结：（1）这个算法步骤具有一般性，即对于任意自然数 n，都可以按照这个算法思想，设计出确定线段的 n 等分点的步骤，以解决问题. 通过本题学习可以巩固顺序结构的应用.

（2）很明显，顺序结构是由若干个依次执行的步骤组成的，它是最简单的逻辑结构，是任何一个算法都离不开的基本结构.

2. 条件结构.

问题 2　我们以前听过这样一个故事：野兽与鸟发生了一场战争. 蝙蝠来了，野兽们喊道：你有牙齿，是我们一伙的. 鸟们喊道：你有翅膀，是我们一伙的. 蝙蝠一时没了主意. 过了一会儿，蝙蝠有了一个好办法：如果野兽赢了，就加入野兽这一伙；否则就加入另一伙. 事实上，蝙蝠用了分类讨论思想. 在算法和程序框图中也经常用到这一思想方法，今天我们开始学习新的逻辑结构——条件结构.

（1）例如，解不等式 $ax>8(a\neq 0)$. 不等式两边需要同除以 a，需要明确知道 a 的符号，但条件没有给出，因此需要进行分类讨论. 这就是分类讨论思想.

（2）在一个算法中，经常会遇到一些条件的判断，而算法的流程根据条件是否成立有不同的流向. 条件结构就是处理这种过程的结构.

（3）用程序框图表示条件结构.

条件结构 先根据条件作出判断，再决定执行哪一种操作的结构称为条件结构（或分支结构），如下图（a）所示.

执行过程如下：条件成立，则执行 A 框；不成立，则执行 B 框.

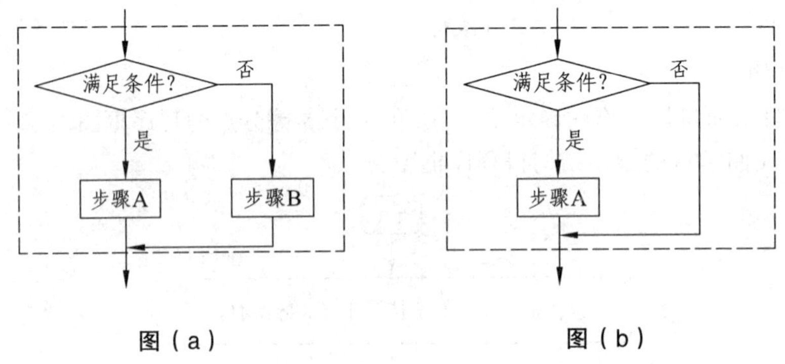

图（a） 图（b）

注 无论条件是否成立，只能执行 A, B 之一，不可能两个框都执行. A, B 两个框中，可以有一个是空的，即不执行任何操作，如上图（b）所示.

（4）一种是在两个“分支”中均包含算法的步骤，符合条件就执行“步骤 A”，否则执行“步骤 B”；另一种是在一个“分支”中包含算法的步骤 A，而在另一个“分支”上不包含算法的任何步骤，符合条件就执行“步骤 A”，否则执行这个条件结构后的步骤.

3. 循环结构.

问题 3 我们都想生活在一个优美的环境中，希望看到碧水蓝天. 然而大家知道工厂的污水是怎样处理的吗？污水进入处理装置后进行第一次处理，如果达不到排放标准，需要再进入处理装置进行处理，直到达到排放标准. 污水处理装置是一个循环系统，对于处理需要反复操作的事情有很大的优势. 数学中也有很多问题需要反复操作，今天我们就学习能够反复操作的逻辑结构——循环结构.

（1）在一些算法中，经常出现从某处开始，按照一定的条件反复执行某些步骤的情况，这就是循环结构. 反复执行的步骤称为循环体.

（2）在一些算法中，要求重复执行同一操作的结构称为循环结构. 即从算法某处开始，按照一定条件重复执行某一处理的过程. 重复执行的处理步骤称为循环体.

循环结构有两种形式：当型循环结构和直到型循环结构.

（1）当型循环结构. 如下图（a）所示，它的功能是当给定的条件 P 成立时，执行 A 框；A 框执行完毕后，返回来再判断条件 P 是否成立；如果仍然成立，返回来再执行 A 框. 如此反复执行 A 框，直到某一次返回来判断条件 P 不成立时为止. 此时不再执行 A 框，离开循环结构，继续执行下面的框图.

（2）直到型循环结构. 如下图（b）所示，它的功能是先执行重复执行的 A 框，然后判断给定的条件 P 是否成立；如果 P 仍然不成立，则返回来继续执行 A 框，再判断条件 P 是否成立.继续重复操作，直到某一次给定的判断条件 P 成立时为止，此时不再返回来执行 A 框，离开循环结构，继续执行下面的框图.

见示意图：

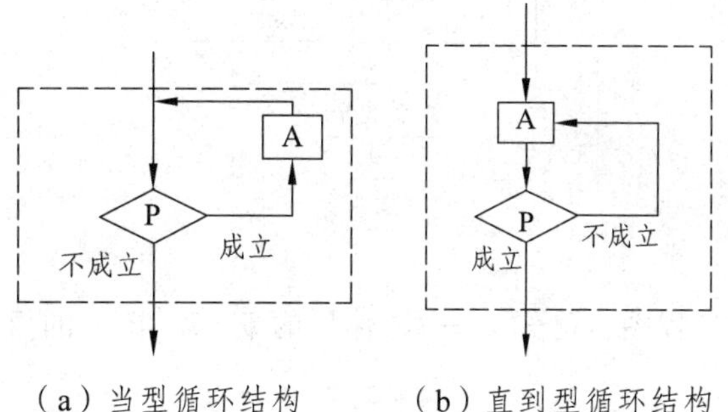

（a）当型循环结构　　（b）直到型循环结构

（3）两种循环结构的不同点：直到型循环结构是程序先进入循环体，然后对条件进行判断.如果条件不满足，就继续执行循环体，直到条件满足时终止循环.

当型循环结构是在每次执行循环体前，先对条件进行判断. 当条件满足时，执行循环体，否则终止循环.

（4）两种循环结构的相同点：由两种不同形式的循环结构可以看出，循环结构中一定包含条件结构，用于确定何时终止执行循环体.

典例剖析

例 1　已知一个三角形三条边的边长分别为 a, b, c, 利用海伦-秦九韶公式设计一个计算三角形面积的算法，并画出程序框图.（已知三角形三边边长分别为 a, b, c，则三角形的面积为 $S=\sqrt{p(p-a)(p-b)(p-c)}$），其中 $p=\dfrac{a+b+c}{2}$. 这个公式被称为海伦-秦九韶公式）

算法分析　这是一个简单的问题，只需先算出 p 的值，再将它代入公式，最后输出结果.因此只用顺序结构就能表达出算法.

算法步骤如下：

第一步，输入三角形三条边的边长 a, b, c.

第二步，计算 $p=\dfrac{a+b+c}{2}$.

第三步，计算 $S=\sqrt{p(p-a)(p-b)(p-c)}$.

第四步，输出 S.

程序框图如下：

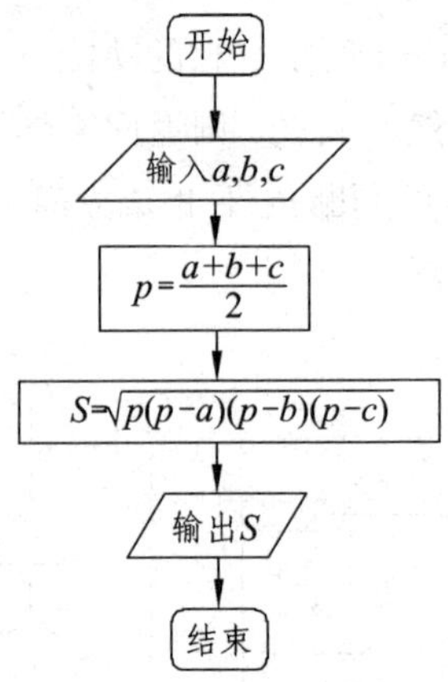

思考与练习

下图是一个算法的流程图，已知 $a_1=3$，输出的 $b=7$，求 a_2 的值.

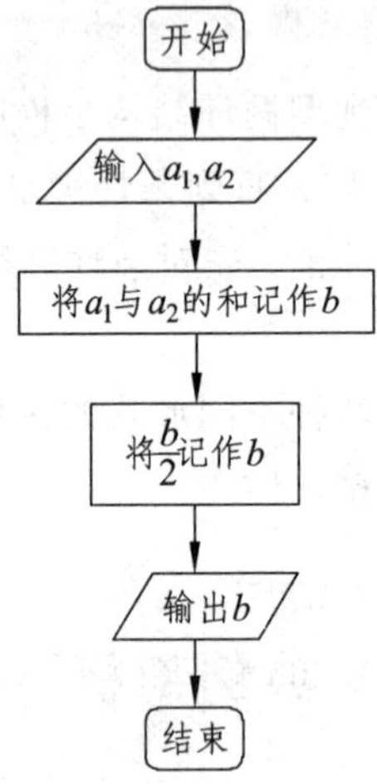

解 根据题意，

$$\frac{a_1+a_2}{2}=7.$$

因为 $a_1=3$，所以 $a_2=11$，即 a_2 的值为 11.

例 2 任意给定 3 个正实数，设计一个算法，判断以这 3 个正实数为三边边长的三角形是否存在，并画出这个算法的程序框图.

算法分析 判断以 3 个任意给定的正实数为三条边边长的三角形是否存在，只需验证这 3 个数中任意两个数的和是否大于第 3 个数即可. 这个验证需要用到条件结构.

算法步骤如下：

第一步，输入 3 个正实数 a, b, c.

第二步，判断 $a+b>c$，$b+c>a$，$c+a>b$ 是否同时成立. 若是，则存在这样的三角形；否则，不存在这样的三角形.

程序框图如下：

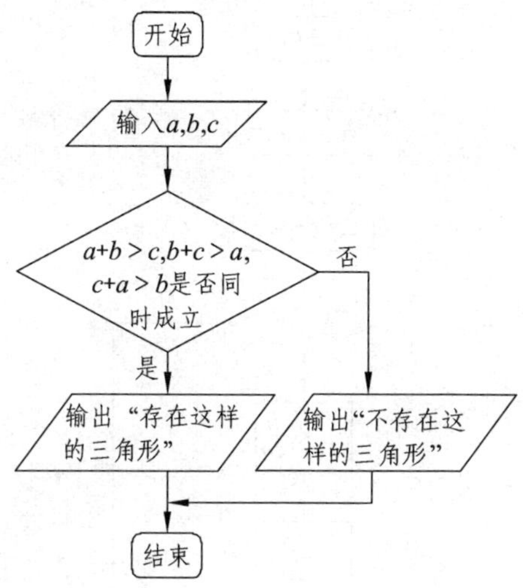

点评 根据构成三角形的条件，判断是否满足任意两边之和大于第三边：如果满足则存在这样的三角形，如果不满足则不存在这样的三角形. 这种分类讨论思想是高中的重点，在画程序框图时，常常遇到需要讨论的问题，这时要用到条件结构.

例 3 设计一个求解一元二次方程 $ax^2+bx+c=0$ 的算法，并画出程序框图.

算法分析 我们知道，若判别式 $\Delta=b^2-4ac>0$，则原方程有两个不相等的实数根：

$$x_1=\frac{-b+\sqrt{\Delta}}{2a},\ x_2=\frac{-b-\sqrt{\Delta}}{2a};$$

若 $\Delta=0$，则原方程有两个相等的实数根 $x_1=x_2=-\dfrac{b}{2a}$；

若 $\Delta<0$，则原方程没有实数根.

也就是说，在求解方程之前，可以先判断判别式的符号，根据判断的结果执行不同的步骤. 这个过程可以用条件结构实现.

又因为方程的两个根有相同的部分，为了避免重复计算，可以在计算 x_1 和 x_2 之前，先计算 $p=-\dfrac{b}{2a},q=\dfrac{\sqrt{\Delta}}{2a}$.

解决这一问题的算法步骤如下：

第一步，输入 3 个系数 a, b, c.

第二步，计算 $\Delta=b^2-4ac$.

第三步，判断 $\Delta\geqslant 0$ 是否成立. 若是，则计算 $p=-\dfrac{b}{2a}$，$q=\dfrac{\sqrt{\Delta}}{2a}$；否则，输出“方程没有实数根”，结束算法.

第四步，判断 $\Delta=0$ 是否成立. 若是，则输出 $x_1=x_2=p$；否则，计算 $x_1=p+q$，$x_2=p-q$，并输出 x_1, x_2.

程序框图如下：

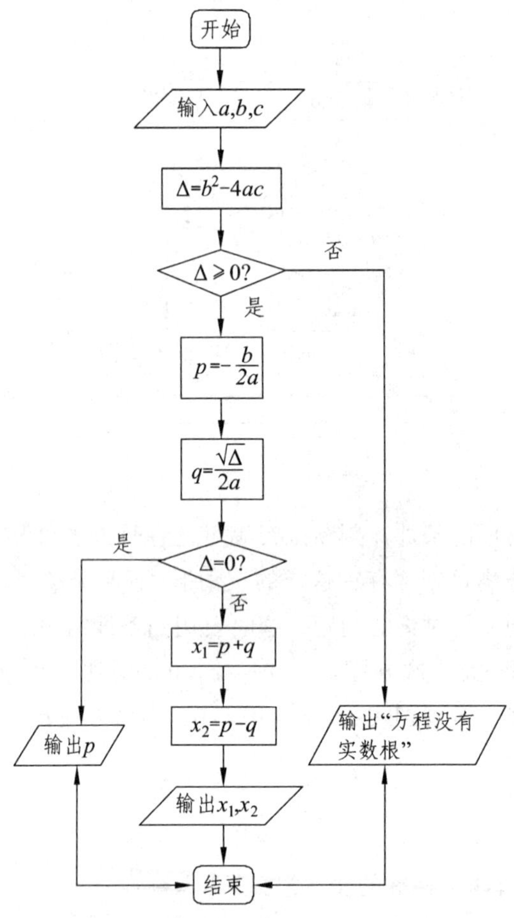

例 4 结合前面学过的算法步骤，利用三种基本逻辑结构画出程序框图，表示用“二分法”求方程 $x^2-2=0(x>0)$的近似解的算法.

算法分析

（1）算法步骤中的“第一步”、“第二步”和“第三步”可以用顺序结构来表示：

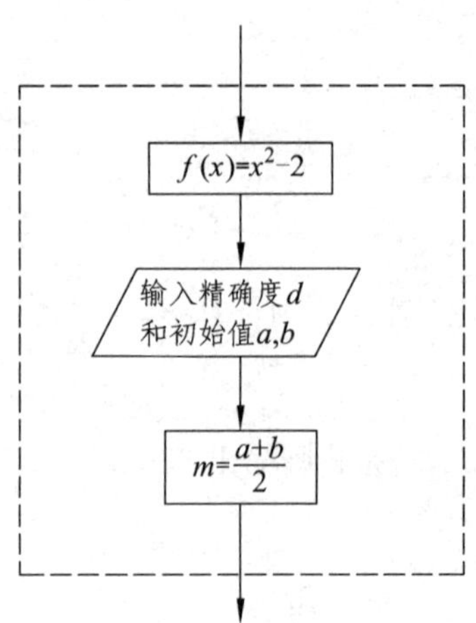

（2）算法步骤中的“第四步”可以用条件结构来表示. 在这个条件结构中，“否”分支用“$a=m$”表示含零点的区间为$[m, b]$，并把这个区间仍记成$[a, b]$；“是”分支用“$b=m$”表示含零点的区间为$[a, m]$，同样把这个区间仍记成$[a, b]$.

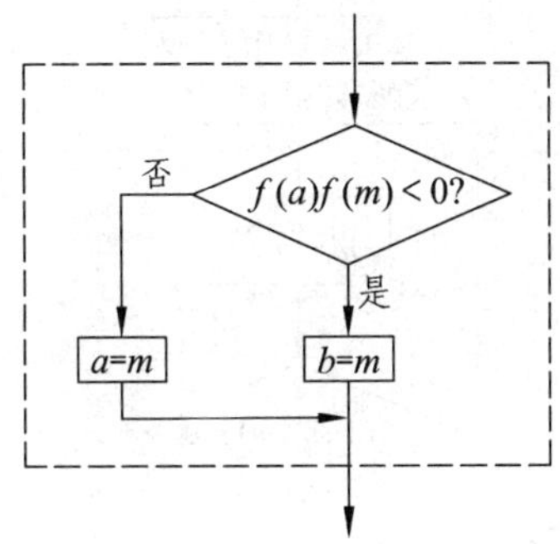

（3）算法步骤中的“第五步”包含一个条件结构，这个条件结构与“第三步”、“第四步”构成一个循环结构：循环体由“第三步”和“第四步”组成，终止循环的条件是“$|a-b|<d$ 或 $f(m)=0$”. 在“第五步”中，还包含由循环结构与“输出 m”组成的顺序结构.

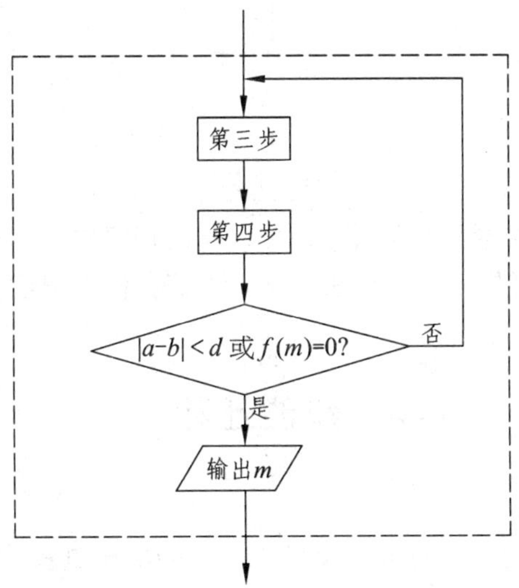

（4）将各步骤的程序框图连接起来，并画出“开始”与“结束”两个终端框，就得到了表示整个算法的程序框图.

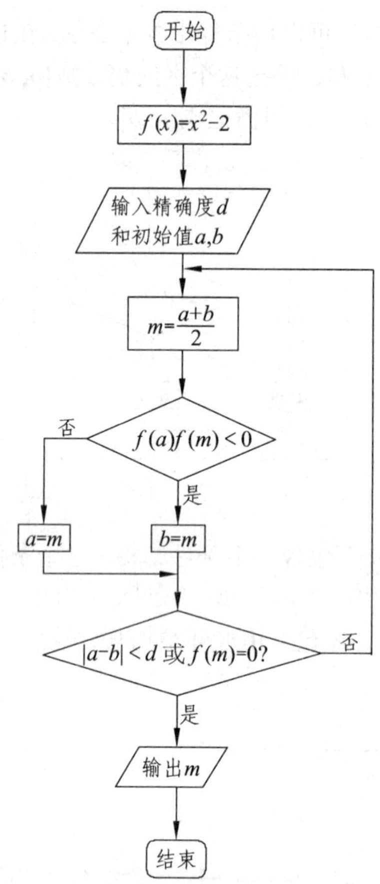

点评 在用自然语言表述一个算法后，可以画出程序框图，用顺序结构、条件结构和循环结构来表示这个算法，这样表示的算法清楚、简练，便于阅读和交流.

知能迁移

***理论升华 整体建构**

1. 顺序结构只需严格按照传统的解决数学问题的解题思路，将问题解决了. 最后将解题步骤“细化”就可以.“细化”指的是写出算法步骤、画出程序框图.

2. 条件结构嵌套与条件结构叠加的区别：

（1）条件结构叠加中，程序执行时需依次对“条件 1”、“条件 2”、“条件 3”……都进行判断，只有遇到能满足的条件才执行该条件对应的操作.

（2）条件结构嵌套中，“条件 2”是“条件 1”的一个分支，“条件 3”是“条件 2”的一个分支……依此类推，这些条件中很多在算法执行过程中根据所处的分支位置不同可能不被执行.

（3）条件结构嵌套所涉及的“条件 2”、“条件 3”……是在前面的所有条件一个一个依次地满足“分支条件成立”的情况下才能执行的操作，是多个条件同时成立的叠加和复合.

3. 两种循环结构的不同点：直到型循环结构是程序先进入循环体，然后对条件进行判断：如果条件不满足，就继续执行循环体，直到条件满足时终止循环. 当型循环结构是在每次执行循环体前，先对条件进行判断：当条件满足时，执行循环体，否则终止循环.

两种循环结构的相同点：由两种不同形式的循环结构可以看出，循环结构中一定包含条件结构，用于确定何时终止执行循环体.

4.（1）顺序结构是由若干个依次执行的步骤组成的，这是任何一个算法都离不开的基本结构. 框图略.

（2）在一个算法中，经常会遇到一些条件的判断，算法的流程根据条件是否成立有不同的流向. 条件结构就是处理这种过程的结构. 框图略.

（3）在一些算法中要求重复执行同一操作的结构称为循环结构. 即从算法某处开始，按照一定条件重复执行某一处理过程. 重复执行的处理步骤称为循环体.

循环结构有两种形式：当型循环结构和直到型循环结构. 框图略.

（4）从前面的学习可以看出，设计一个算法的程序框图通常要经过以下步骤：

第一步，用自然语言表达算法步骤.

第二步，确定每一个算法步骤所包含的逻辑结构，并用相应的程序框表示，得到该步骤的程序框图.

第三步，将所有步骤的程序框图用流程线连接起来，并加上终端框，得到表示整个算法的程序框图.

活页作业

***运用知识　强化练习**

练习 11.2

1. 有关专家建议，在未来几年内，中国的通货膨胀率保持在 3%左右，这将对我国经济的稳定有利无害. 所谓通货膨胀率为 3%，指的是每年消费品的价格增长率为 3%. 在这种情况下，某种品牌的钢琴 2013 年的价格是 18000 元，请用流程图描述这种钢琴的以后四年的价格变化情况，并输出四年后的价格.

2. 相传古代的印度国王要奖赏国际象棋的发明者，问他需要什么. 发明者说：陛下，在国际象棋的第一个格子里面放 1 粒麦子，在第二个格子里面放 2 粒麦子，第三个格子放 4 粒麦子，以后每个格子中的麦粒数都是它前一个格子中麦粒数的二倍，依此类推（国际象棋棋盘共有 64 个格子），请将这些麦子赏给我，我将感激不尽. 国王想这还不容易，就让人扛了一袋小麦，但不到一会儿就没了，最后一算结果，全印度一年生产的粮食也不够. 国王很奇怪，小小的“棋盘”，不足 100 个格子，如此计算怎么能放这么多麦子？试用程序框图表示此算法过程.

3. 乘坐火车时，可以托运货物. 从甲地到乙地，规定每张火车客票托运费计算方法是：行李质量不超过 50 kg 时按 0.25 元/kg；超过 50 kg 而不超过 100 kg 时，其超过部分按 0.35 元/kg；

超过 100 kg 时，其超过部分按 0.45 元/kg. 编写程序，输入行李质量，计算出托运的费用.

4. 求 $\underbrace{4+\cfrac{1}{4+\cfrac{1}{4+\cdots+\cfrac{1}{4}}}}_{(共10个4)}$，画出程序框图.

11.3 基本算法语句

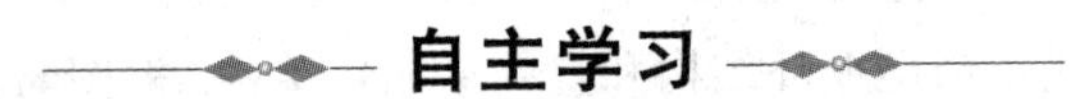

自主学习

基础自测

写出求从 1 加到 20 的流程图.

答案：

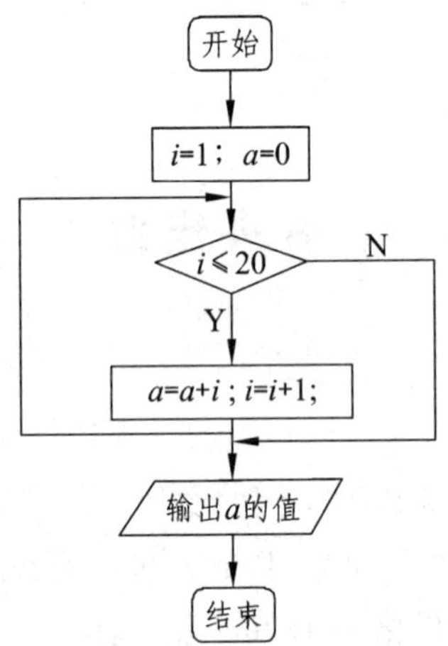

新知学习

***创设情景　兴趣导入**

问题

怎样将流程图转换成计算机能读懂的语言呢？

***动脑思考　探索新知**

基本算法语句

算法是计算机科学的基础，本部分要学习的算法语句，是为了将算法转换为计算机能够理解的程序语言和能在计算机上实现的程序所需要的语句，其作用就是实现算法与计算机的转换.

1. 赋值语句.

赋值语句是用来表明赋给某一个变量一个具体的确定值的语句. 其一般格式为:

变量名 = 表达式.

赋值语句还应注意以下几点:① 赋值号左边只能是变量名字, 而不是表达式; ② 赋值号左右不能对换; ③ 不能利用赋值语句进行代数式(或符号)的演算(如化简、因式分解等); ④ 赋值号与数学中等号的意义不同.

2. 输入语句.

输入语句主要用来给变量输入初始数据. 其一般格式是:

变量 = INPUT (“提示内容”).

输入语句要求输入的值只能是具体的常数, 不能是函数、变量或表达式.

3. 输出语句.

任何求解问题的算法,都要把求解的结果“输出”,这就需要有“输出语句”来控制输出. 输出语句主要有 PRINT 语句, 利用 PEINT 语句可以使结果在屏幕上显示出来.

4. 条件语句.

条件语句就是处理条件分支逻辑结构的算法语句. 计算机通常是按照程序中语句出现的先后顺序依次往下执行的, 但有时需要根据某个给定条件是否满足而决定所要执行的语句, 这时就需要条件语句. Basic 语言中的条件语句主要为 if 语句, if 语句的一般格式是:

```
IF  表达式
  语句序列 1;
ELSE
  语句序列 2;
END  IF
```

该语句的功能为, 如果表达式结果为真, 则执行表达式后面的语句序列 1; 如果表达式结果为假, 则执行 else 后面的语句序列 2.

if 语句的最简单格式是:

```
IF  表达式
  语句序列 1;
END  IF
```

该语句的功能为, 如果表达式结果为真, 则执行表达式后面的语句序列 1, 否则跳过语句序列 1.

5. 循环语句.

循环语句是用来处理算法中的循环结构的程序语言. 当遇到有规律的重复运算, 或者在程序中需要对某些语句进行重复执行时, 需要用循环语句进行控制. Basic 程序语言中常用的有两种循环语句: WHILE 循环和 UNTIL 循环.

WHILE 循环的格式为:

```
WHILE  条件
    循环体
END  WHILE
```

UNTIL 循环的格式为：

DO

循环体

LOOP　UNTIL　条件

WHILE 循环结构，首先要求对条件进行判断. 如果条件为真，则执行循环体部分，每次开始执行循环体前，都要判断条件是否为真. 这样重复执行，一直到条件为假时，就跳过循环体部分，结束循环.

UNTIL 循环结构，首选执行循环体，再检查条件. 当条件不成立时，继续执行循环体，当条件成立时，就跳过循环体部分，结束循环. 输出语句主要有 PRINT 语句，利用 PRINT 语句可以使结果在屏幕上显示出来.

典例剖析

例 1　右边是根据所输入的 x 值计算 y 值的一个算法程序，若 x 依次取数列 $\left\{\frac{n}{100}-1\right\}$ $(n\in \mathbf{N}^{+})$ 中的前 200 项，则所得 y 值中的最小值为__________.

（注：程序中的赋值符号"="也可以写成"←"或":="）

解　$1\leqslant n\leqslant 200$，所以，$-\frac{99}{100}\leqslant \frac{n}{100}-1\leqslant 1$.

当 $x>0$，即 $0<x\leqslant 1$ 时，由 $y=1+x$，得 $1<y\leqslant 2$；

当 $x\leqslant 0$，即 $-\frac{99}{100}\leqslant x\leqslant 0$时，由 $y=1-x$，得$1\leqslant y\leqslant 1+\frac{99}{100}$.

所以，y 值中的最小值为 1.

点评　本题考查条件语句，与数列和不等式结合，属中等难度的试题.

例 2　已知伪代码如下，则输出结果 S = _________.

（注：程序中的赋值符号"="也可以写成"←"或":="）

```
  I←0
  S←0
While I< 6
    I←I + 2
    S←S + I^2
End while
Print S
```

解　第一步：I = 2，S = 4.

第二步：I = 4，S = 4 + 16.

第三步：I = 6，S = 4 + 16 + 36 = 56.

所以，输出 56.

点评　这是一个当型循环语句，求解时，写出前面几步中循环体的结果即可.

知能迁移

***理论升华　整体建构**

算法语句是表达算法的简单而实用的好方法，要注意各语句的作用，准确理解赋值语句，灵活表达选择语句，注意 WHILE 语句和 UNTIL 语句的区别.

1. 输入、输出语句和赋值语句基本对应于算法中的顺序结构，这是任何一个算法都用到的语句，利用输入、输出语句和赋值语句设计算法时应明确：需输入信息时用 INPUT 语句，需输出信息时用 PRINT 语句. 当变量需要的数据较少或给变量赋予表达式时，用赋值语句即可；当变量需要输入多组数据且程序重复使用时，使用输入语句较好. 当然，赋值语句还具有将一个变量的值赋给另一个变量，前一个变量的值保持不变的功能.

2. 选择语句是表达算法中的选择结构，因为算法的流程根据选择是否成立有不同的流向，就需要对选择作出判断，所以算法中要用到选择语句. 在某些较复杂的算法中，有时需要对按选择要求执行的某一语句（特别是 Else 后的语句）继续按照另一选择进行判断，这时可以再利用一选择语句完成这一要求，这就需要选择语句的嵌套.

3. 循环语句是用来实现循环结构的，本章我们主要掌握 WHILE 语句和 UNTIL 语句.

活页作业

***运用知识　强化练习**

练习 11.3

1. 问题所描述出来的算法，其中不包含条件语句的为（　　）.

A. 读入三个表示三条边长的数，计算三角形的面积

B. 给出两点的坐标，计算直线的斜率

C. 给出一个数 x，计算它的常用对数的值

D. 给出三棱锥的底面积与高，求其体积

2. 一个计算 $1\times3\times5\times7\times9\times11\times13$ 的算法如下图所示，图中给出了程序的一部分，问在横线①上不能填入下面的哪一个数？（　　）.

A. 13　　　　B. 13.5　　　　C. 14　　　　D. 14.5

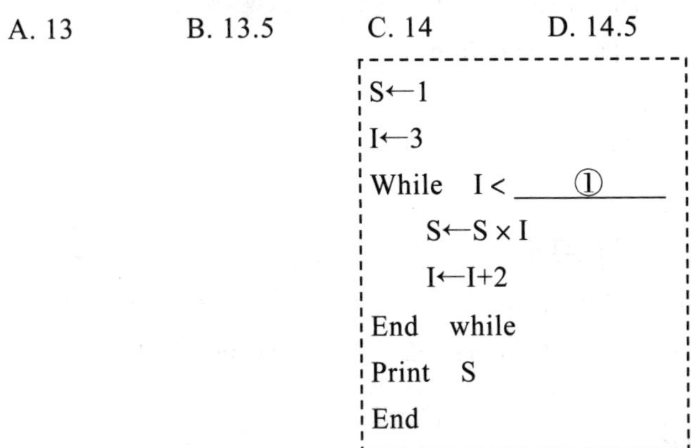

```
S←1
I←3
While  I < ____①____
    S←S × I
    I←I+2
End  while
Print  S
End
```

3. 若 $\mathrm{mod}(m, 3) = 1$，则 m 的取值不可以是（　　）.

A. 2005　　　　B. 2006　　　　C. 2008　　　　D. 2020

4. 下面的表述：

① 6←p；

② t←3×5+2；

③ b+3←5；

④ p←((3x+2)−4)x+3；

⑤ a←a^3；

⑥ x, y, z←5；

⑦ ab←3；

⑧ x←y+2+x.

其中正确表述的赋值语句有________________________.

（注：要求把正确的表述全填上）

5. 下面程序的运行结果为 4 的图为________________.

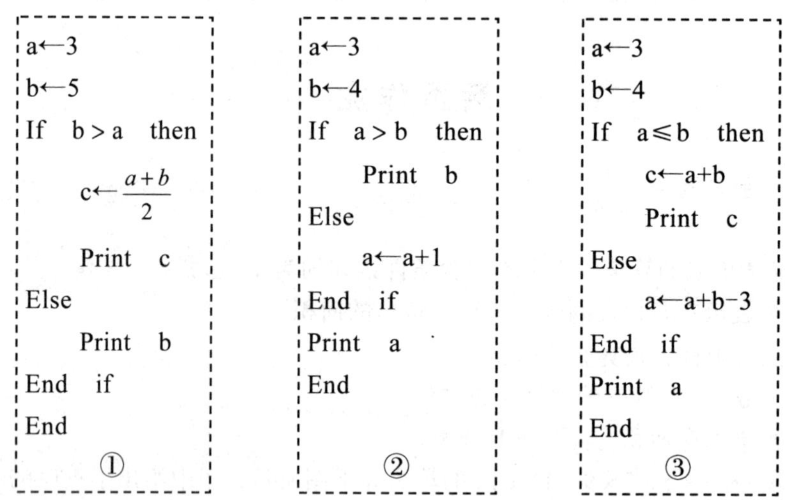

6. 某百货公司为了促销，采用打折的优惠办法：每位顾客一次购物

① 在 100 元以上者（含 100 元，下同），按九五折优惠；

② 在 200 元以上者，按九折优惠；

③ 在 300 元以上者，按八五折优惠；

④ 在 500 元以上者，按八折优惠.

试写出算法、画出流程图、伪代码，以求优惠价.

7. 下列语句属于正确的赋值语句的是（　　）.

A. 4←y　　　　B. p+q^3←8　　　　C. m=n←2　　　　D. s←s^2+1

8. 给出以下问题：

① 求面积为 1 的正三角形的周长；

② 求键盘所输入的三个数的算术平均数；

③ 求键盘所输入的两个数的最小数；

④ 求函数 $f(x)=\begin{cases}2x, x\geqslant 3\\ x^2, x<3\end{cases}$ 当自变量取 x_0 时的函数值.

其中不需要用条件语句来描述算法的问题有（　　）.

A. 1 个　　B. 2 个　　C. 3 个　　D. 4 个

9. 已知算法的伪代码如下，当输入 a = 5, b = 6, c = 3, 运行该程序，输出的结果为(　　).

A. 3　　B. 6　　C. 5　　D. 14

```
Read   a, b, c
m←a
If   b > m   then
  m←b
Else
  If   c > m   then   m←c
  End   if
Print   m
End
```

知识链接

【知识链接】**通过对第 11 章的学习，我们一起来解决本章开头出现的问题.**

电信部门规定：拨打市内电话时，如果通话时间不超过 3 分钟，则收取通话费 0.2 元；如果通话时间超过 3 分钟，则超过部分以每分钟 0.1 元收取通话费（通话不足 1 分钟时按 1 分钟计）. 试设计一个计算通话费用的算法. 要求写出算法，画出程序框图，编写程序.

解　我们用 c(单位：元)表示通话费，t(单位：分钟)表示通话时间，则依题意有

$$c=\begin{cases}0.2, & 0<t\leqslant 3\\ 0.2+0.1(t-3), & t>3\end{cases}$$

算法步骤如下：

第一步，输入通话时间 t；

第二步，如果 $t\leqslant 3$，那么 $c=0.2$；否则令 $c=0.2+0.1(t-3)$；

第三步，输出通话费用 c.

程序框图如下图所示.

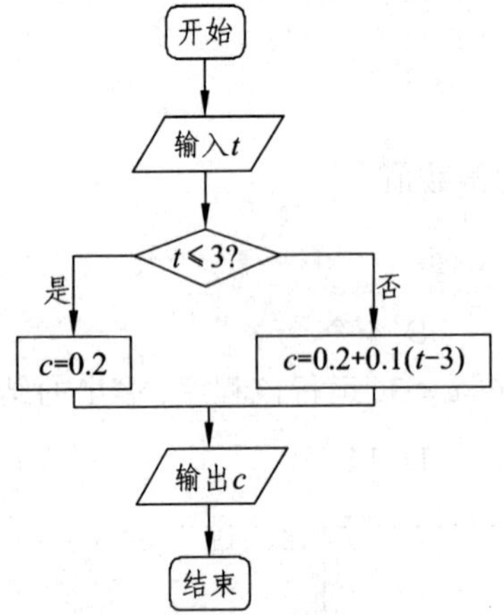

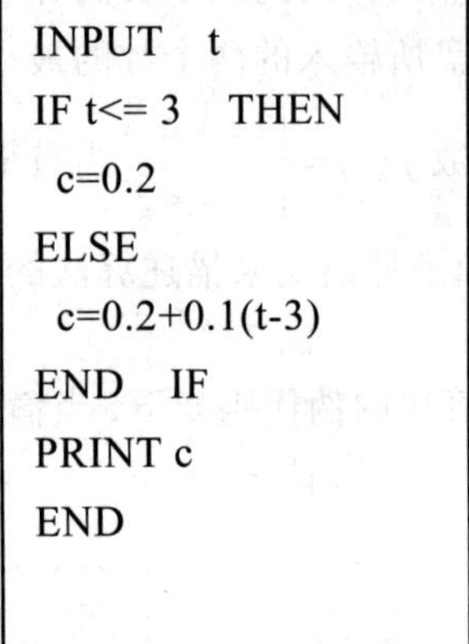

```
INPUT    t
IF t<= 3    THEN
  c=0.2
ELSE
  c=0.2+0.1(t-3)
END    IF
PRINT c
END
```

第 12 章　框　图

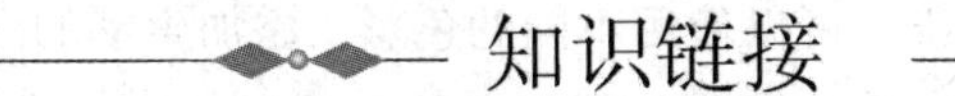

知识链接

【知识链接】**在电子技术应用中，我们时时都会遇到用数学知识来计算的问题.** 例如：

在电路焊接过程中需要按一定的步骤来进行，那么如何有效合理地安排这些步骤呢？这就需要用数学知识来帮忙了，下面请跟我们一起来学习吧.

12.1　流程图

自主学习

问题情境

***创设情景　兴趣导入**

想沏壶茶喝，当时的情况是：开水没有，烧开水的壶要洗，沏茶的壶和茶杯要洗，茶叶已有，你有多少种方案？哪种方案最省时间？

学生活动

学生思考、讨论.

建构数学

***动脑思考　探索新知**

基础知识梳理

1. 流程图.

（1）定义：由一些图形符号和文字说明构成的图示称为流程图.

（2）流程图的组成：图形符号和文字说明.

（3）流程图的特征：通常会有一个“起点”，一个或多个“终点”.

（4）使用流程图的优越性：可以直观、明确地表示动态过程从开始到结束的全部步骤.

2. 如何绘制流程图.

流程图是用图形符号来描述事物发生、发展的过程. 其一般步骤是：

（1）分析用自然语言描述问题的流程，将其分解为若干个比较明确的步骤；

（2）分析每一步是否可以直接表达，或借助于逻辑结构来表达；

（3）分析各步骤之间的关系；

（4）画出流程图表示整个流程.

绘制流程图时，一是按照人们的习惯，即阅读和绘制流程图的一般顺序是从左到右、从上到下；二是没有一定的规范和标准，可以使用不同的色彩、添加生动的图形元素.尽管生活中一些流程图的流程线没有箭头表示方向，但一般按照从左到右、从上到下的顺序来理解流程图的流向.

典例剖析

例 1 设计一个计算 $1+2+3+\cdots+100$ 的值的算法，并画出程序框图.

分析 算法中的循环结构是由循环语句来实现的. 对于程序框图中的两种循环结构，一般程序语言中有“当型”和“直到型”两种语句结构. 即只需一个累加变量和一个计数变量，将累加变量的初始值设计为 0，计数变量的值从 1 ~ 100 即可.

解 程序框图为

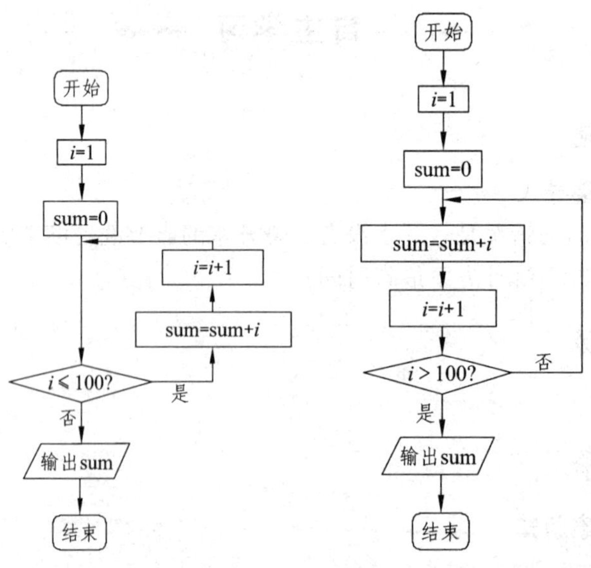

评注 一般来说，设计算法解决问题包括三个环节：首先用自然语言描述算法，然后画出程序框图表达算法，最后写出相应的计算机程序并上机实现算法. 其中，用程序框图表达的算法比用自然语言描述的算法步骤更加直观、明确、清楚，而且容易转化为计算机程序. 事实上，用程序框图表达算法的过程可以看成对算法步骤的细化过程.

例 2 想沏壶茶喝，当时的情况是：开水没有，烧开水的壶要洗，沏茶的壶和茶杯要洗，茶叶已有，问如何进行？

方案一 洗好水壶，灌入凉水，放在火上，打开煤气待水烧开后洗茶壶、茶杯，拿茶叶，沏茶.将此方案用图表示出来：

洗水壶（1）→ 烧开水（15）→ 洗茶壶、茶杯（2）→ 取茶叶（1）→ 沏茶（1）

如果我们将每项工作所需时间都标于表示该项工作的方框之上，则易于看出，整个工作按方案一进行，需用 20 分钟.

知能迁移

***理论升华　整体建构**

方案二 先做好准备工作，即洗水壶，洗茶壶、茶杯，取茶叶，灌凉水烧开水，沏茶，将此方案用图表示出来，则有：

洗水壶（1）→ 洗茶壶、茶杯（2）→ 取茶叶（1）→ 烧开水（15）→ 沏茶（1）

从所用时间上看，方案二仍然是 20 分钟，与方案一没有什么区别，但工序有所不同.

方案三 洗好水壶，灌入凉水烧开水，在等待水开的时间内洗茶壶、茶杯，拿茶叶，水开后沏茶.

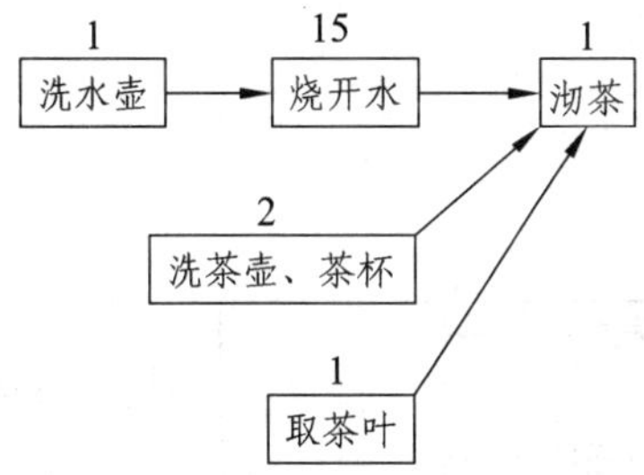

由上图可知，方案三需 17 分钟. 由此可知，它比方案一和方案二的效率高. 我们还可以将上面流程图中的烧开水，洗茶壶、茶杯和拿茶叶三项工序合并于一个框内，于是上面可以改写成下图.

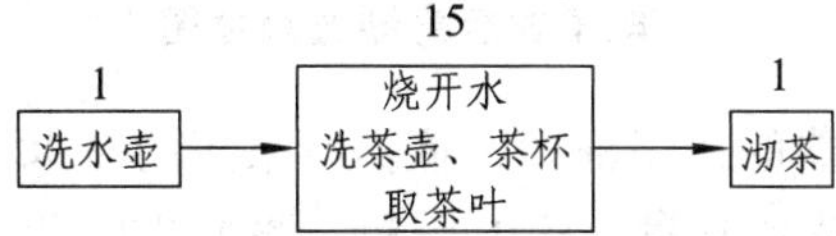

评注 工序流程图中每一个明确的步骤构成了流程图的基本单元，基本单元之间通过流程线产生联系. 工序流程图体现了各工序之间的相互衔接关系，我们可以通过其上标出的所需工时进行统筹安排以提高工效，进而达到省时、省人力、省物力的目的.

活页作业

***运用知识　强化练习**

练习 12.1

1. 流程图是由下列哪些元素构成的（　　）.

A. 图形符号和文字说明　　B.自然语言　　C.程序框图　　D.框图

2. 下列描述正确的是（　　）.

A. 流程图通常可有多个“起点”和“终点”

B. 结构图反映的是基本要素之间的并列关系

C. 流程图描述动态过程，结构图刻画系统结构

D. 结构图描述动态过程，流程图刻画系统结构

12.2　结构图

自主学习

问题情境

***创设情景　兴趣导入**

通用框图

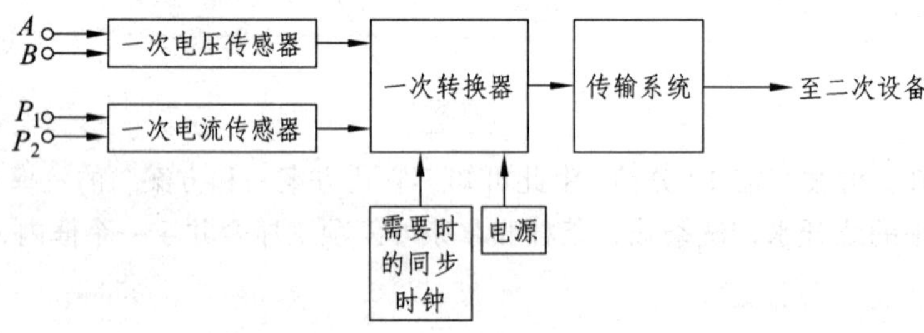

电子式互感器通用框图

图中所示为电子式互感器的通用框图，依据所采用的技术，图中列出的所有部件并非均不可缺少. 图中的电子式互感器测量一路电压和一路电流信号，通常，该电压和电流信号的乘积为被测回路的功率. 本文规定的电子式互感器可以是如图中所示的测量一路电压、电流及对应功率的电子式互感器，或测量单路或多路电压的电子式电压互感器，或测量单路或多路电流的电子式电流互感器.

学生活动

学生思考、讨论.

建构数学

***动脑思考　探索新知**

结构图

1. 定义：是一种用来描述系统结构的图示.

2. 结构图的组成：构成单位的若干要素和表达各要素之间关系的连线或方向箭头.

3. 结构图的特征：连线按照从上到下、从左到右的方向（方向箭头按照箭头所指的方向）表示各要素的从属关系或逻辑的先后关系.

4. 优越性：形象而又直观地描述了一个系统各部分和各环节之间的关系.

如何绘制结构图

结构图是一种静态的图示，通过它描述一个系统各部分和各环节之间的关系.

绘制结构图的一般步骤是：

1. 确定组成系统的基本要素，以及这些要素之间的关系.

2. 画出结构图表示的整个系统.

特别地，对于包含从属关系的系统，由于它至少包含一个“上位”或“下位”要素，因此也可以将系统的主体要素及其之间的关系表示出来，然后确定主体要素的一位要素，再逐步细化各层要素，直到将整个系统表示出来.

典例剖析

例 1　设计一个结构图，用该图来表示“数列”的知识结构.

分析　画结构图时，可根据具体的需要确定其复杂程度.

解　“数列”知识结构图如下：

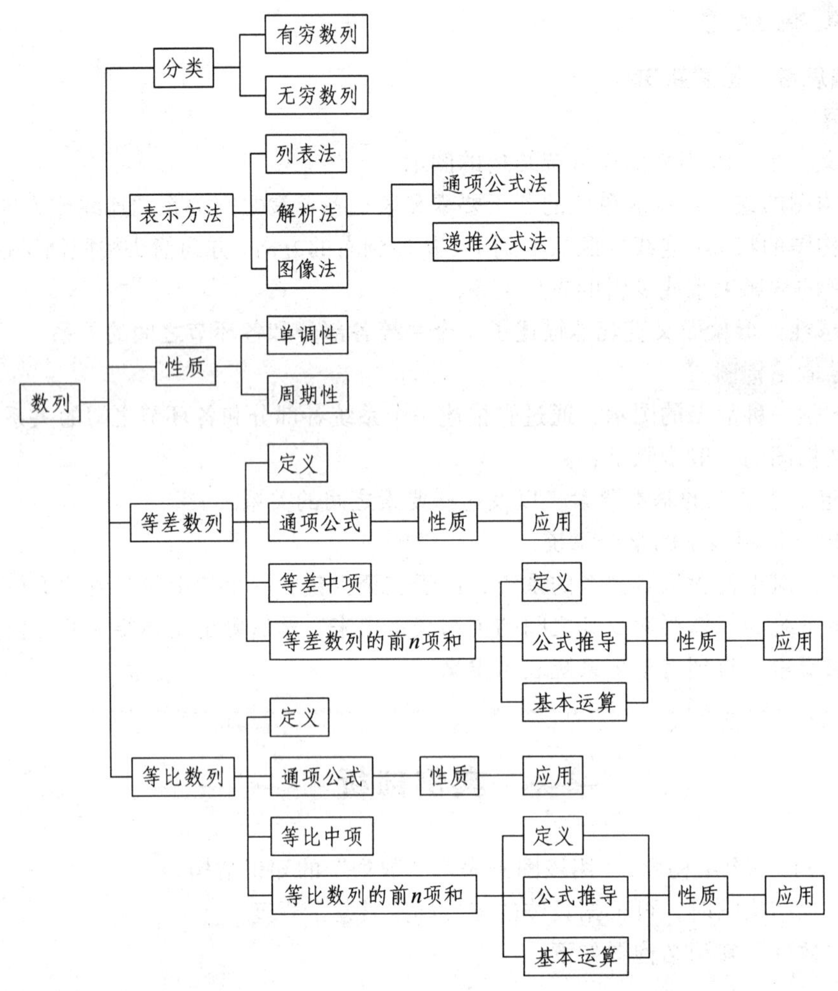

评注 画结构图的规则：

1. 确定组成结构图的基本要素，各要素之间有逻辑先后关系，上下从属关系；

2. 通过连线来标明各要素之间的关系，连线通常按照从上到下，从左到右的方向表示要素的从属关系或逻辑的先后关系；

3. 结构图可按从上到下，也可按从左到右的顺序画.

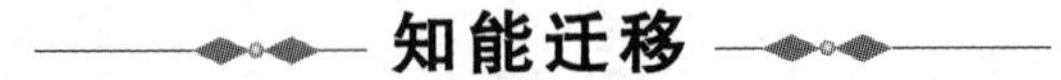

知能迁移

例 阅读下列结构图，你能获取哪些信息？

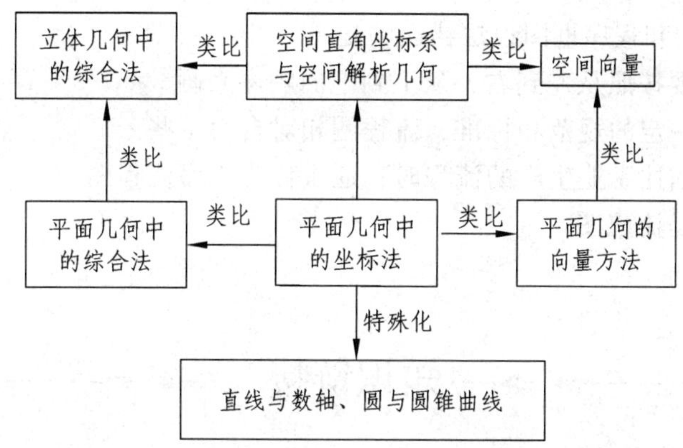

分析　从数学学习、研究过程来看，经常使用如下的逻辑思考方法：

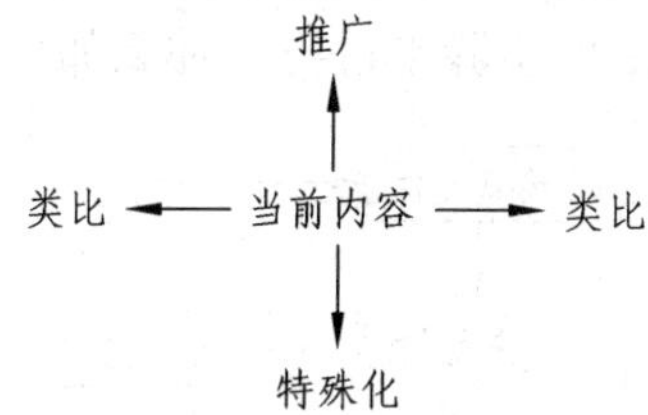

其中突出显示了联系的观点，通过类比、推广、特殊化等可以极大地促进我们的数学思考，使我们更有效地寻找出自己感兴趣的问题，从中获得研究方法的启示.

解　此结构图可以帮助我们从多种不同联系的角度来理解坐标法. 从图中可以看出，坐标法是研究问题的基本思想方法，可以类比平面几何和立体几何中的向量法来认识坐标法的应用；也可类比平面几何中的综合法来体会坐标法的优越性；也可以通过特殊化，得到点、线、圆及其他圆锥曲线的坐标表示；还可以把平面直角坐标系推广到直角坐标系，认识到坐标法的更广阔的应用空间等等.

评注　俗话说，一图胜千言. 因为图能够清晰地表明算法，展示工序的流程顺序，揭示知识的内在联系，从而为人们编制相应的计算机程序、安排工程作业进度、分配调整工程作业人员，节省时间，提高效率，缩短工期；也为更深入地领会知识结构，洞悉事物之间的联系等提供帮助. 它是人们有条理地思考和交流思想的工具.

活页作业

***运用知识　强化练习**

练习 12.2

1. 以下对结构图描述正确的是（　　）.

A. 结构图可以有“树”形结构和“环”形结构

B. 结构图表述的要素之间可以不表达逻辑先后关系

C. 学校的课程设置不能用结构图表示

D. 结构图与流程图的表述完全一致

2. 下列对流程图和程序框图说法错误的是（　　）.

A. 流程图一般要按照从左到右，从上到下的顺序来画

B. 程序框图有一定的规范和标准，流程图相对自由一些

C. 流程图用于描述工业生产的流程时，通常称为工序流程图

D. 程序框图就是流程图

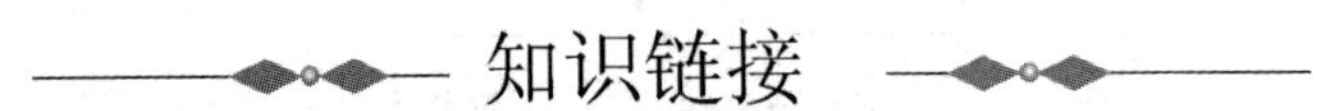

知识链接

【知识链接】**通过本章学习，我们一起来解决开头出现的问题.**

在电路焊接过程需要按照一定的步骤来进行，那么如何有效合理地安排这些步骤呢？

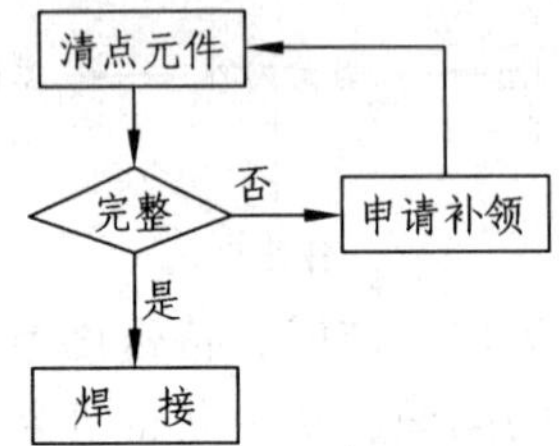

第 13 章　图　论

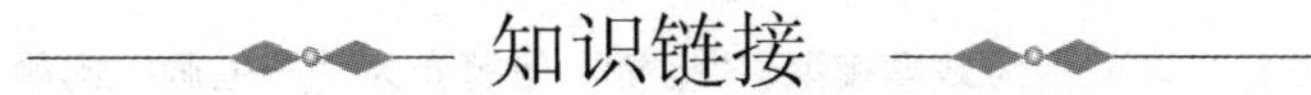

知识链接

【知识链接】**在电子技术应用中，我们时时都会遇到用数学知识来计算的问题.**

图论在布局和布线中有指导作用，它把构成具有一定功能的电路所需的半导体、电阻、电容等元件及它们之间的连接导线全部集成在一小块硅片上，然后焊接封装在一个管壳内，使电子元件向着微小型化、低功耗和高可靠性方面迈进. 在缩小电子系统体积的同时，保持并提高系统的速度与性能成为摆在设计者面前的一个重要课题.

进行电路分析时，利用图论的方法，能简化运算过程，能把节点方程直接写出，使电路分析更加便捷. 下面请跟我们一起来学习吧.

13.1　图论简介

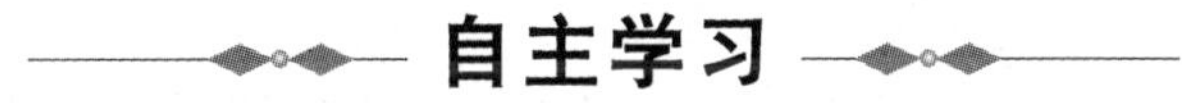

自主学习

问题情境

***创设情景　兴趣导入**

哥尼斯堡七桥问题

哥尼斯堡位于前苏联的加里宁格勒，历史上曾经是德国东普鲁士省的省会. 普雷格尔河横穿城堡，河中有两个小岛，共有七座桥连接两岸和小岛.

学生活动

学生思考、讨论.

建构数学

***动脑思考　探索新知**

图论的起源

图论是组合数学的一个分支，它起源于 1736 年欧拉的第一篇关于图论的论文. 这篇论文解决了著名的“哥尼斯堡七桥问题”，从而使欧拉成为图论的创始人.

格尼斯堡人在寻找一条路线

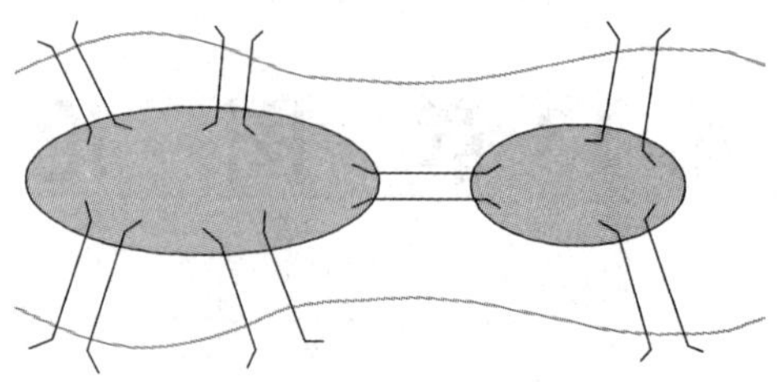

欧拉将其概括为数学模型："七桥"问题变为"一笔画"问题

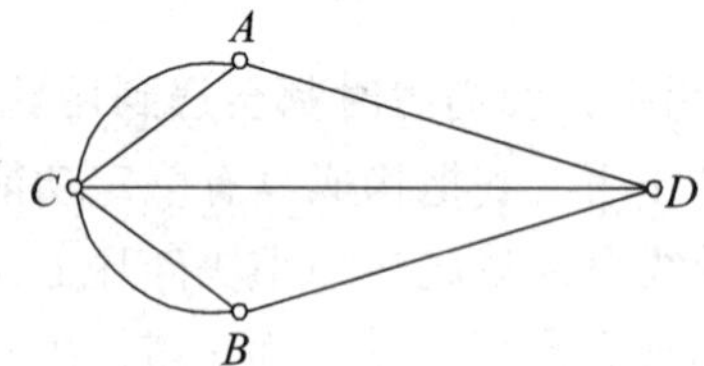

欧拉图

定义　一个图，如果能够从一点出发，经过每条边一次且仅一次再回到起点，则称为欧拉图.

欧拉在论文中给出并证明了判断欧拉图的充分必要条件，并证明了七桥图不是欧拉图.

从这个问题可以看出：

图：是用点代表各个事物，用边代表各个事物间的二元关系.

所以，图是研究集合中二元关系的工具，是建立数学模型的一个重要手段.

一百多年以后

"七桥"问题以后，图论的研究停滞了一百多年，直到 1847 年，基尔霍夫用"树"图解决了电路理论中的求解联立方程的问题，又十年后凯莱用"树"图计算有机化学中的问题. 在这一时期流行着两个著名的图论问题：哈密尔顿回路问题和"四色猜想"问题.

1. 哈密尔顿回路问题：

1856 年，英国数学家哈密尔顿设计了一个周游世界的游戏，他在一个正十二面体的二十个顶点上标上二十个著名城市的名字，要求游戏者从一个城市出发，经过每一个城市一次且仅一次，然后回到出发点.

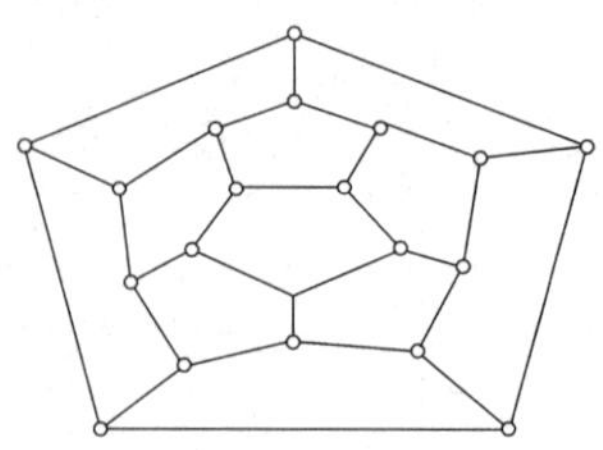

2. "四色猜想问题：

人们在长期为地图（平面图）上色时发现，最少只要四种颜色，就能使得有相邻国界的国家涂上不同的颜色.

四色猜想的证明一直没有解决，直到一百多年以后，计算机出现了，才于 1976 年用计算机算了 1200 多小时，证明了四色猜想问题.

又过了半个世纪

四色猜想问题出现后，图论的研究又停滞了半个世纪，直到 1920 年科尼格写了许多关于图论方面的论文，并于 1936 年发表了第一本关于图论的书. 此后图论从理论上到应用上都有了很大发展，特别是计算机的出现使图论得到了飞跃发展.

知能迁移

***理论升华　整体建构**

学好图论十分重要

图论是组合数学的一个分支，与其他数学分支如群论、矩阵理论、集合论、概率论、拓扑学、数值分析等有着密切的联系. 又由于图论给含有二元关系的系统提供了数学模型，因而在许多领域里都具有越来越重要的地位，并且在物理、化学、信息学、运筹学等各方面都取得了丰硕的成果. 从 20 世纪 50 年代以来，计算机的迅速发展有力地推动了图论的发展，使得图论成为数学领域里发展最快的分支之一. 因此，学好图论十分重要.

图论在计算机科学中的应用很广泛. 例如在开关理论与逻辑设计、数据结构、形式语言、操作系统、编译程序、信息组织与检索等方面都有很重要的应用.

活页作业

***运用知识　强化练习**

练习 13.1

1. 简述图论的发展.
2. 谈谈你对图论的认识.

13.2　图的基本概念

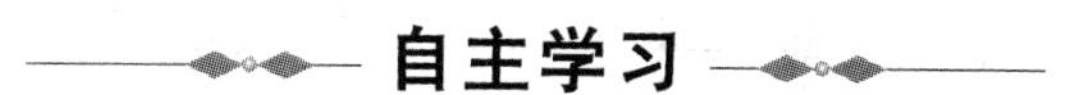

自主学习

问题情境

***创设情景　兴趣导入**

同学们，大家知道数学领域和专业技术制图领域中的图是什么吗？

在数学上，一个图是表示物件与物件之间关系的方法，是图论的基本研究对象. 技术制图中的基础术语，指用点、线、符号、文字和数字等描绘事物几何特征、形态、位置及大小的一种形式.

建构数学

***动脑思考　探索新知**

图的基本概念

1. 图的定义.

定义元　图 G 是由非空的结点集合 $V=\{v_1,v_2,\cdots,v_n\}$ 与边集合 $E=\{l_1,l_2,\cdots,l_m\}$ 组成，其中每条边用一对结点表示：$l_i=(v_{i1},v_{i2})(i=1,2,\cdots,m)$，这样的一个图 G 可记为 $G=\langle V,E\rangle$.

注意　① $V\neq\varnothing$，但可以：$E=\varnothing$；② 结点也叫顶点.

例　四个城市：v_1,v_2,v_3,v_4，其中 v_1 与 v_2 间，v_1 与 v_4 间，v_2 与 v_3 间有直达高速公路相连，写出其集合并画出此图.

解　$G=\langle V,E\rangle$，其中 $V=(v_1,v_2,v_3,v_4)$，$E=(l_1,l_2,l_3)$，其中：$l_1=(v_1,v_2)$，$l_2=(v_1,v_4)$，$l_3=(v_2,v_3)$.

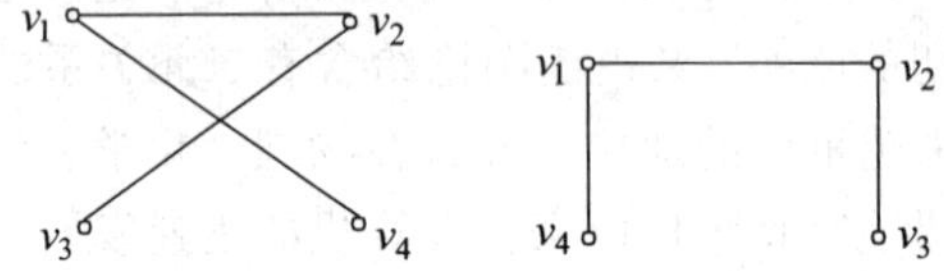

注意　图与几何形状无关.

2. 结点与边的关系.

① 结点与边（不）相关联：

若一条边 $l_k=(v_i,v_j)$，则称结点 v_i,v_j 与边 l_k 相关联. 例如：前边例题中结点 v_1 与边 l_1,l_2 相关联，而与边 l_3 不相关联.

（2）结点与结点,边与边（不）相邻接.

① 结点与结点：如果两个结点与同一条边相关联，则称这两个结点相邻接，否则称不相邻接. 例如：例题中 v_1 与 v_2,v_4 相邻接，而与 v_3 不相邻接.

② 边与边：如果若干条边与同一个结点相关联，则称这些边是相邻接的，否则不相邻接. 例如：例题中 l_2 与 l_1 相邻接，而与 l_3 不相邻接.

3. 结点的“度”（次数）.

与一个结点 v 相关联的边的条数称为这个结点的度，记为：$d(v)$.

例如：哥尼斯堡七桥图：$d(A)=3,d(B)=3,d(C)=5,d(D)=3$.

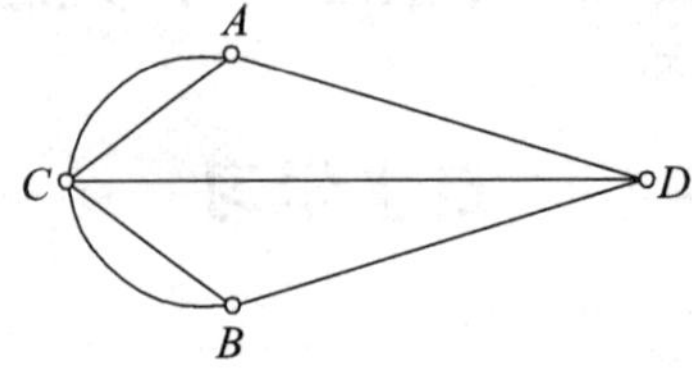

4. 特殊的点.

孤立点：不与任何结点相邻接的结点.

悬挂点：只与一条边相邻接的结点.

例如：图中 v_1 是孤立点, v_2,v_3 是悬挂点.

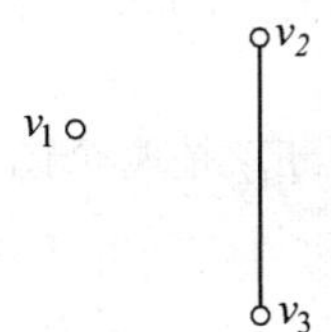

5. 特殊的边.

环：一条边若与两个相同的结点相关联，则称为环.

多重边：与两个结点相关联的边若多于一条，则称这些边为多重边.

如图所示：

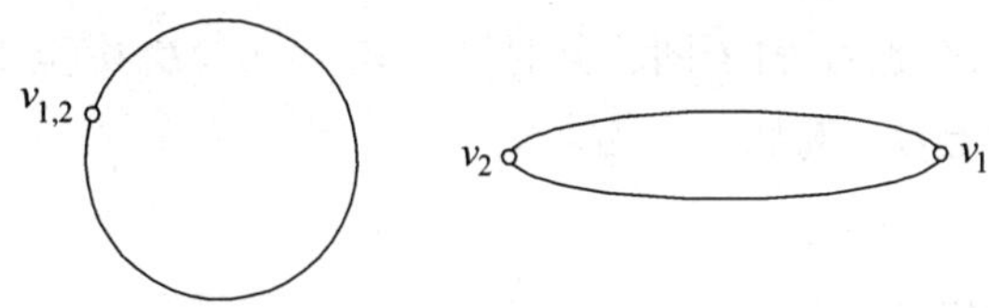

6. 图的分类.

有向图与无向图：边有方向的图，叫有向图；边无方向的图叫无向图.

起点与终点：有向边 $l=(v_i,v_j)$ 中 v_i 称为起点， v_j 称为终点.

例如：　　有向图　　　　无向图

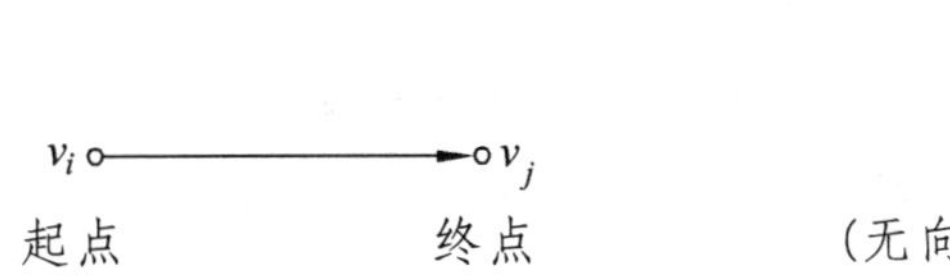

（无向图可以化为有向图）

（1）按边的种类分类：

① 简单图与多重图：不含环与多重边的图叫简单图；含多重边的图叫多重图.

② 有权图与无权图：有时在一个图中边的旁边可以附加数字以刻画此边的某些数量特征，叫做边的权，此边叫做有权边. 具有有权边的图叫有权图或带权图，没有有权边的图叫无权图.

（2）按结点集与边集的“阶”分类：

① 有限图与无限图：V 与 E 为有限集合的图叫有限图, 否则叫无限图.

② (n, m)图：有 n 个结点与 m 条边的图.

③ 零图：即$(n, 0)$图;

④ 平凡图：即$(1, 0)$图.

⑤ 完全图：任意两个结点都相邻接的图. 它有 $n(n-1)/2$ 条边，是$(n,n(n-1)/2)$图.

⑥ K 正则图：每个结点都与 K 条边相关联.

***注意**　完全图是 $n-1$ 正则图.

*完全图的每个结点都与其他 $n-1$ 个结点相邻接, 即与 $n-1$ 条边相关联, 所以是 $n-1$ 正则图；反之正则图不一定是完全图.

7. 子图.

（1）子图：设 $G=\langle V,E\rangle$ 和 $H=\langle V_1,E_1\rangle$ 是两个图，如图 V 包含 V_1，E 包含 E_1，则称 H 是 G 的子图，记为 $G\supseteq H$．例如：

图 G　　　　　　图 H

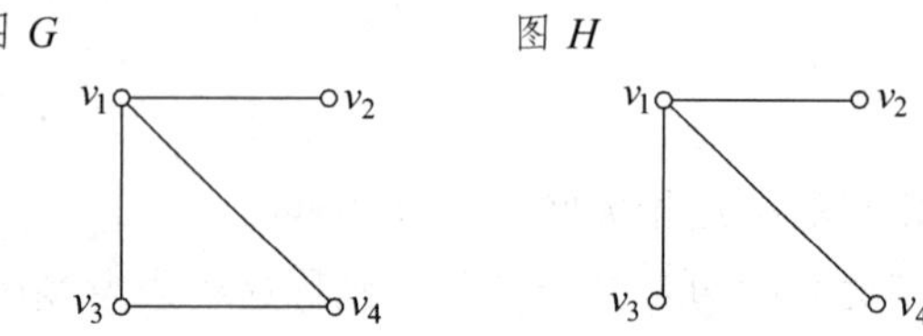

注意　子图中有两种特殊的子图.

（2）真子图：如图 H 是 G 的子图，并且 $V=V_1$ 和 $E=E_1$ 中至少有一个不存在，则称 H 是 G 的真子图，记为 $H\subset G$．例如：

图 G　　　　　　图 H

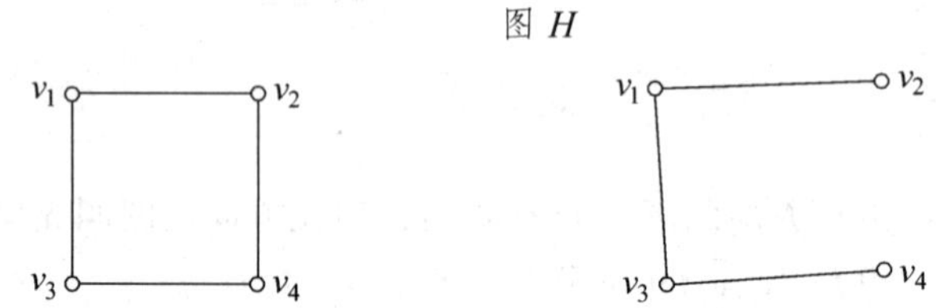

（3）生成子图：如图 H 是 G 的子图，并且 $V=V_1$，则称 H 是 G 的生成子图. 例如：

图 G　　　　　　图 H

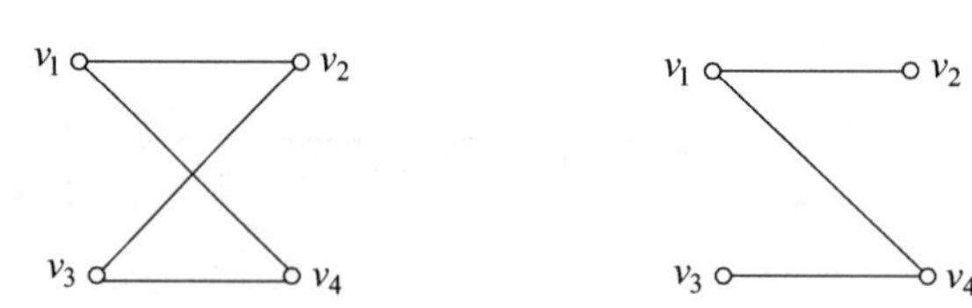

8. 补图

补图：设 $G=\langle V,E\rangle$，对于 $G_1=\langle V,E_1\rangle$，若有 $G_2=\langle V,E\cup E_1\rangle$ 是完全图，且 $E\cap E_1=\varnothing$，则称 G_1 是 G 的补图.

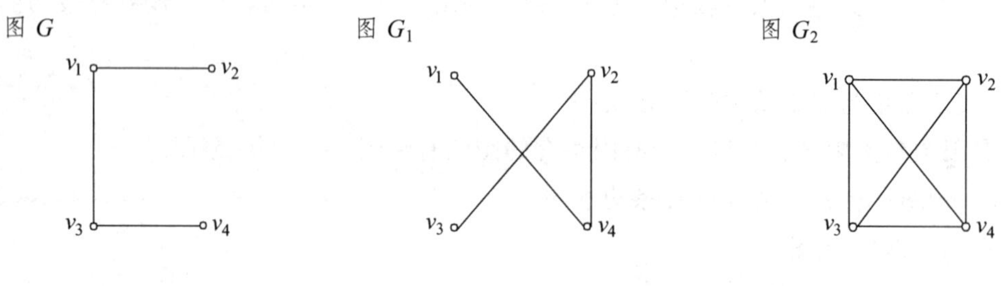

活页作业

***运用知识　强化练习**

练习 13.2

1. 指出教材中图 12-2.1 中各结点的度是多少？
2. 请你任意画一个含有 7 个结点的图，并指出每个结点的度分别是多少？

13.3　图的最短路问题

自主学习

问题情境

***创设情景　兴趣导入**

如图所示，要在河边修建一个水泵站，分别向张村的电子厂和李庄的电子厂送水. 已知张村的电子厂、李庄的电子厂到河边的距离分别为 2 km 和 7 km，且张、李二村庄相距 13 km. 问水泵应建在什么位置，可使所用的水管最短？请你在图中设计出水泵站的位置.

李庄

张村

河边

建构数学

图的最短路问题

1. 通路：设图 $G=\langle V,E\rangle$，考虑 G 中边序列(v_{i1}, v_{i2}), (v_{i2}, v_{i3}),…, $(v_{i(k-1)}, v_{ik})$，该序列由 v_{i1} 开始至 v_{ik} 止，其中每边的终点都是下一边的起点，这种边的序列叫点 v_{i1} 到 v_{ik} 的通路，简记为$(v_{i1}, v_{i2},\cdots,v_{ik})$.

关于通路：

（1）连通图：任意两点间都存在通路的图.

（2）简单通路：各个边都不相同的通路叫做简单通路.

（3）基本通路：各个结点都不相同的通路叫基本通路.

① v_1 到 v_2 的简单通路：$(v_1, v_2, v_3, v_4, v_2)$.

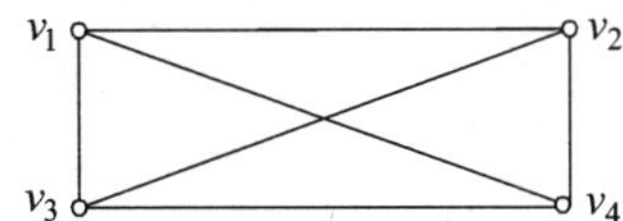

② v_1 到 v_2 的基本通路：(v_1, v_3, v_4, v_2).

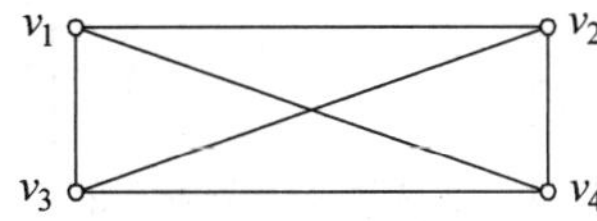

2. 一种特殊的通路：回路.

（1）回路：当通路的起始点与终止点相同时，称此通路为回路.

（2）简单回路：当简单通路的起点与终点相同时，称为简单回路.

（3）基本回路：当基本通路的起点与终点相同时，称为基本回路.

（4）通路及各种特殊通路的关系：

通路 $\xrightarrow[\text{各边不同}]{\supseteq}$ 简单通路 $\xrightarrow[\text{各结点不同}]{\supseteq}$ 基本通路

$\cup$ 起点=终点　　$\cup$ 起点=终点　　　　$\cup$ 起点=终点

回路 $\xrightarrow[\text{各边不同}]{}$ 简单回路 $\xrightarrow[\text{各结点不同}]{}$ 基本回路

3. 有权图的最短路.

（1）通路的长度：有权图（还可以叫赋权图）的通路中各边长度之和就是该通路的长度（一般用 d 表示）.

（2）最短路：在图中的两点间存在的各个通路中，长度最短的通路叫做这两点间的最短（通）路.（短程线）

求最短路的 Dijkstra 算法：

（1）首先：给起始点 v_1 标上 P 标号：$d(v_1)=0$，并给其他点标上 T 标号：$d(v_i)=l_i\,(i=2, 3, \cdots, n)$，

（2）然后：在所有 T 标号中取最小者，把该点的 T 标号改为 P 标号，并从新计算具有 T 标号的其他各点的 T 标号.

注意　在算这些点的 T 标号时，尽量选取该点到已有 P 标号的各点路程最短的通路，其长度就是 T 标号.

（3）不断重复，直到求出终点 v_n 的 P 标号.

注意　计算（迭代）次数 $\leqslant n-1$，且任意点的 P 标号就是 v_1 到这点的最短路长度.

典例剖析

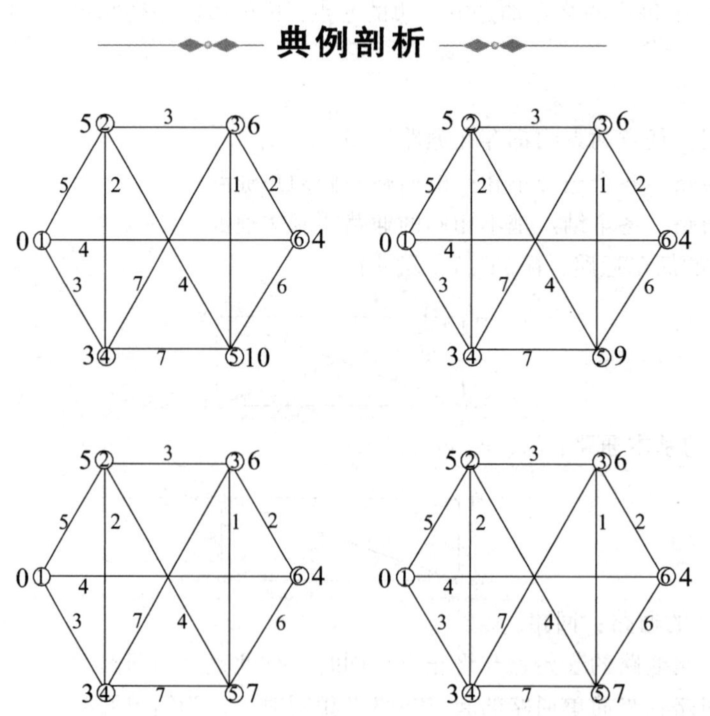

活页作业

***运用知识　强化练习**

练习 13.3

平面上有 n 个点（$n \leqslant 100$），每个点的坐标均在 -10000 与 10000 之间. 其中的一些点之间有连线. 若有连线，则表示可从一个点到达另一个点，即两点间有通路，通路的距离为两点间的直线距离. 现在的任务是找出从一点到另一点之间的最短路径.

13.4-1　树与生成树

自主学习

问题情境

***创设情景　兴趣导入**

1. 什么是树?

原指生植之总名，主要由根、干、枝、叶组成.

2. 计算机科学中的树又代表什么意思?

随着计算机的发展，在数据结构中树被引申为由一个集合以及在该集合上定义的一种关系构成的，由根结点和若干棵子树构成.

建构数学

***动脑思考　探索新知**

树的概念

树是任意两个顶点间有且只有一条路径的图. 或者说，只要没有回路的连通图就是树.

森林是指互相不交、并树的集合. 树图广泛应用于计算机科学的数据结构中，比如二叉查找树、堆、Trie 树以及数据压缩中的霍夫曼树等.

定义 如下图所示，连通且不含圈的图称为树.

1. 根据这个定义，平凡图也是树.

2. 树中度为 1 的结点称为叶，度大于 1 的结点称为枝点或内点. 平凡图是一个既无叶又无内点的特殊树.

3. 若在下图中去掉连通的条件，所定义的图称为林. 林的每个支都是树.

例 下图（a）是碳氢化合物 C_4H_{10} 的分子结构图，它是一棵树；图（b）是表达式 $((a*b+(c+d)/f)-r)$ 的树形表示；图（c）是有 8 名选手参加的、采用淘汰制方式的羽毛球单打比赛图，它是一棵 2 正则树.

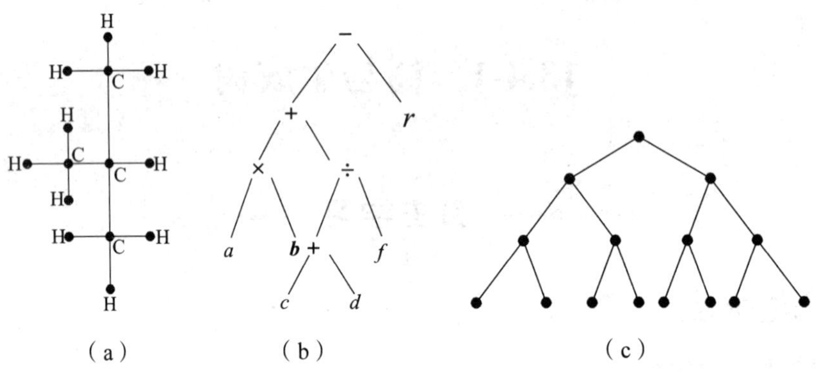

生成树及其应用

1. 生成树.

定义 如下图所示，若连通图 G 的生成子图是一棵树，则称这棵树为 G 的生成树.

若 T 是 G 的生成树，称 T 中的边是树枝，不在 T 中的边称为补树边，称 G-T 为补树.

例 下图中，由边集 $\{e_2,e_3,e_5,e_6,e_8,e_{10}\}$ 诱导的子图便是一棵生成树（用粗线表示的部分）. 其余的边是补树边.

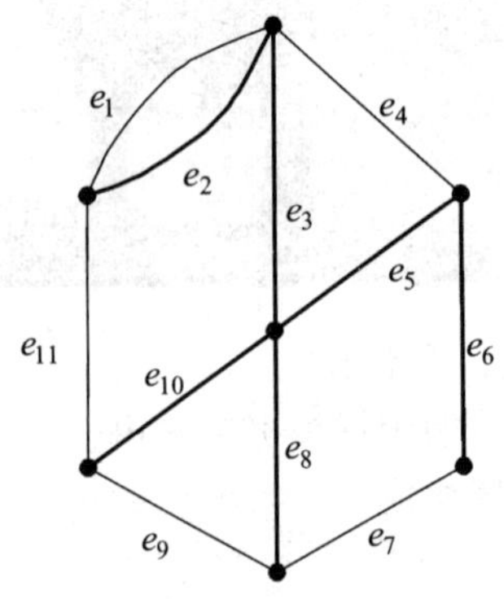

2. 生成树的应用.

设有 n 个城市 $A_1,A_2,\cdots,A_n$，要建造一个铁路系统把全部城市连起来. 已知建造城市 A_i 和

A_j之间的铁路所需费用为$w(A_i, A_j)$. 这个铁路系统应该怎样建造才能使得总费用最少?

显然，若把每个城市作为图的结点，城市A_i, A_j之间的铁路及其修造费用$w(A_i, A_j)$作为图中对应的带树为$w(A_i, A_j)$的边，那么，上述修建铁路系统的问题就是要在对应的权图中构造一棵生成树，使得生成树的各边之权和达到最小. 这就是所谓求最小生成树的问题，它是用图论方法解决运筹学问题的有效手段之一.

下面介绍求n阶带权连通图$G=(V, E)$的最小生成树的一个有效算法.

Kruskal 算法:

1. 选取G中权最小的一条边, 设为e_1, 令$S \leftarrow \{e_1\}, i \leftarrow 1$.

2. 若$i = n-1$，输出$G(S)$, 算法结束.

3. 设已选边构成集合$S=\{e_1, e_2, \cdots, e_i\}$，从$E$-$S$中选边$e_{i+1}$，使其满足条件:

（1）$G(S \cup \{e_{i+1}\})$不含圈；

（2）在E-S的所有满足条件①的边中，e_{i+1}有最小的权.

4. $S \leftarrow S \cup \{e_{i+1}\}$, $i \leftarrow i+1$转（2）.

例 下图是按 Kruskal 算法产生的最小树 T 为粗线边表示的子图. 选边的顺序为$v_1v_2, v_1v_3, v_3v_6, v_4v_6, v_5v_6$.

T的权为$W(T)=0.5+1+1.5+2.5+3.5=9$.

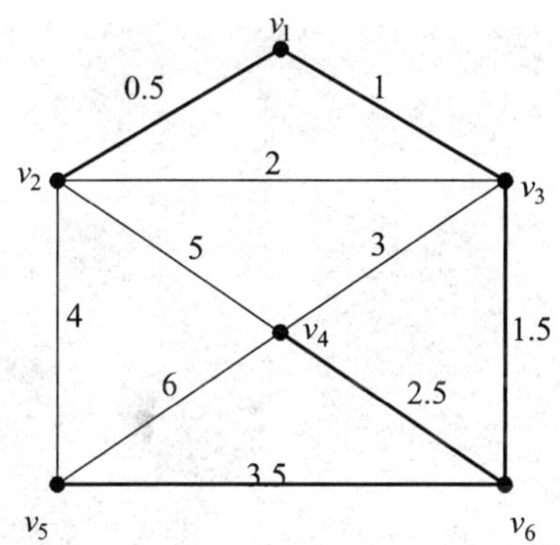

活页作业

***运用知识　强化练习**

练习 13.4-1

1. 在一个有 6 个结点，8 条边的连通图G中，从图G中删去多少条边后可以确定图G的一棵生成树?

2. 在 1 棵有 2 个 2 度结点，4 个 3 度结点，其余为树叶的无向树中，应该有几片树叶?

3. 有 6 个结点a, b, c, d, e, f的带权无向图，各边的权如下图所示，试求其最小生成树及其权值（可不作图，用文字表示）.

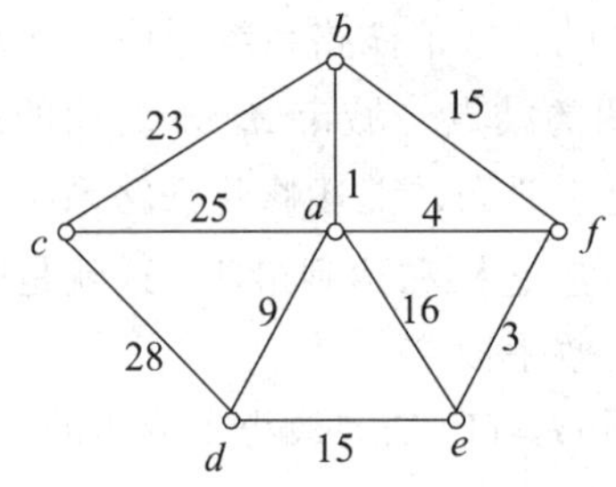

13.4-2　根树及其应用

自主学习

问题情境

***创设情景　兴趣导入**

上图是现实生活中的树和树根，那么什么是数据结构中的根树呢？

建构数学

***动脑思考　探索新知**

根树

定义　如下图所示，若一个有向图 G 的基图是树，则称 G 为有向树.

例　下图是一棵有向树.

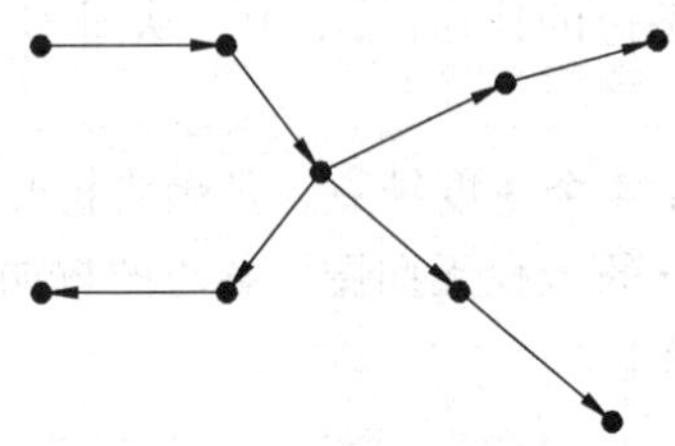

在实际问题中，如查找模式、分析句子、描述证明等，根树（特别是有向根树）均有着重要的应用. 我们先定义有向根树.

定义 如下图(a)所示，设 T 是一棵有向树，若 T 恰有一个入度为 0 的结点 v，其余结点的入度皆为 1，则称 T 是以 v 为根的外向树. 外向树中出度为 0 的结点称为叶，出度不为 0 的点称为分枝点.

同样可以定义内向树. 一个内向树 T 恰有一个出度为 0 的结点，其余结点出度皆为 1. 在内向树中，出度为 0 的结点称为根，入度为 0 的结点称为叶，入度不为 0 的结点称为分枝点.

例 下图中（a）是外向树，（b）是内向树，v_0 是根.

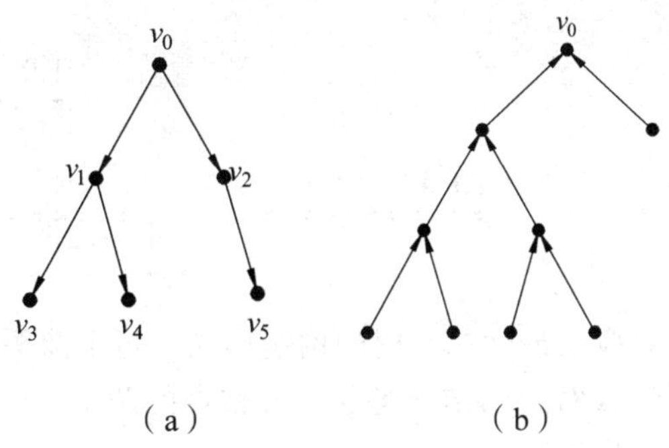

（a）（b）

最优树

带权二叉树的优化问题. 设 T 是有 t 个叶的二叉树，各叶分别带权 $w_1,w_2,\cdots,w_t$. 不妨设 $w_1 \leqslant w_2 \leqslant \cdots \leqslant w_t$，又设各叶的道路长度分别为 $l_1,l_2,\cdots,l_t$，定义 T 的权为 $W(T)=\sum_{i=1}^{t} l_i w_i$. 显然，以 $w_1,\cdots,w_t$ 为叶的权而构造的二叉树可能有很多个，我们希望确定在所有的这种带权的二叉树中，使 $W(T)$取最小值的 T. 这个 T 称为带权 $w_1,\cdots,w_t$ 的最优树.

对于给定的一组权 $w_1,\cdots,w_t$，Huffman 设计了构造最优树的极精彩的方法，它蕴含于下面的定理之中.

定理 在带权为 $w_1 \leqslant w_2 \leqslant \cdots \leqslant w_t$ 的最优树中，必有 T 满足：

（1）权为 w_1 和 w_2 的叶 u_1 和 u_2 是兄弟；

（2）设 u_1 和 u_2 的父亲是 v，若从 T 中删去 u_1 和 u_2，并把 v 改成带权为 w_1+w_2 的叶之后的树记为 T_1，则 T_1 是带权为 $w_1+w_2,w_3,\cdots,w_t$ 的最优树.

例 给定一组权 0.1, 0.3, 0.4, 0.5, 0.5, 0.6, 0.9，求对应的最优二叉树.

解 应用定理一构造相应最优树的过程，本质上是在所得权序列中找最小的两个权，使它们对应的两个结点在构造该级最优树时为兄弟. 构造过程中权序列演变如下：

```
0.1   0.3   0.4   0.5   0.5   0.6   0.9
=========
    ↓
   0.4         0.4   0.5   0.5   0.6   0.9
   ==============
         ↓
         0.8         0.5   0.5   0.6   0.9
                     ===========
                          ↓
         0.8              1.0         0.6   0.9
         0.8              0.6         1.0   0.9
         ==================
                 ↓
                1.4                   1.0   0.9
                                      =========
                                          ↓
                1.4                      1.9
                ============================
                             ↓
                            3.3
```

这个表清楚地表明了对应的最优二叉树的构造形式：每个箭头所指的权对应的结点是分枝点，箭头尾部的两个画线权对应的结点是这个分枝点的两个儿子. 因此将上表的产生顺序倒过来，即得下图所示的最优树.

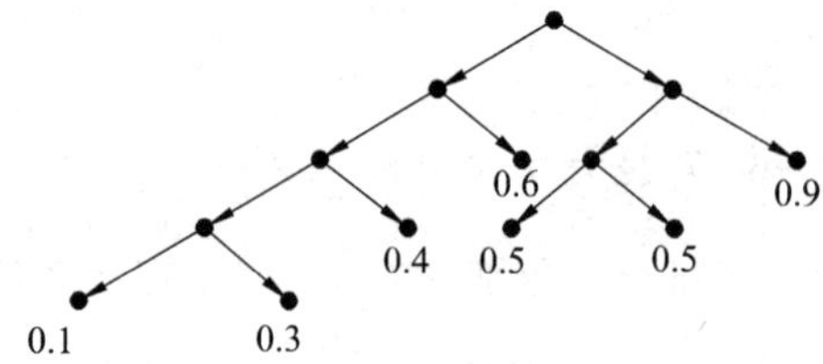

前缀码

在使用英文字母进行编码通信时，既可用定长码，也可用变长码. 当用 0, 1 序列对每个字母编码时，采用定长码，就需要使用长度至少为 5 的序列才能表示全部 26 个字母. 显然，这是不经济的, 因为每个字母的使用频率差别很大. 据统计, 日常语言中, 字母 e, t, a, o, r, s, i 等出现的频率远比其他字母要高, 因此人们希望用变长码来表示字母，使用频率高的字母编码短些，使用频率低的字母编码长些，这样一来，整个编码内容的符号量就要少得多. 这个问题本质上仍是求一棵最优树, 叶的权 p_i 就是出现的频率, 道路长度 l_i 是相应的编码长度. 最佳的标准是使 $\sum l_i p_i$ 达到最小. 但是，随之而来的问题是，接收端如何对收到的符号串进行译码？例如，若字母 e 的编码为 00，字母 a 的编码为 10，字母 k 的编码为 1000，则在接收端收到符号串 1000 时, 就无法确定传递内容是 ae 还是 k. 因此, 在编码时就必须考虑接收端不产生译码的二义性，而前缀码就符合这个要求.

定义 若在由 0, 1 序列构成的集合中，任何一个序列都不是别的序列的前缀，则称这个集合为前缀码.

例如　集合{000, 001, 010, 1}是前缀码；集合{000, 1001, 01, 00}则不是前缀码，因为 00 是 000 的前缀.

显然，采用前缀码可以唯一确定接收的符号串内容. 例如，集合{000, 001, 010, 1}为前缀码，当接收的符号串为 1001010001001，则可译为 1, 001, 010, 001, 001.

前缀码与二叉树的编码有着密切的关系. 对于一个给定的二叉树，采用 0, 1 序列来编码的方法是：对于每个分枝点，令与它左儿子关联的边标记为 0，与右儿子关联的边标记为 1；对每个叶，其码就是由根到该叶的道路中各边标号顺序构成的序列. 例如下图就是二叉树编码的一个例子.

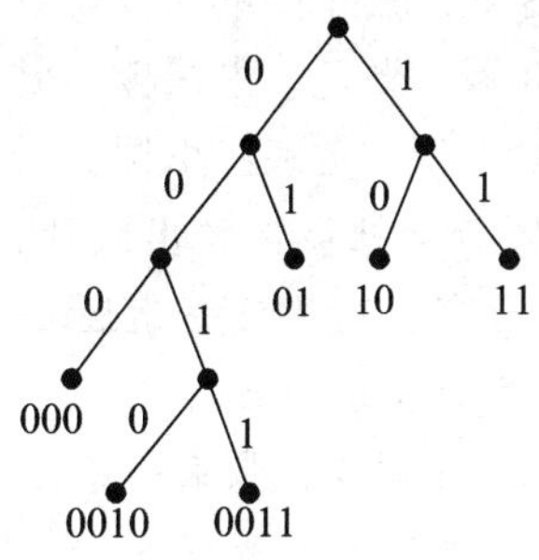

活页作业

***运用知识　强化练习**

练习 13.4-2

假设用于通信的电文由 7 个字母组成，字母在电文中出现的频率分别为 0.17, 0.09, 0.12, 0.06, 0.32, 0.03, 0.21，试为这 7 个字母设计哈夫曼编码，并计算其带权路径长度.

参考文献

[1] 邵展图. 电子电路基础. 3 版. 北京：中国劳动社会保障出版社，2003 年.

[2] 肖明耀. 数字逻辑电路. 3 版. 北京：中国劳动社会保障出版社，2003 年.

[3] 陈惠群. 电工仪表与测量. 3 版. 北京：中国劳动社会保障出版社，2003 年.

[4] 牛平. C 语言. 北京：中国劳动社会保障出版社，2002 年.

[5] 李广全，李尚志. 数学. 北京：高等教育出版社.

[6] 丘维声. 数学. 北京：高等教育出版社.

[7] 华玉良. 专业数学（电工电子类）. 北京：中国劳动社会保障出版社.

[8] 赵辉. 电路基础. 北京：机械工业出版社.

[9] 罗成林. 电路数学. 北京：人民邮电出版社.

[10] 劳动和社会保障部教材办公室组织编写. 数学（电工电子类）. 北京：中国劳动社会保障出版社.